国际电气工程先进技术译丛

分布式发电

Distributed Generation

N. 詹金斯（N. Jenkins）
［英］J. B. 埃克纳亚克（J. B. Ekanayake） 著
G. 托巴克（G. Strbac）
赫卫国 朱凌志 周 昶 陶 琼
王湘艳 叶荣波 汪 春 华光辉 译
姚虹春 陈 然 邱腾飞 刘海璇

机 械 工 业 出 版 社

本书着眼于目前国内外分布式发电技术的快速发展，同时结合新能源领域的研究和应用成果，系统地介绍了分布式发电技术的发展、分布式发电站、分布式发电机组及其并网接口，对分布式发电的故障电流和电气保护、电力系统规划中的分布式发电集成、含分布式发电的配电网定价等进行了详细阐述，还对分布式发电和未来电网架构进行了探讨。希望本书的出版能够促进我国分布式发电技术的研究和应用，充分发挥分布式发电在智能电网中的重要作用，推动新能源产业的快速发展。

本书可供分布式发电、新能源领域工程技术人员借鉴参考，同时也可作为高等工科院校电气工程专业特别是新能源发电技术方向的本科生、研究生的参考教材。

译者序

随着煤炭、石油等传统化石能源的逐渐枯竭和环境恶化问题的日益严峻，世界各国积极投入对可再生能源的开发和利用。采用分布式发电技术，能源利用效率高，环境负面影响小，有助于规模化充分利用各地丰富的清洁与可再生能源，向用户提供绿色电力，是实现全球“节能减排”目标的重要发展方向。近年来，分布式发电在全球范围内迅速发展。随着新能源发电技术的进步、成本的进一步降低、政府激励以及越来越多的消费者转而选择清洁电力等因素，分布式发电的规模和容量不断增大，给传统电力系统运行带来了新的变化和新的挑战。

英国学者 N. Jenkins 教授、J. B. Ekanayake 教授、G. Strbac 教授编写的《分布式发电》一书于2010年由英国工程技术学会出版，书中系统地介绍了分布式发电技术。本书作者曾在英国、美国以及斯里兰卡负责本科生及研究生的分布式发电课程教学，积累了丰富的课题和教学经验。目前许多高校都开设了关于可再生能源以及如何将可持续的低碳发电模式有效集成到配电系统中的课程。为了帮助非专业人士了解电气相关知识，本书还特别设置了四个教学章节（包含例子和习题），专门介绍电气工程基础知识。

为了使本书能够和广大读者尽快见面，中国电力科学研究院相关研究人员参与了本书的翻译工作，具体分工为：陶琼、汪春翻译了第1章；陶琼、华光辉翻译了第2章；陶琼、姚虹春翻译了第3章；叶荣波、陈然翻译了第4章；王湘燕、刘海璇翻译了第5章；王湘艳、邱腾飞翻译了第6章；周昶、陶琼翻译了第7章；周昶翻译了书后的教程；赫卫国、朱凌志通校全书并进行了统稿。本书在翻译过程中，陈宁、张祥文、夏俊荣、孔爱良和胡汝伟也做了大量工作，在此深表谢意。

限于作者水平和实践经验，书中难免有不足和有待改进之处，恳请读者批评指正。

译　者

原书前言

最初时，电力系统采用各地自发自用的部署策略，且各公司承建的系统独立运行。直到大约1930年，这种供电方式仍是十分高效的。然而，人们逐渐意识到，需要建立一个统一的电力系统，并由一个专门的机构对其进行规划和运行，以保证用电的安全性和经济性。于是，集中式供电系统应运而生，它由大型集中式发电站通过输配电系统对负荷进行供电。

若非出于尽量降低能源使用对环境的影响（尤其是二氧化碳的排放）以及进口化石燃料供应安全性方面的考虑，这种集中式供电方式将会持续良好的发展势头。而事实上，政府和能源规划部门正积极发展更清洁的可替代能源生产形式，主要包括使用可再生能源（如风能、太阳能、生物能），当地热电联产以及废物利用。在许多国家，这种电力供应方式的变革通过能源市场以及私营的输配电系统来推动。

可再生能源的地理位置分布以及接入的经济性决定了这些可再生能源发电需要接入配电网而不是输电网。因此，可再生能源发电的利用应该由分布式而非集中式发电来实现。

目前配电网的信息技术及控制技术水平无法满足未来的低碳供电系统，所以智能电网的概念应运而生。智能电网可以更好地利用ICT（信息及控制技术），让电力用户更多地参与到电力系统的运行中来。配电网的运行也将由被动变为主动，并通过控制分布式发电来支撑电力系统的运行。

经过几十年的发展，传统的集中式发输配电系统已经推出各种模型、技术以及应用工具，并且已有大量优秀的关于系统的描述材料。而分布式发电的特点是将大量较小容量的发电站分布于系统周围，其中大多需要接入相对薄弱的配电网，这意味着必须针对分布式发电的特点重新审视和更新现有的技术和规范。在宽松电力市场环境（虚拟发电厂）中，主动配电网管理及微电网环境中的大量分布式发电及其控制所带来的相关问题都一并得到了解决。

本书作者曾在英国、美国以及斯里兰卡负责本科生及硕士的分布式发电课程的教学工作，积累了丰富的课题经验。现在许多大学现在也开设了关于可再生能源以及如何将可持续的低碳发电模式有效集成到配电系统中的课程。电力行业对此类毕业生的需求非常旺盛，然而具备电气工程及电力系统知识的毕业生在大部分国家都严重紧缺。因此，本书设置了四个教学章节（包含例子和习题），专门介绍电气工程的基础知识，以帮助非专业人士了解电气相关知识。

最后，本书的出版离不开他们的大力支持，在此感谢那些在大学中、电力行业中以及专业机构中给予我们帮助的同行及个人。特别要感谢的是TNEL有限公司和加拿大马尼托巴省高压直流输电中心的同事，他们分别为我们提供了第3、4章中案例所涉及的IPSA软件和PSCAD/EMTDC仿真程序。另外，还要感谢莱茵-威斯特法伦电力股份公司（英国可再生能源公司的母公司）为我们提供了大量照片。感谢Beishoy Awad在绘图方面给予我们的帮助。

作者简介

N. Jenkins，1992—2008 年在曼彻斯特大学任教，2009—2010 年在斯坦福大学任清水（日本公司）客座教授，主要讲授“分布式发电及可再生能源并网”这一课程。现就职于卡迪夫大学，是一名研究可再生能源的学者。Nick Jenkins 具备 14 年的能源行业从业经验，其中 5 年是在发展中国家，同时他还是英国工程技术学会（IET）、美国电气与电子工程师协会（IEEE）的会士以及英国皇家工程学院的会员。

J. B. Ekanayake，1992 年在斯里兰卡的帕拉德尼亚大学任教，2003 年晋升为电气与电子工程教授，2008 年 7 月以曼彻斯特大学高级讲师的身份加盟卡迪夫大学。现在是一名研究员，同时是 IEEE 会士以及 IET 会员。Janaka Ekanayake 的主要研究方向包括电力电子技术在电力系统中的应用，以及可再生能源发电及集成技术，现已发表超过 25 篇论文并合作出版过两本著作。

G. Strbac，曾在曼彻斯特理工大学任教 11 年并有 10 年的电力行业从业经验，2005 年起担任伦敦帝国理工大学电气专业教授。Goran Strbac 主导开发的系列方法支撑着英国最新输配电系统的运行。此外，他还是为分布式发电制定设计标准和电网导则的先驱。他曾就可再生能源在英国发电行业以及输配电网中的大规模应用问题，为英国的能源报告以及最后两篇能源白皮书进行了影响评估。

目　　录

第1章 绪　　论

法国，罗讷-阿尔卑斯区，Ardéchois 高原风电场（6.8MW）850kW 双馈异步风力发电机

1.1 电力系统发展概述

在电力供应的初期，每个城镇都有它自己的小型发电站来满足当地用电需求。然而在过去的70年里，现代电力系统快速发展成图1.1所示的构架。额定发电功率高达1000MW、额定电压约25kV的大型集中式发电单元通过变压器将电力升压至符合输电网要求的电压等级，如大部分欧洲国家电网为400kV，而北美和中国则是750kV，来为负荷供电。输电系统用于输送电能，有时需要进行长距离的传输，再通过一系列配电变压器降压供用户使用。输配电线路是被动的，受一定数量的大型集中式供电系统控制[1,2]。大概从1990年开始，直接将发电单元连接至配电网的做法再次兴起，它们通常被称为分布式发电（DG）或分布

式能源[⊖]（DER）的利用。

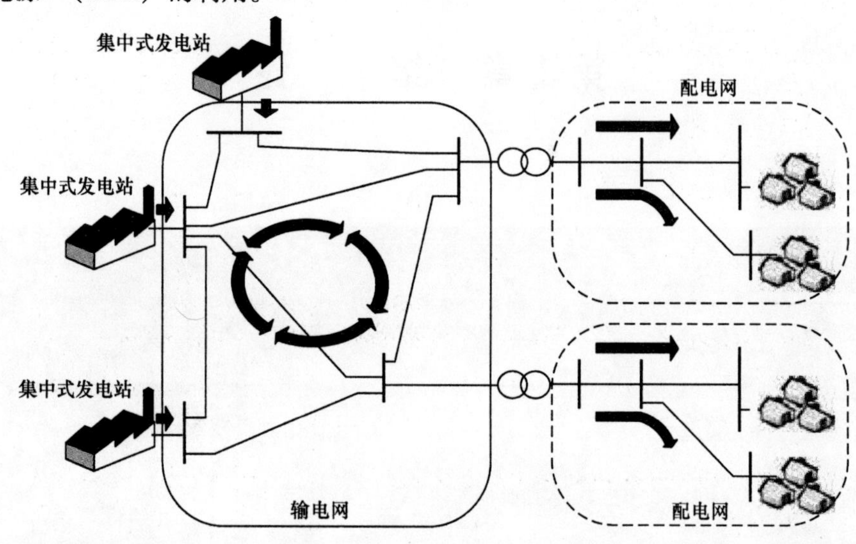

图 1.1 传统的大型电力系统

分布式发电也称为嵌入式发电或分散式发电，后面两种称谓现在已被弃用。在一些国家，主要通过发电单元的功率或与之相连的电网的电压等级，来赋予分布式发电一个严格定义。然而，这些定义通常只遵循一些特定的关于分布式发电系统接入及运行的国家技术文件，并未考虑其对电力系统的影响。本书关注接入配电网的分布式发电的基本特性，因此将对分布式发电进行一个非常宽泛的描述，而不是根据分布式发电的规模、接入电压等级及原动机类型进行具体说明。

分布式发电系统的接入电压等级范围在 120/230V 到 150kV 之间。仅非常小的发电单元才可以接入最低电压等级的电网，而数百兆瓦级的大规模发电单元则应与高压配电系统的母线相连（见图 1.2）。

将发电单元接入配电网对电力系统来说是个挑战，因为在传统配电网中，潮流是从高压侧流向低压侧的。同时，传统配电网是被动的，配置很少的测量装置及非常有限的主动控制功能，它们自动适应不同的负荷组合而无需人工干预。

另外，由于电力需要时刻保持供需平衡，因此分布式发电功率的注入，就需要大型集中式发电机组减少相应量的功率输出。目前，集中式发电机组不但提供供电服务还提供辅助服务（如电压和频率控制，备用电源以及黑启动），这些辅助服务对于电力系统的稳定运行至关重要。随着分布式发电的广泛应用，分布式发电系统将需要提供这些辅助服务，从而在较少集中式发电机组参与运行的情况下保证电力系统的正常运行。

⊖ 分布式能源包括分布式发电和可控负荷。

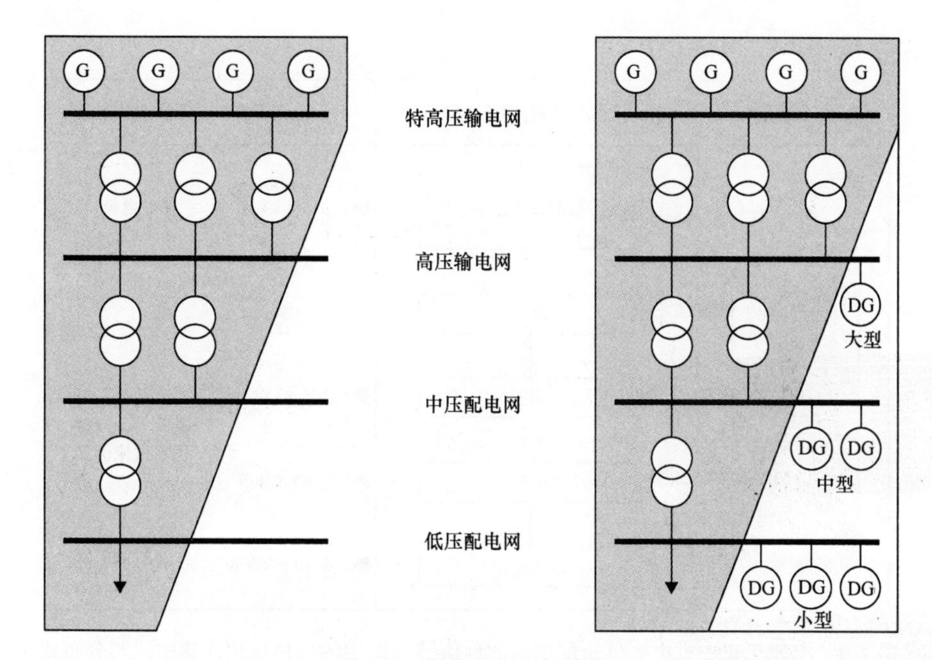

图 1.2 分布式发电的连接

1.2 分布式发电的价格和上网电价

分布式发电能否在与集中式发电的竞争中获胜，上网电价的定价十分重要。图 1.3 显示了从发电到用电的价值链，用于说明定价面临的挑战，即电价如何能在体现发电价值的同时又能体现电源接入不同电压等级配电网的区别。

如图 1.3 所示，集中发电在电力批发市场售价为 2～3p/kW · h（电力批发价格）。而到终端用户时，电力的相对“价值”已经增加，根据电网不同电压等级，现在电力零售价区间是 4～12p/kW · h（电力零售价格）。电价的增加主要来自集中式发电系统到用户间的输配电服务所产生的附加费用。

分布式发电系统靠近用户侧，对电网的输配电服务需求较少。本质上，分布式发电系统直接供电给用户，电价同样为 4～12p/kW · h，却避免了附加的输配电成本。然而，这种电网成本的降低主要源于一些发电机组所处的有利的地理位置，而在现有的商业和管理构架下，这一优势尚未得到充分认可。这导致了非传统发电模式与传统发电模式在电力批发市场上的纠缠不休，2～3p/kW · h 的批发价格可能大大低于近距输电的实际价值。

上述算例对电力需求的处理也同样适用。用户从电网合适的位置（即靠近发电系统的位置）获得电能将降低对电网服务的需求。而对大部分用户来说，它们所获电能的定价都有固定零售利率，偶尔会受用电时间段的影响，但不会因

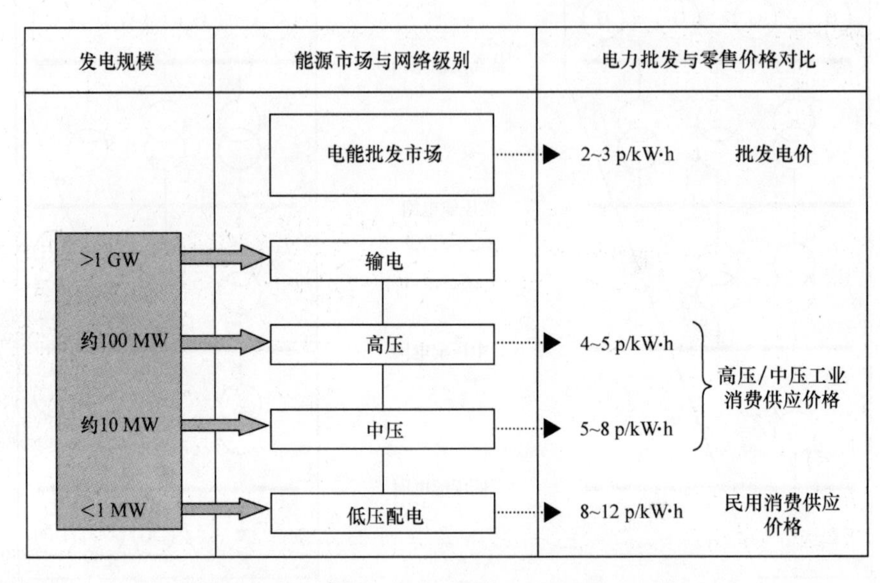

图 1.3 电能从集中发电到低压配电网的价值链（图中的价格仅用作集中式与分布式发电两者之间的比较，单位可以是美分也可是欧分）

地理位置及用户与发电设备的距离波动。

这些情况下发电的总价值将明显取决于许多因素，包括用电的时间、地点、同类发电装置的渗透率以及系统输出峰值的时间。在某些情况下，可再生能源及分布式发电可能导致成本大于收益，但要实现发电价值的最大化这一原则是不变的。如果忽略了这些特殊用电情况（用电时间和地点）将导致电网非最优发展，因为用户对电网真实全面的影响无法体现出来。最终，这将阻碍新型低碳发电（低碳需求）超越现有发电以及传统电网方案来优化电网的发展，以至于系统必须依赖愈加昂贵和不必要的电网升级费用以及非最优的电网解决方案。

1.3 智能电网

全球能源政策的日新月异归因于电力供应的需求变化，主要包括以下几个方面：

1）低碳或零碳排放以减少温室气体排放和缓和气候变化。

2）安全且不依赖进口化石原料。

3）经济实惠，价格可为工业、商业及其他社会各行各业所接受。

这些能源政策的焦点便在于引入分布式发电、可再生能源以及热电联产（CHP）。最近，在谈及电网的未来发展趋势时常提到智能电网[3]一词，其先进概念在于充分利用现代信息通信技术来打造安全、灵活、高效的无碳化电力系统。智能电网是智能控制的主动式电网，可以有效地将分布式发电融入电力系统。很难想象一个无碳化电力系统的运行，仅依靠可再生能源和恒定输出的电源（可能是有碳捕获和碳存储技术的核电厂或化石燃料电厂），而没有用户侧负荷的参与。因此，智能电网概念的一个重要方面是用户侧的参与。

用户侧的参与是提高电力系统灵活性及可控性的一个重要趋势。可控负荷，如电动汽车和储热热泵，将增加可再生能源的消纳。更有甚者，当电费较为昂贵时电动汽车的蓄电池可以为电网提供电能，或用于支持配电网孤岛运行。此外，智能电表的作用以及用户想如何控制其用电负荷并参与电力系统运行是一个许多国家正在进行的重要研究课题。

欧洲智能电网技术平台已经发布了智能电网的定义[3]。

智能电网是一种新型电力网络，可以智能化集成所有与之相连的用户（发电机组、负荷或两者兼具），从而高效地提供持续、经济和安全的电力。

智能电网采用创新的产品和服务，包括智能监控、通信以及自愈技术，从而有

1）更好地促进了各种不同规模和类型发电单元的接入及运行。

2）允许电力消费者参与电力系统的运行优化。

3）为消费者提供更多的信息和用电选择。

4）显著降低整个供电系统对环境的影响。

5）提高供电系统的可靠性和安全性。

智能电表是智能电网的重要组成部分，它可以提高电网中电力潮流和电压的可视化程度，尤其是在目前测量装置数量非常有限的低压电网中。关于智能电网的实现细节仍在研究当中，它将因各国不同的情况而异。而智能电网概念对不同类型、不同容量[4]的分布式发电机组所产生的重要影响仍有一些疑问。

1.4 发展分布式发电的原因

一个现代化大型电力系统的常规配置（见图1.1）具有许多优点。大型发电机组运行高效且仅需相对较少的运行人员。与之互联的高压输电网支持在任何时刻对最高效的发电设备进行调度，以有限的电力损耗实现大量电能的远距离传输，同时尽可能减少电力储备。配电网设计成只支持单向的电力潮流，由用户的电力负荷决定其规模。

然而，为了应对气候变化，许多国家都制定了增加可再生能源利用和减少电能生产中温室气体排放的雄伟目标。如2007年，欧盟要求到2020年欧洲可再生能源占总能耗的20%，美国加利福尼亚州则要求到2020年可再生能源的配额为

33%。更疯狂的是，许多发达国家的气象学家及决策者认为温室气体的排放必须减少80%才可能实现到2050年全球平均气温较现在的升幅不超过2℃的目标。

与陆上和航空运输业等相比，电力行业温室气体减排目标的实现更为简单直接，因此可能要承担相当大的减排目标份额。英国在欧盟减排目标中承担的份额是到2020年可再生能源占总能耗的15%，但这个比例在电力行业中却增大到35%。这个目标是依据年度发电量设定的，而电力供应中可再生能源的瞬时比例有时可能高达60%～70%。

大多数政府通过财政手段来鼓励可再生能源发电，包括上网电价补贴、配额限制（如英国可再生能源配额）、碳交易和碳税，为可再生能源技术的发展提供了成本效益最大化的专门通道。目前已成熟的发电技术包括风力发电、小水电、太阳能光伏发电、沼气发电、城市废物利用、生物质能和地热发电。新兴技术包括潮汐能发电、波浪能发电和太阳能热发电。

可再生能源比化石燃料的能量密度低很多，因此其发电单元规模较小且地理位置上分布广泛。举例来说，风力发电必须位于多风地区；而生物质能发电，由于燃料能量密度相对较低，受其燃料传输成本限制，其规模也很有限。这些小型发电单元，容量通常小于50～100MW，并接入配电网。如果为这些可再生能源发电建设专门的线路，则既不经济也不环保，因此应将原来专为用户负荷供电敷设的配电线路利用起来。此外，在许多国家，可再生能源发电由企业投资建设，而不是由电网规划，同时根据实际的资源情况生产发电而不是集中调度。

热电联产（CHP）将热电厂发电产生的余热加以利用，用作工业生产或供暖，可有效提高整体能源效率，目前已得到了广泛应用。由于远距离输送热电厂的低温余热并不经济，因此有必要将热电联产电厂建立在热负荷周围。这就导致了热电联产相对规模较小，地理位置分散，并接入配电网。虽然热电联产机组原则上可以进行集中调度，但它们往往是为了满足安装用户的供暖和电力需求，而非公共供电系统的需求。

微型热电联产装置可以用于取代家用的燃气供暖锅炉，它使用斯特林或其他热力发动机，为住宅供暖和供电。它们通常是为了满足住宅供暖或热水的需要，同时也可以产生适量的电能来补偿室内的部分用电。当然，微型热电联产机组接入配电网，可以向电网送电，但这些微型热电联产机组发电经济效益较低，因此在发电方面不具有足够的吸引力。

在分布式发电的发展过程中，电力行业的市场结构占有重要地位。虽然丹麦早期含有风力发电和热电联产的垂直一体化模式的电力系统给出了一个有趣的反例，但一般而言，自由化的电力市场环境和开放式的配电网可为分布式发电提供更多的发展机遇。

1.5 分布式发电技术的发展前景

目前，分布式发电主要被当作一种发电手段，而它难以提供一般电力系统所需的其他辅助服务。其中部分原因在于分布式发电的技术特点，不过最主要的原因是分布式发电目前的运营和激励机制受行政及商业环境所限制，即只能作为一种能量来源。然而，随着可再生能源发电接入输电网技术要求（即所谓的电网导则）逐渐应用到大型分布式发电领域，上述情况正在发生改变。

在一些国家，分布式发电及可再生能源发电的渗透已经开始引起电力系统的运行问题，这在丹麦、德国、西班牙等分布式发电及可再生能源发电渗透率较高的国家已有报道。这是因为，到目前为止，我们一直在强调将分布式发电并网，以加快各种形式分布式能源的发展，却忽略了将其纳入电力系统的整体运行。

目前分布式发电并网通常都基于一种叫作免维护的策略。该策略符合传统被动配电网的设计和运行需求，但却造成了配电基础设施效率低、投资成本高的问题。传统的配电网允许任意负荷（以及分布式发电）组合的同时接入，且仍然能为用户提供合格的电力。此外，分布式发电支持被动电网运行和简单的本地发电控制，可在电力生产方面取代集中式发电的位置，而系统控制和安全仍需集中式发电来实现。现在正遇到这样一个瓶颈，这种并网方式限制了分布式发电的发展，增加了投资和运行的成本，并且破坏了电力系统的完整性和安全性。

因此，分布式发电系统必须承担一部分传统大型发电厂的责任，为保障系统安全运行提供必要的灵活性和可控性。电力系统的安全性一直以来都是由输电系统运营商负责的，分布式发电系统的接入使得配电系统运营商必须发展主动配电网来共同保障系统的安全。这体现了从传统集中控制到分布式控制模式的转变，即从控制数百个传统发电机组到控制数十万个发电单元和可控负荷的转变。

图1.4是一个输配电网容量（也即成本）的示意图，同时也展示了现在的集中发电系统及其未来随着分布式能源的增加而出现的两种发展方向。常规经营模式（Business as Usual，BaU）代表了目前保留集中控制和被动配电网特点的传统电力系统的发展方向，而智能电网则代表了将分布式发电以及需求侧管理完全纳入电力系统运行的发展方向。

1.5.1 未来常规经营模式

分布式发电系统将取代传统电厂提供发电服务，但集中发电系统会继续运行以提供维持电力系统安全性和稳定性所需的辅助服务（如负荷跟随、频率和电压调节以及备用）。这导致了大量的发电机组需要维持并网运行（高发电裕度），以备当分布式发电被人为关闭时，集中发电机组能够投入运行。

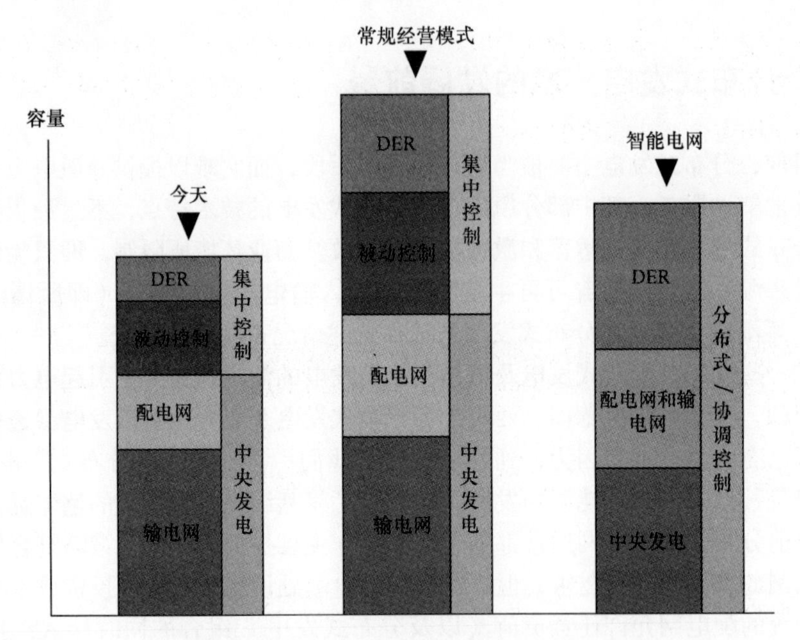

图 1.4 系统容量的相对水平

传统配电网的被动运行以及集中式发电机组的集中控制意味着需要增加输配电网的容量，以适应不可控的分布式发电和负荷的接入。

1.5.2 智能电网

通过将分布式发电和可控负荷充分纳入电网运行，将为系统提供一些原来由集中式发电提供的辅助服务。此时，分布式能源（分布式发电及可控负荷）将不仅仅能够取代集中式发电的作用，同时还兼具其控制能力，这就减少了运行维护所需的集中式发电容量。为了实现这一目标，配电网的实际运行将从被动变为主动。这将需要将现有的控制模式转变为新的分布式控制模式（包括需求侧管理），从而提高系统的控制能力。

1.5.3 并网优势

分布式能源有效并网将带来以下益处：

1）减少集中式发电容量。

2）提高输配电网的利用率。

3）增加系统的安全性。

4）降低整体成本和二氧化碳排放量。

这两种未来发展模式下预期的系统总成本如图 1.5 所示。

短期内，智能电网模式下配电网运行控制策略的改变所带来的成本上升可能会超过 BaU 模式，并且还需要更多的投入用于新技术的研发和应用以及信息通信基础设施建设等方面。然而，将分布式发电以及需求侧响应充分纳入电网运行的智能电网将会带来可观的长期收益。

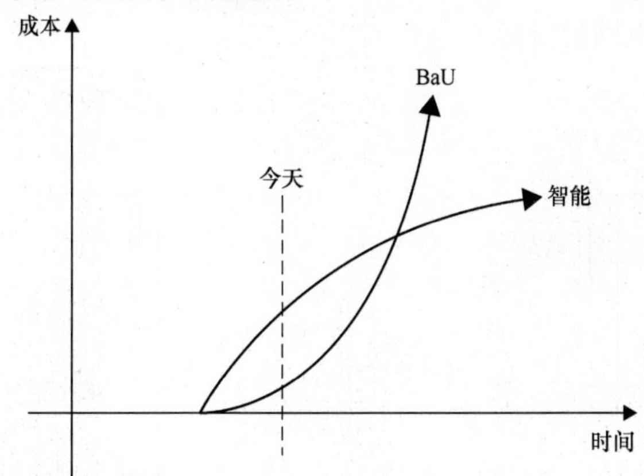

图 1.5　预期未来系统成本的轨迹

在智能电网大行其道的未来，我们需要一个更加成熟的商业模式，以支持个体参与者、分布式发电、用户及其代理之间的电能交易以及辅助服务的交易。发展一个拥有数十万个主动参与者的市场也将是一个重大的挑战。

1.6　分布式发电与配电网

传统方案中，配电系统从输电网接收电力然后分配给用户。因此，无论有功功率（P）还是无功功率（Q），都是从高压侧流向低压侧，如图 1.6 所示。即便对于互联的配电系统，这种功率流动的行为很容易理解，而且配电网这种设计和运行的机制也由来已久。

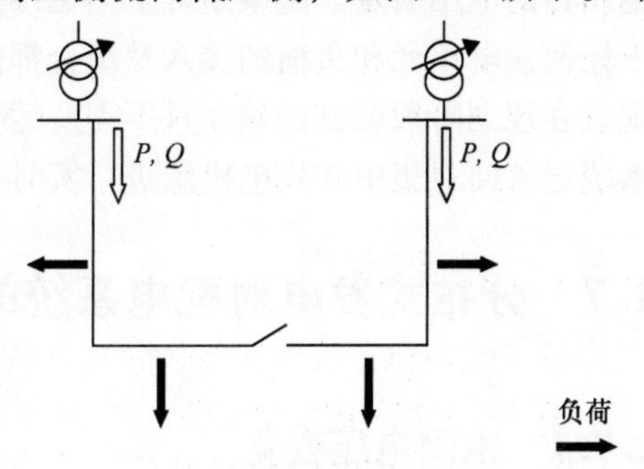

图 1.6　传统配电系统

然而，随着分布式发电渗透率的不断增加，电力潮流的方向可能会反转而配电网也不再是只为负荷供电的被动电路，而成为一个主动式系统，其电力潮流和电压由发电和负荷共同决定。如图 1.7 所示，当楼宇内负荷低于发电机的输出时，基于同步发电机的热电联产（CHP）将输出有功功率，但有可能吸收或输出无功功率，这取决于发电机励磁系统的设置。定速型风力发电机将会输出有功功率，同时会吸收无功功率，因其异步（也称感应）发电机（A）需要一个无功功率源来维持运行。光伏系统的电压源变流器能够实现在设定的功率因数下输出有功功率，但这可能会引入谐波电流。因此，电能在电路中的流向取决于电网负荷与发电机组之间有功和无功功率的相对值以及电网的损耗。

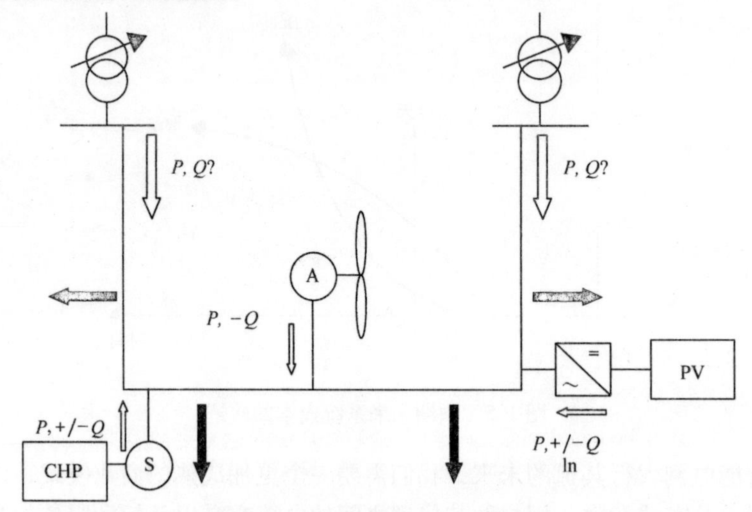

图 1.7　含分布式发电的配电系统

分布式发电带来的有功或无功潮流的变化对电力系统经济性和技术性都有重要的影响。早期分布式发电技术重点在于解决配电系统中并网和运行等技术问题。大部分国家都针对这些问题[5,6]发布了相关标准和规范。常规方法是将分布式发电等效为供电为负值的负荷，确保任何分布式发电的接入都不会降低供给其他用户的电压质量。配电系统采用免维护模式，保证在没有主动控制动作的情况下任何发电单元和负荷的接入及组合都能够正常运行。在该方法中，配电系统的配置在规划阶段就已经确立且不需要运行控制，而输电系统则恰恰相反，它需要系统运营商对集中式发电机组进行实时主动的控制。

1.7　分布式发电对配电系统的技术影响

1.7.1　电网电压变化

任何配电网运营商都有责任向其客户提供规定范围内的电压（通常为额定电压的 ±5%）。这一要求往往决定了配电线路的设计和成本，并且因此在过去几年中，技术发展到可以最大限度地利用配电线路来为用户提供符合要求的电压。

典型的辐射状配电网电压分布如图 1.8 所示：

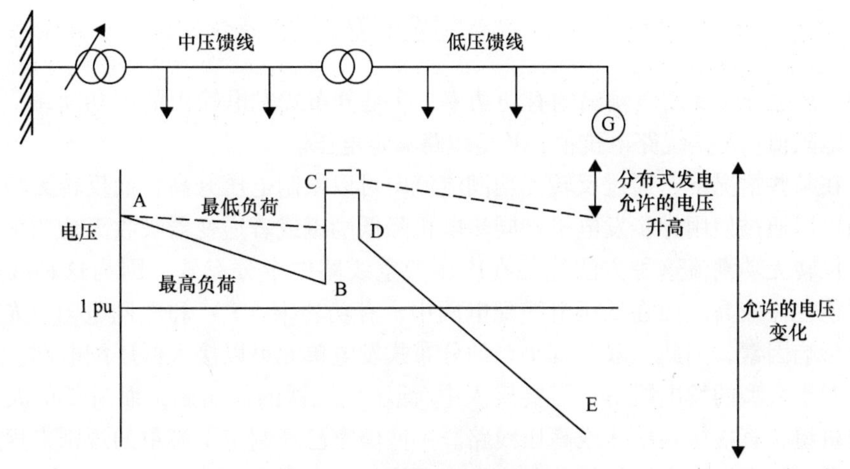

图1.8 辐射状馈线电压变化

图中关键电压降主要有

1）A：通过配电变压器的分接开关使电压保持恒定。

2）A-B：由于中压（MV）馈线上的负载产生的电压降。

3）B-C：中压/低压变压器分接头调压造成的电压升高。

4）C-D：中压/低压变压器产生的电压降。

5）D-E：低压馈线产生的电压降。

不同国家使用的电压等级各不相同，但辐射状配电线路运行原则都一样。表1.1列出了常用的电压等级。

表1.1 配电线路电压等级

	定义	典型的英国电压
低压（LV）	LV < 1kV	230（单相）/400（3相）V
中压（MV）	1kV < MV < 50kV	33kV，11kV
高压（HV）	50kV < HV < 150kV	132kV

如图1.8所示，中/低压变压器的电压比在安装时就已经确定，它使用无励磁分接头进行调节，从而保证在负荷峰值时线路末端用户的电压符合要求，在负荷低谷时线路上所有用户获得的电压恰好低于最大允许值。若将分布式发电接入配电线路末端，线路潮流将发生改变从而电压分布也会受到影响。当电网用户负荷最小，而分布式发电的输出功率又必须倒送回电网时，情况最严重。

对于配电网小负荷方式运行时，由分布式发电输出有功、无功功率产生的近似电压上升值（ΔV）可由式（1.1）[⊖]给出：

⊖ 关于该等式的变化形式，请参见3.3.1节。

$$\Delta V = \frac{PR + XQ}{V} \tag{1.1}$$

式中，P 是分布式发电输出的有功功率；Q 是分布式发电输出的无功功率；R 是线路电阻值；X 是线路电抗值；V 是线路额定电压。

在某些情况下，通过反转无功潮流流向可以限制电压升高，而反转无功潮流流向可以通过使用异步发电机、同步电机降低励磁或者逆变器吸收无功功率来实现。反转无功潮流这种方法往往在中压架空线路中十分有效，因为这种线路中 X/R 值往往较高。而在低压电缆配电网中，有功功率（P）和电网电阻（R）是主要影响因素，因此一般只有小型的分布式发电单元可以接入低压配电网。

对于大型的发电机组，需要接入中/低压变压器的低压侧；而对于更大型的发电机组，直接接入中压或高压线路。一些国家已经制定了简单的规则来规定接入不同电压等级配电系统的分布式发电系统的最大容量。这些规则往往限制力度大，详细的计算结果显示更多的发电单元可以接入电网。

表 1.2 列出了一些正在使用的规则。

表 1.2　用于指示分布式发电接入的设计规则

网络位置	分布式发电机的最大容量
400V 电网馈线	50kV · A
400V 母线	200 ~ 250kV · A
11kV 或 11.5kV 电网馈线	2 ~ 3MV · A
11kV 或 11.5kV 母线	8MV · A
15kV 或 20kV 馈线和母线	6.5 ~ 10MV · A
63kV 或 90kV 电网馈线	10 ~ 40MV · A

另一种可以用来决定发电单元是否可以接入的简单方法是：在分布式发电接入前接入点的三相短路水平（故障水平）与分布式发电额定功率的倍数是否超过要求的最小值。在一些国家，允许风力发电接入时的这个倍数高达 20 ~ 25，但这些方法还是太保守。采用异步定速发电机的风电场已经成功并网运行，其电网故障水平相比于风电场额定容量的倍数只有 6。

一些配电公司结合电流及电压信号，进行配电变压器有载调压控制。此外，采用基于假定负荷功率因数的线路电压降补偿技术[7]，当分布式发电出力大于用户负荷时，引入分布式发电带来的功率因数变化将可能导致系统的错误运行。

1.7.2 电网故障电流水平增加

很多类型大型分布式发电站都采用旋转电机，这将增加电网故障电流水平。虽然异步和同步发电机在持续故障条件下的表现不同，但它们都会增加配电系统的故障电流水平。

在一些城市地区，故障电流水平接近开关装置的额定值，将严重阻碍分布式发电的发展。增加配电网开关装置及电缆线路的额定短路电流，此举成本很高且难以实现，尤其是在十分拥挤的城市变电站和电缆线路上。通过使用变压器或电抗器在发电单元和电网之间引入阻抗，可以减少分布式发电对故障电流水平的影响，但这样会增加损耗且使发电侧电压变化范围增大。一些国家使用熔断器式故障电流限流器来降低分布式发电故障电流水平，同时继续关注超导故障电流限流器的研发。

1.7.3　电能质量

分布式发电对配电网电能质量的影响主要体现在两个方面：①瞬时电压变化以及②电网谐波电压。根据不同情况，分布式发电可以降低或提高配电网内用户的电压质量。

如果分布式发电在连接和断开过程中发生相对较大的电流变化，可能会导致电网暂态电压的变化。通过对分布式发电站进行设计，电流瞬变幅值可以在很大程度上得到控制。话虽如此，但对于异步发电机直接接入弱电系统，限制其使用的因素可能是暂态电压变化而非稳态电压的升高。如果同步发电机可以保证精确同步，且使用反向并联的软启动装置来限制其励磁涌流，使其小于额定电流，则它可在干扰可忽略不计的情况下并入电网。然而，发电机在满功率输出时断开连接可能导致严重的电压降。此外，某些形式的原动机（如定速风机）可能会输出周期性变化的电流，如果不加以控制将会导致电压闪变。

相反，旋转电机类型的分布式发电单元接入会提高配电网故障电流水平。这类分布式发电接入后系统短路容量提高，当电网内其他用户负荷变化，甚至远端故障，引起的电压变化值较接入前要小，从而提高电能质量。有趣的是，在对供电质量更敏感的高科技制造企业会使用一种传统的方法来提高电能质量，那就是安装本地发电系统。

同样地，对于电力电子接口类型的分布式发电，一旦出现设计差错，就可能会注入谐波电流，从而导致严重的电网电压畸变。电缆配电网的电缆线路电容或并联功率因数校正电容器可能会与变压器或发电单元的电抗产生接近于电力电子接口开关谐波频率的共振。

此外，农村地区的中压电网由于单相变压器的接入而频繁地发生电压不平衡。异步发电机阻抗非常低，不平衡电压往往会产生大量的不平衡电流，因此为了平衡电网电压需要增加发电机电流，从而引起发热问题。

1.7.4　保护

分布式发电的保护功能包含如下几个方面：

1）分布式发电内部故障保护。

2）配电网故障时的分布式发电电流保护。

3）防孤岛保护和失电保护。

4）分布式发电对现有配电系统保护的影响。

分布式发电内部故障保护通常十分简单。配电网中的故障电流用于检测故障，并且该技术对于大型旋转电机类型或电力电子接口类型分布式发电都是适用的。在一些农村地区，电力需求有限，最常见的问题是要确保电网有足够的故障电流，以保证继电器或熔断器快速动作。

配电网发生故障时分布式发电的电流保护通常要困难一些。三相对称故障时异步发电机不能提供持久的故障电流，对解决非对称故障起到的作用也很有限。小型同步发电机如果需要提供持续的高于其满负荷电流的故障电流，则它们需要复杂的励磁以及电磁过程。采用绝缘栅双极型晶体管（IGBT）的电压源型变流器在故障中通常只能提供接近于其额定电流值的故障电流。因此，通常依靠配电保护和配电网提供的故障电流来清除配电线路故障，从而隔离其中的分布式发电装置。而后分布式发电会处于过/欠电压状态，从而触发过/欠电压保护或防孤岛保护动作而跳闸。

防孤岛保护是许多国家面临的一个重要问题，尤其是在应用了自动重合闸技术的配电线路中。由于技术和管理方面的一系列原因，分布式发电系统与配电网断开后长时间运行于孤岛状态是不被允许的。因此需要一个继电器来检测分布式发电（也可能是电网周围的部分）变成孤岛的时间，从而断开分布式发电。如果要避免非同期重合闸，该继电器必须工作在自动重合闸策略定义的死区时间内。尽管我们使用了许多技术，包括频率变化率法和电压相位偏移法，但如果将它们设置成能够灵敏检测孤岛时都很容易出现误动。

另一个相关的问题是发电机中性点接地。许多国家都不允许运行一个不接地的电力系统，因此必须保证中性点接地。

图1.9解释了失电或孤岛效应问题。如果断路器A打开，也许是一个瞬时故障，分布式发电输出的故障电流可能不足以启动断路器B。在这种情况下，分布式发电将可以继续为负荷供电。如果发电单元的输出能够与负荷有功功率和无功功率的需求较好地匹配，则电网中发生孤岛效应的部分，其频率和电压不会发生改变。因此，基于过/欠频率或过/欠电压的保护方案将会失效。因此，只用B处的本地测量参数很难可靠地检测出断路器A是打开的。在极端情况下，如果A处没有电流流过（全部负荷由发电机供电），则无论A打开还是关闭，B处的网络状态都不受影响。从图中还可以看出，由于负荷是由采用三角形联结的变压器送电，因此该部分电网不存在中性接地点。

最后，如果分布式发电提供的故障电流不符合最初的保护设计，那么将影响

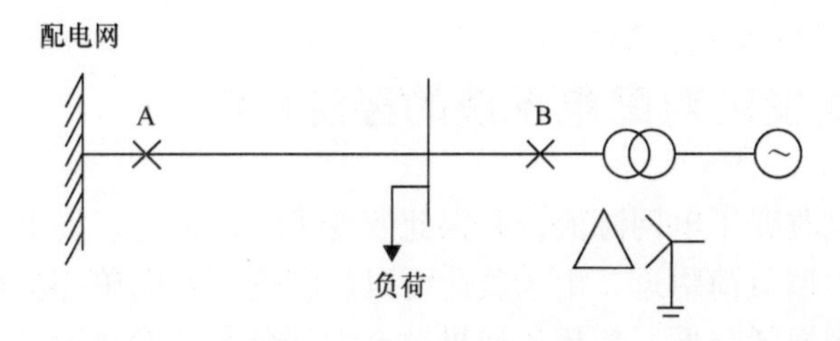

图1.9 孤岛效应示意图

现有配电网的运行。此外，分布式发电提供的故障电流可以支撑电网电压从而导致距离保护的失灵。

1.7.5 稳定性和故障穿越

对于分布式发电系统而言，其主要目的在于提供电能，对暂态稳定性的考虑往往不具重要意义。如果配电网上某处发生故障使电网电压降低，分布式发电系统会超速并在内部保护作用下跳闸，则结果仅仅是短期的发电量损失。根据分布式发电控制策略，分布式发电系统等待电网恢复正常工作状态，并在几分钟后自动重启。当然，如果发电本身是为了向一些关键工艺流程提供蒸汽，那么就需要确保发电机不会因为远端电网故障而跳闸。然而，由于分布式发电惯性较小且配电保护动作时间较长，因此无法在所有故障情况下保障配电网的稳定。

相反，如果分布式发电作用是为电力系统提供支撑，那么它的暂态稳定性就十分重要。电压和/或功角稳定很大程度上由所使用的发电机类型决定的。在一些国家，面临一个特别的问题，即基于频率变化率的孤岛保护装置的误动作，这些保护装置能够灵敏检测孤岛效应，但在主系统受扰情况下，例如一个大型集中式发电机组失电，则会使多数分布式发电误动作跳闸。显而易见的后果是系统频率进一步下降。与电力系统保持并网并在其故障时提供支撑，这是对接入输电网的可再生能源发电系统的关键要求，在电网运行准则中称为低电压穿越。

同步发电机在暂态不稳定瞬间将会发生失步，而异步发电机在过速时会带来较大的无功电流，这将降低电网电压进而导致电压失稳。异步发电机具有高阻抗、低短路电流水平的特点，会降低电机峰值转矩使它无法保持额定输出，因此其静态稳定极限使其在弱电网中的应用受到了限制。

对一些配有分布式发电系统的配电网，还需注意断电恢复（黑启动）特性。如果电网依赖于分布式发电系统为负荷供电，则一旦电网恢复，负载在发电单元可重新接入电网之前就会有供电。显然，这对于集中式发电系统/输电网运营商是一个常见问题，但在配电系统中并不常见。

1.8 分布式发电对配电系统的经济影响

分布式发电改变了电网潮流，并因此改变了电网损耗。如果一个小型的分布式发电安装在大型负荷附近，由于负荷可以从临近的发电单元获得有功或无功功率，从而使电网损耗降低。相反，如果一个大型分布式发电远离负荷，则配电系统损耗可能增加。由于电网负荷增加导致的电量变化，会引起更复杂的情况。一般情况下，配电网中的高负荷意味着需要运行昂贵的集中式发电装置。因此，任何分布式发电在此期间运行，都将降低网损并对电网运营成本有显著影响。

目前，分布式发电系统一般不参与配电网的电压控制。因此在英国，无论配电网有怎样的需求，分布式发电一般都只会在单位功率因数下运行，以减少其电力损耗以及避免无功功率产生的额外费用。几年前丹麦在分布式热电联产中采用了另一种方法，即在一天内的不同时间以不同功率因数运行。在负荷高峰期，向电网输送无功功率，而在低负荷时段以单位功率因数运行。

分布式发电系统也可替代一部分的配电网容量。但很明显的是，分布式发电无法代替辐射状馈线，因为孤岛运行是不允许的，而且为了能够利用独立运行的可再生能源发电还需对电网进行扩展。而目前大部分高压配电线路采用成对配置或环网配置，分布式发电系统可以降低对配电设施的需求。

1.9 分布式发电对输电系统的影响

与接入配电系统类似，分布式发电的接入将改变输电系统中的潮流。因此，输电损失也会相应改变，通常是减少。在环形输电网中，电力潮流减少，对设备的要求也会相应降低。目前在英国，输电网的运行费用通过测量连接输配电网的变压器处的负荷峰值来进行评估。当分布式发电站可以运行于用电高峰期，那么显然它将减少输电网的运行费用。

1.10 分布式发电对集中式发电的影响

分布式发电对集中式发电的主要影响是降低了集中发电输出功率的平均值，但往往同时也增加了方差。在一个大型的电力系统中，通过权威发电调度可以精确地预测用户的用电需求。分布式发电为这些预测带来了更多的不确定性，因此可能需要增加备用电源。现在，通过预测风速来预测风电场出力，通过预测热量需求来预测分布式热电联产输出是非常传统的做法。长期以来风力发电功率预测带来了许多益处，对电能交易也十分有用。然而这些预测却对传统发电机的调度没有多大帮助，因为它们对预测的可靠性要求非常高。

由于在电力系统中加入了分布式发电，它的输出功率必须能够置换集中式发电相同功率的输出，以维持整体负荷/发电的功率平衡。在分布式发电输出有限的情况下，其影响主要是集中式发电减载，但仍维持运行及可控输出。然而，随着越来越多分布式发电系统的加入，必须断开与集中式发电的连接，从而导致系统可控性及频率调节能力降低。类似的结果是，由于集中式发电被替换，无功容量会减少并且难以维持输电网的电压分布。

参考文献

1. Blume S.W. *Electric Power System Basics for the Nonelectrical Professional*. IEEE Press; 2007.
2. Von Meier A. *Electric Power Systems: A Conceptual Introduction*. Hoboken, NJ: John Wiley and Sons; 2006.
3. Commission of the European, Union Smart Grids Technology Platform. European Technology Platform for the Electricity Networks of the Future. Available from URL http://www.smartgrids.eu/ [Accessed February 2010].
4. Department of Energy and Climate Change (DECC). Developing a UK Smart Grid. ENSG Vision Statement. Available from URL http://www.ensg.gov.uk/assets/ensg_smart_grid_wg_smart_grid_vision_final_issue_1.pdf [Accessed February 2010].
5. IEEE 1547. IEEE Standard for Interconnecting Distributed Resources with Electric Power Systems; 2003.
6. Electricity Network Association Engineering Recommendation G59/1. Recommendations for the Connection of Embedded Generation Plant to the Public Electrical Suppliers Distribution Systems; 1991.
7. Lakervi E., Holmes E.J. *Electricity Distribution Network Design*. London: Peter Peregrinus for the IEE; 1989.
8. Masters C.L. 'Voltage rise: The big issue when connecting embedded generation to long 11 kV overhead lines'. *IET Power Engineering Journal*. 2002; 16(1):512.
9. Dugan S., McGranaghan M.F., Beaty H.W. *Electrical Power Systems Quality*. New York: McGraw Hill; 1996.

第2章　分布式发电站

九峡谷风电场，三联市，华盛顿，美国（100MW）。配有1.3MW风电机组，主动失速调节，定速异步风力发电机［RES］。

2.1　概述

随着全球能源供应越来越倾向低碳化，各种不同类型的电源开始接入配电网，包括成熟的热电联产技术（CHP）、风力发电和太阳能光伏发电。此外，还有许多新的发电技术，如燃料电池、太阳能热发电、微型热电联产发电和海洋能发电，以及飞轮储能和液流电池储能，在不同阶段都展现出了其自身的商业潜力。

在电力市场环境下的电力系统中，分布式发电的业主（多数情况下不是配电公司）将会根据电价和其他商业信息做出投资决策以及确定运营方式。由于分布式发电单元取代了集中式发电站，因此将逐渐接管后者的辅助服务（如电压和频率控制)，这些对于电力系统的运行必不可少，最终分布式发电将会从一个单一的发电单元发展成一个供电整体。

2.2 热电联产

热电联产（有时称热电联供或能量综合利用）是接入配电网的一种重要发电方式。热电联产（CHP）同时提供电能和热能。一般来说，热电联产产生的电能用于楼宇或工厂内的负荷用电，剩余或不足的电力由配电网吸收或补足。而其产生的热能则用于工业生产过程和/或楼宇内的供暖，或者输送到周边区域进行集中供暖。

一个典型的工业热电联产总效率可达到67%，包括23%的电气效率及44%的热效率。与单循环集中式电站和供热锅炉相比，可以减少35%的一次能源使用。这相当于，比大型燃煤发电减少了超过30%的CO_2排放量，比集中式联合循环燃气轮机发电减少了大约10%的CO_2排放量。据估计，2008年英国的热电联产使CO_2排放量减少了10.8×10^6t，每1000MW容量减少1.98×10^6t CO_2排放量[1]。

在英国，虽然利用CHP进行集中供暖在一些城市小有规模，但整体规划还很不足。而在北欧，例如丹麦、瑞典和芬兰，集中供暖在许多大型城镇都很常见，供暖水温为80～150℃，它们要么来自于热电联产装置，要么来自于锅炉[2]。丹麦已经将热电联产的应用延伸到了乡村地区，在村庄和小镇上安装小型热电联产装置，通常采用由生物质供能的背压式汽轮机，或由天然气供能的往复式发动机[3]。

表2.1列出了热电联产中可使用的各种技术。背压式汽轮机直接将高于大气压力的蒸汽排放到换热器或直接用于工业生产。背压越高，排汽所含能量就越高，因此产生的电能就越少。在英国，背压式汽轮机平均热电比为5.4∶1，因此一旦当地负荷用电需求得到满足，那么能够对外输出的电能就会非常少。图2.1所示为使用背压式汽轮机的热电联产的简化框图。所有蒸汽通过汽轮机来驱动同步发电机，转速通常为3000r/min。通过汽轮机后，蒸汽压力通常在0.12～4MPa范围内，而温度为200～300℃[4]，视具体使用情况而定。这些蒸汽可用于工业生产或通过换热器来供暖。

表2.1 2008年英国热电联产概况[1]

主原动机	平均电效率（%）	平均热效率（%）	平均热/功率比
背压汽轮机	12	63	5.4∶1
抽汽凝汽式汽轮机	14	44	3.2∶1

（续）

主原动机	平均电效率（%）	平均热效率（%）	平均热/功率比
燃气轮机	21	49	2.3:1
复合循环	26	41	1.6:1
往复式发动机	26	42	1.3:1
所有方案	23	44	1.9:1

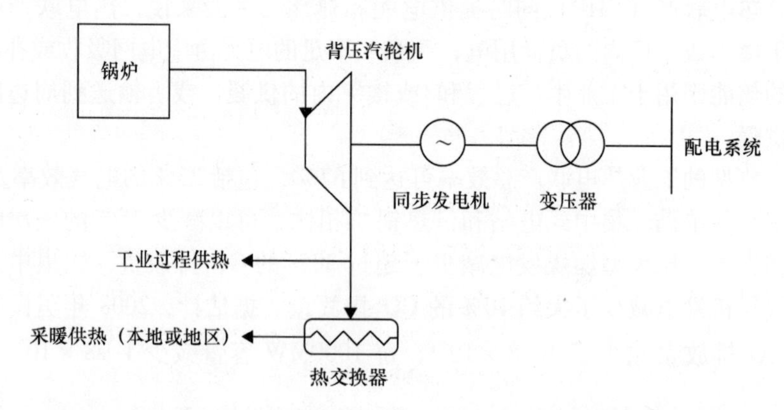

图 2.1　基于背压式汽轮机的热电联产方案

相反，在一个抽汽凝汽式汽轮机（见图 2.2）中，部分蒸汽处于中间压力状态时即被抽出用于热汽供给，其余则完全冷凝。这种设置能够扩大热电比的范围。丹麦的所有大型城镇以及城市的集中供暖方案（150～350MW）都使用抽汽凝汽式汽轮机，以便在区域热负荷减少时，多余的蒸汽可用于发电。

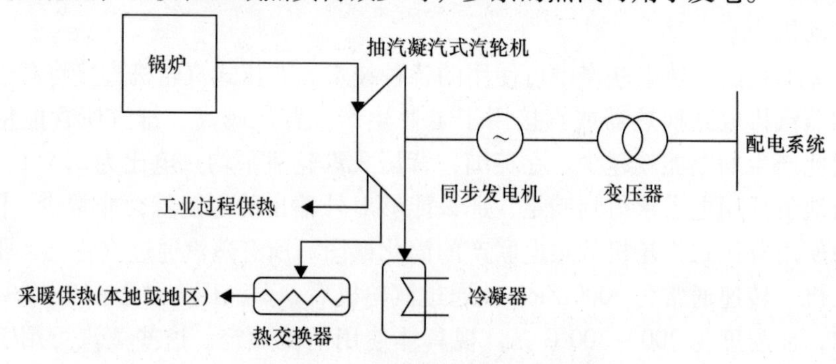

图 2.2　基于抽汽凝汽式汽轮机的热电联产方案

图 2.3 描述了如何对燃气轮机的余热进行回收利用。虽说在燃烧率较低的情况下往复式发动机是热电联产方案的首选，但该燃气轮机使用天然气或分馏的燃油，实现了从低于 1MW 到高于 100MW 的发电功率。一些工业设备配备了余热锅炉补燃装置以确保在燃气轮机无法工作时仍有可利用的热量，同时也可以提高

热电比。燃气轮机中的废气温度可高达500~600℃，因此，通过增加一个汽轮机建立一个联合循环发电装置（见图2.4）来提高发电量的方式颇为可行。通过余热锅炉将汽轮机的废气送到背压式汽轮机或者抽汽冷凝式汽轮机，这样有用的热量就可以从汽轮机中得以回收。

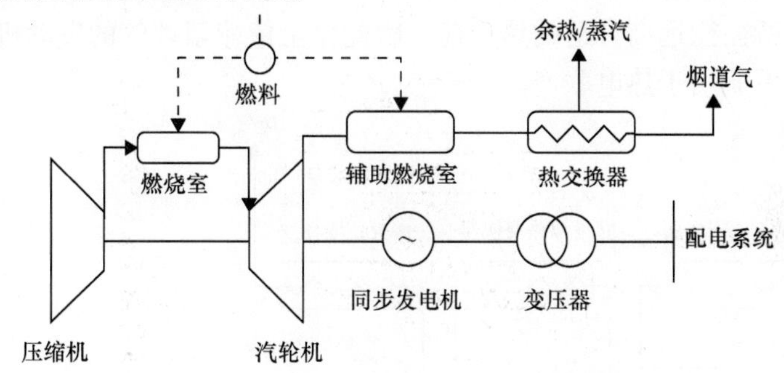

图2.3 基于可余热回收燃气轮机的热电联产方案

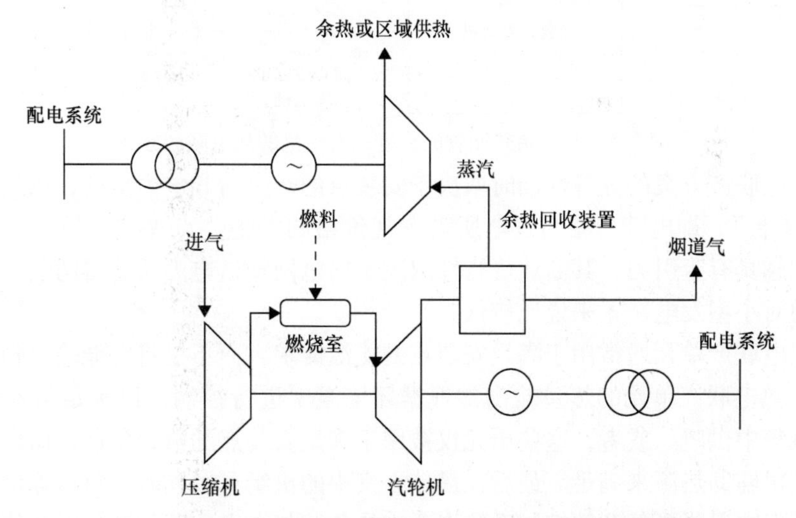

图2.4 基于联合循环发电的热电联产方案（背压式汽轮机）

在使用联合循环的热电联产方案中，燃料中约67%的能量被转化为电能或热能，但其热电比低于单循环燃气轮机（见表2.1）。联合循环热电联产装置，由于其自身的复杂性和投资成本，比较适用于大型的电力负荷和热负荷，例如向城镇或大型工业厂房集中供能[5]。

虽然英国的热电联产厂容量大多大于10MW，但目前仍有超过1000个低于1MW以及大约500个低于100kW的设备。这些小于100kW的设备通常是可移动的，包括一个由往复式四冲程发动机驱动的三相同步电机，也有可能是异步发电机，同时配有余热回收系统，从废气、冷却水及润滑油中回收热量[6]。对较大的发动机（即接近500kW），比较经济的做法是将温度高达350～400℃的废气排入蒸汽式余热锅炉，这样从冷却套管和润滑油中获得的可用热量温度通常为70～80℃。燃料通常使用天然气，有时加入少量燃油助燃，有时也会使用来自污水处理厂的沼气。通常应用于休闲中心、宾馆、医院、学术机构和工业生产。而垃圾填埋气的场所往往远离合适的热负荷，因此完全依赖填埋气的发动机只能作为发电设备，而不能用于热电联产。

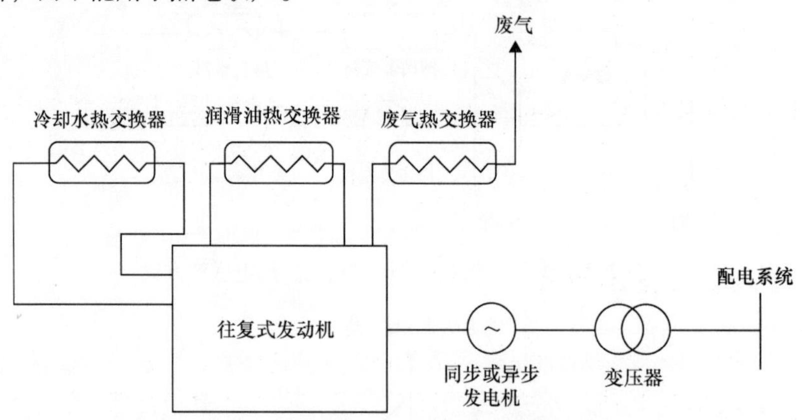

图2.5　基于余热回收的往复式发动机的热电联产方案

热电联产方案的经济性同时取决于安装点的热负荷和电力负荷，以及所谓的"点火差价"，即电能价格与发电所需燃气价格的差值。点火差价越大，热电联产方案越具有吸引力。其商业可行性取决于向电网输送电力所获得的收益，而这个收益对小型发电装置来说比较低。

热电联产单元通常用于满足安装点的能源需求，而不是将电能输送到配电系统[7]。热电联产单元的热量输出常根据环境温度进行控制，以满足当地热负荷和区域集中供暖。或者，这些单元仅被用于满足安装点的电力负荷，而热负荷的不足则由辅助热源来满足。最后，最佳方案中的机组可以同时为负荷提供热能与电能，但这需要更复杂的控制系统来适应热负荷与电力负荷的变化以及热电联产装置的性能变化。

尽管热电联产通常用于满足现场负荷的用能需求或区域热负荷的供暖需求，但这只是出于商业/经济考虑，而非受到技术本身的限制。随着商业和政策环境的改变，可能是响应第1章中所述的政策驱动因素，它们将在向配电系统供电及提供辅助服务方面发挥更积极的作用。

为个人住宅或小型物业服务的热电联产机组，即所谓的微型热电联产，在市面上也有销售。它们通常使用小型的内燃机或小型斯特林发动机，利用简单的异步发电机作为接口，也可采用变速发电机经电力电子接口对外输出，还有一些使用活塞驱动的线性发电机。另外，还有家用燃料电池热电联产，配备电力电子接口后可以产生直流电。一般情况下微型热电联产机组更适合面积较大，对供暖有较大需求的住宅，而对那些面积较小，隔热较好的房屋缺乏吸引力。

比起电能，热能的存储更简单且成本更低，因此储热单元可以增加热电联产单元运行的灵活性。在丹麦，人们关心基于往复式发动机的热电联产单元热能与电能生产之间的直接关系，因为当区域供暖需求变化时，分散的热电联产机组在满足供暖需求时可能会额外增加大型发电集中供电系统中负荷的变化。因此，每个区域供暖方案中都配有大型储热装置，满足近 10h 的最大产热需求[3]。储热装置的一个优点是热电联产机组可以在低供热需求时仍以额定功率输出，从而使效率最大化。同样地，可以选择在电力需求高峰时运行机组，以获得更高的电价收益。大型储热装置的另一个优点是，电加热器可以在间歇性可再生能源（如风力发电）电能盈余时以较低的价格获得额外能量。

2.3 可再生能源发电

热电联产分布式发电设备的安装位置取决于热负荷的位置，而设备的运行通常根据当地能量需求或区域供暖计划而定。同样，可再生能源发电的选址由可再生能源的分布决定，电能的输出则由这些能源的可利用程度决定。当然，任何发电装置的选址都要考虑它对周围环境的影响，但如小水电厂，它们的位置（以及它们接入配电网的位置）显然完全取决于水资源的位置。除非可再生能源能够存储（例如生物质能或通过大坝存储的水的势能），否则发电机只能在有可用能源时运行。一般来说，为小型可再生能源发电厂提供大型储能设备不符合成本效益，因此它们的输出随着资源情况的变化而变化。可再生能源发电与化石燃料发电之间一个重要的区别是，后者得益于较高的能量密度可以实现低成本储能。

2.3.1 小水电

水力发电是一项比较成熟的技术，在欧洲和北美许多条件符合的地区已经得到较好的发展。小型和中型水电机组与配电系统的并网运行已有较成熟的理论体系[8,9]，但在利用变速发电系统上还有创新空间。对于蓄水量不大的水电项目，发电量会随着水量的变化出现较大波动。比如，发电量会随降雨变化，特别是当集水区处于缺乏植被覆盖、水流狭短的岩石或浅层土壤上时，这种变化尤为明显。雨量不均会导致河流流量变化。有趣的是，我们注意到英国 2008 年水力发电容量因子㊀只有大约 35%。

㊀ 容量（或负荷）因子是指全年输出能量占额定输出能量的比例。英国陆上风电场的容量因子大约为 27%。

图 2.6 所示为两条河流的日平均流量。这两条河流的集水区特点不一，由此形成了不同的水资源条件。图 2.6a 所示为有岩石区流域和较小蓄水量的河水流量。相反，图 2.6b 所示为沙地流域相对平缓的河水流量变化。

图 2.7 所示为水资源的流量历时曲线（FDC）。该曲线描述的是观察时段内等于或超过某一给定流量的时间百分比[10]。虽然 FDC 给水电年发电量预测提供了水资源的信息，但它却无法体现水电输出功率与电网日常负荷的对应关系。

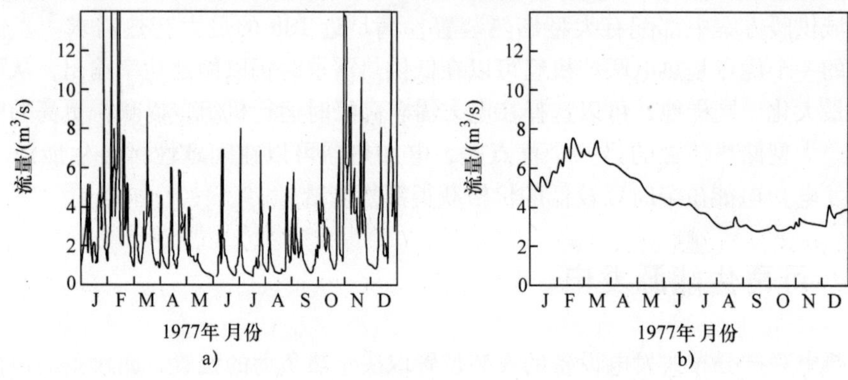

图 2.6　两条河的平均日流量

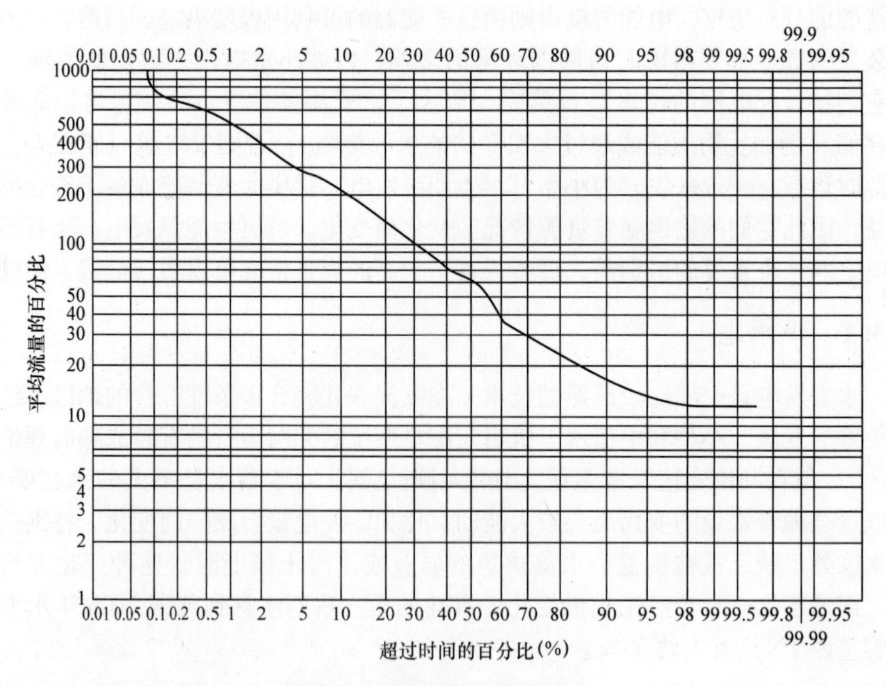

图 2.7　典型的流量历时曲线

水轮机的输出功率可由下式得出：

$$P = QH\eta\rho g \tag{2.1}$$

式中，P 为输出功率（W）；Q 为流量（m^3/s）；H 为有效水头（m）；η 是总效率；ρ 为水的密度（$1000kg/m^3$）；g 为重力加速度。

高水头设计有利于水力发电在增加电能输出的同时降低所需的水流量，从而可以减小压力管道所需的横截面积（水流通过加压管道进入水轮机）。水轮机的选择与流量和水头设计有关[11]。水头较低时，选择反击式水轮机，通过改变流向来运行。流过水轮机的转轮时，利用水流的压能做功输出一大部分能量。常见的反击式水轮机设计包括弗朗西斯水轮机和卡普兰式螺旋桨类型。水头较高时，则使用冲击式水轮机，如水斗式水轮机和斜击式水轮机。其运行主要依赖大气压下的水流动能。对于小型水电机组（功率 <100kW），可使用双击式水轮机，其特点是水以片状而非射流状拍击转轮。考虑流域的资源变化，对发电效率评估的影响，并计及与流速有关的效率下降进行年度发电量的计算。通常情况下，冲击式水轮机的效率是额定流量的 1/6，而反击式水轮机的效率远低于额定流量的 1/3。

小规模水电项目可使用同步发电机。低水头发电机组往往转速较慢，因此需要变速箱或多极发电机。在具体设计中需要考虑与电网突然断开与负荷失连时水轮机超速的问题[8]，需要保障水轮发电机不受损。因此对于简单的小型水电系统来说，更倾向于使用鲁棒性强的笼型异步发电机，而不是绕线转子同步发电机。

此外，变速水轮发电机组，可在不同水文条件下让水轮机的运行特征适应流速变化，与变速风力发电机类似，需要使用电力电子接口将发电机接入 50/60Hz 电网。

2.3.2 风力发电

风机的运行依靠转子获取风的动能。风机的发电功率由下式决定：

$$P = \frac{1}{2}C_p\rho V^3 A \tag{2.2}$$

式中，C_p为功率系数，表示风力发电机将风能转化成电能的效率；P 为功率（W）；V 是风速（m/s）；A 是风机桨叶的横扫面积（m^2）；ρ 是空气密度（$1.25kg/m^3$）。

由于功率与风速的三次方成正比，因此风资源是风电场选址的一个重要因素，即风力机应被安装在年平均风速较高的地区。通常高风速地区往往远离居民区及发展相对成熟的配电网，因此考虑将风力发电接入相对较弱的配电网。所依赖的流体密度（水的密度为 $1000kg/m^3$，空气的密度为 $1.25kg/m^3$）上的差别清楚地说明了为什么相同等级的风力轮机比水轮机直径更大。一个 2MW 的风力机转子直径为60~80m，安装在60~90m高的杆塔上，而风作用在转子上的力矩与风速的二次方成正比，因此风力机必须设计成能承受较大的风力。现在大多数的风力机使用三叶片水平轴转子，这种类型的转子具有较好的 C_p 峰值，并且设计美观。

功率系数（C_p）用来度量风力发电机可将多少风能转化成电能，它随转子的设计以及转子速度相对于风速的比（称为叶尖速比）而变化，实际值为0.4~0.45[12]（贝兹极限㊀：理想情况下风能所能转换成电能的极限比值为16/27，约为0.59）。

图2.8所示为风力机在不同风速下的输出功率曲线。在风速低于切入风速（约5m/s）时，基本无功率输出，随后输出功率随风速增加迅速上升，直至达到额定值，之后通过风力机的控制系统限制其输出功率。图示的输出功率特性符合风速与输出功率的近似二次方关系，修改 C_p 该关系也将发生改变。在超过切出风速（本例为25m/s）时，转子将停止或低速空转，以保障安全。

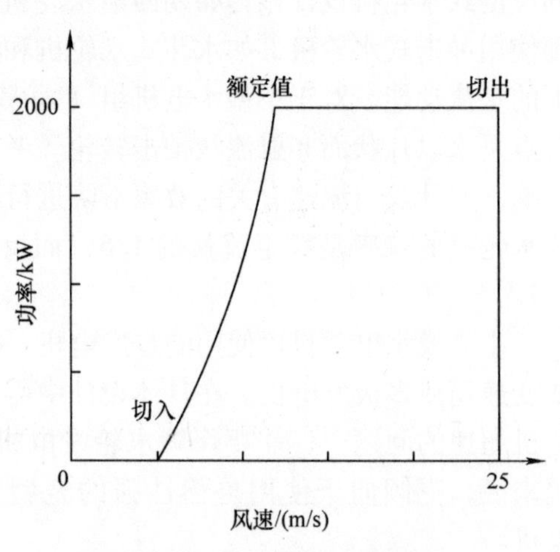

图2.8 风力机功率曲线

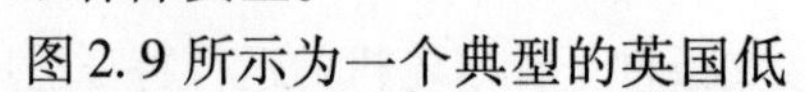
图2.9所示为一个典型的英国低海拔地区平均风速的全年分布情况，结合图2.8可以发现该地区风力机在额定功率下工作的时间只占全年的10%~15%，超过25%的时间都会因为风速过低而停机，而在其他时间段，输出功率随风速波动。因此结合图2.8和图2.9可以计算该地区风力机全年发电量，但无法得知发电的具体时段。图2.10和图2.11所示为英国风力发电功率输出随时间的变化情况。而图2.12给出了一些风电场的各季度容量因子。

图2.9中风速分布采用每小时的平均风速，而功率曲线使用的是10min内的平均值。此外还需要考虑高频率带来的影响，虽然它对发电量影响不大，但对风力机设备和电网电能质量影响较大。在定速风力机的设计中，将输出功率保持在额定功率，即图2.8中功率曲线的水平部分，是十分困难的，有记录显示在某些情况下，瞬时功率会超过额定功率的两倍。因此，如果要分析风力机对配电网的影响就必须确定可能的最大瞬时输出功率。

㊀ 任何转子可达到的绝对最大值 C_p 称为贝兹极限，具体值为16/27或0.59。

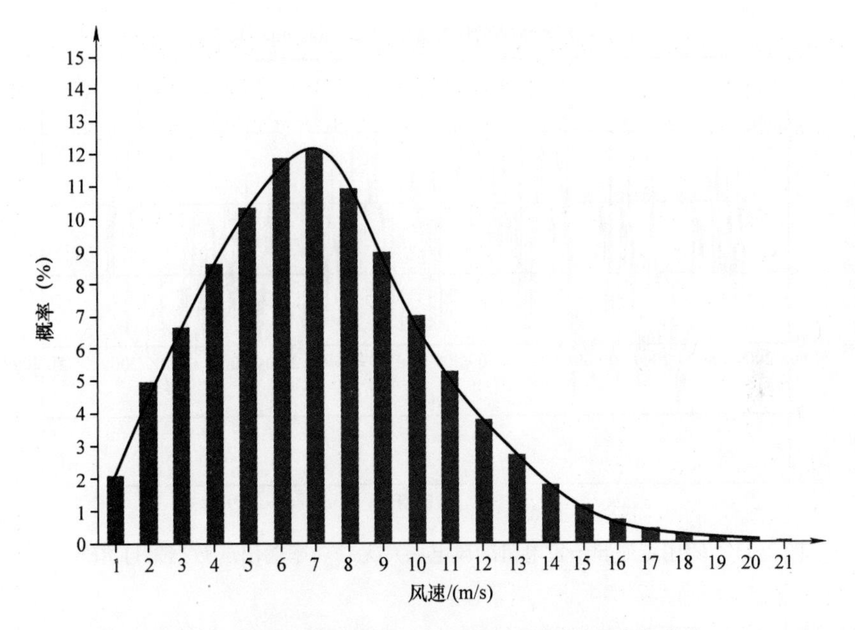

图 2.9　某典型低海拔地区每小时平均风速的全年分布

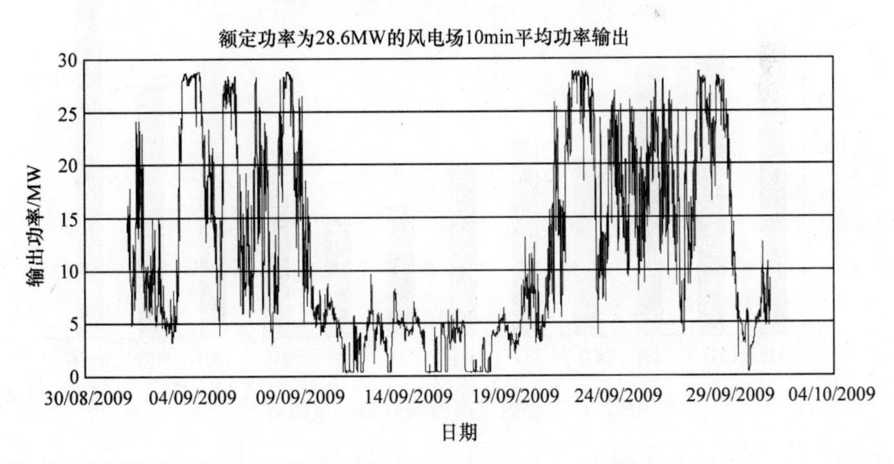

图 2.10　某风电场月有功功率输出情况（数据来自 RES）

水平轴风力机的转子转矩包含了一个周期性分量，该分量的频率为叶片通过塔架的频率。这种周期性转矩产生于风速的变化，可以通过叶片的旋转来确定。而风速的变化则取决于塔影效应、风切变以及湍流等多种因素。在定速风力机中，转子转矩的变化表现为输出功率的变化，从而直接导致电网电压的变化。这种动态电压变化通常被称为“闪变”，这个名称源于电压起伏时白炽灯的照明变化。人眼对光强变化十分敏感，尤其是频率在 10Hz 左右的光强变化。对于大型风力机来说，叶片通过频率为 1～2Hz，即使人眼对这种频率不敏感，我们仍能

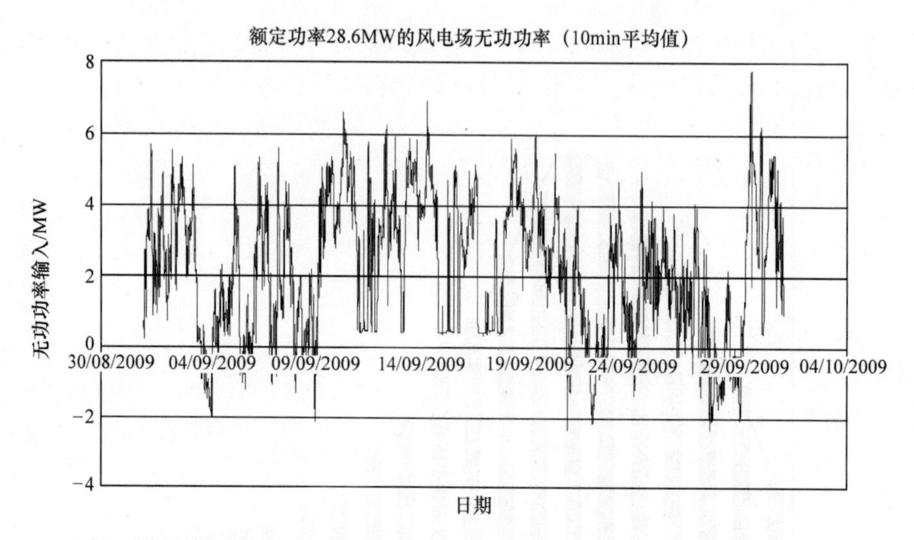

图 2.11 使用定速异步发电机的风电场月无功功率输出（数据来自 RES）

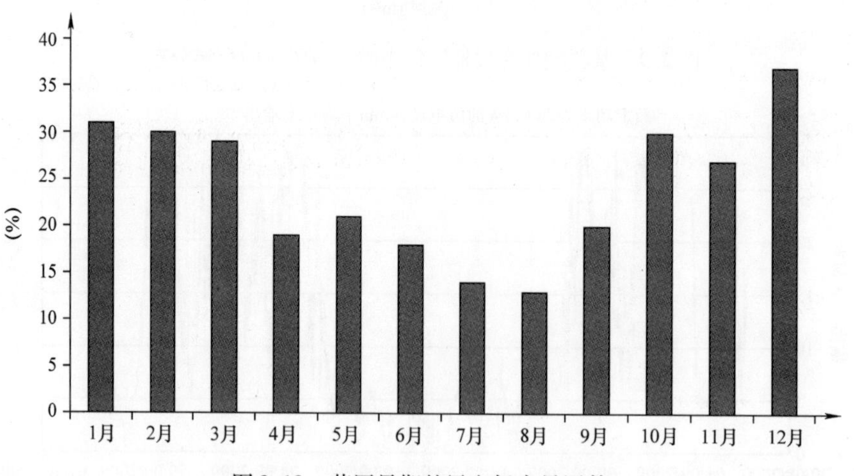

图 2.12 英国早期的风电场容量因数

检测到超过 0.5% 的电压变化。一般来说，风电场中各风力机的转矩波动是不同步的，因此在波动变化量平均化之后，大型风电场输出的平均电压波动值会降低。

虽然很多制造商都可以生产出运行可靠的商用风力机，但风力机制造技术仍有相当大的发展空间，这一点对尺寸和额定容量更大的风力机来说尤为明显。不同制造商之间的主要设计差异包括：①定速或变速运行；②直接驱动发动机或使用变速箱；③失速调节或变桨距调节[12,13]。

采用异步发电机的定速型风力机比较简单，但其鲁棒性尚有争议。而使用同步发电机接入电网并不多见，因为通过将足够的阻尼引入同步发电机转子以控制其周期性转矩波动是不切实际的。一些早期的风力机设计曾通过将机械阻尼引入传动系统（如液压联轴器）来使用同步发电机，不过现在较为少见。图 2.13a 所示为一个定速风力机的简化示意图。转子通过一个增速变速箱与异步发电机耦合。异步发电机的输出电压通常为 690V，转速为 1000r/min 或 1500r/min。发电机通过塔内的电缆与无功补偿电容器连接，而塔基装有反并联软启动装置。该软启动装置由电网电压激励逐渐导通，一旦发电机磁通建立起来，将自动绕过软启动晶闸管。功率因数校正电容器或在发电机接入时全部投入应用，或随着风机输出功率增加逐渐切入。同时，还需要就地安装变压器（英国风电场通常为 690V/33kV），一般安装在塔内或与之毗邻。

风机变速运行原则上能在较大的风速范围内保持最佳功率因数，从而增加从转子中获得的能量，更重要的是还可以减少机械载荷。但需要通过电力电子变换器来使转子转速与电网频率解耦。如图 2.13b 所示，可以使用外部转子电阻可控的绕线式异步发电机来实现风力机变速运行。通过改变外部电阻来改变功率 - 速度曲线，从而使发电机和转子转速增加高达 10%。但这个方法存在一个明显的缺陷，即由于电阻会消耗功率，将导致系统损耗增加。因此，可以对该方法做一个改进，仍然使用绕线转子异步发电机但转子电路中要有电压源型背靠背变流器（见图 2.13c，DFIG，双馈异步发电机）。当发电机以高于同步转速运行，潮流就从发电机流向外部电网；当转子转速低于同步转速时，电流将流向发电机转子[13,14]。

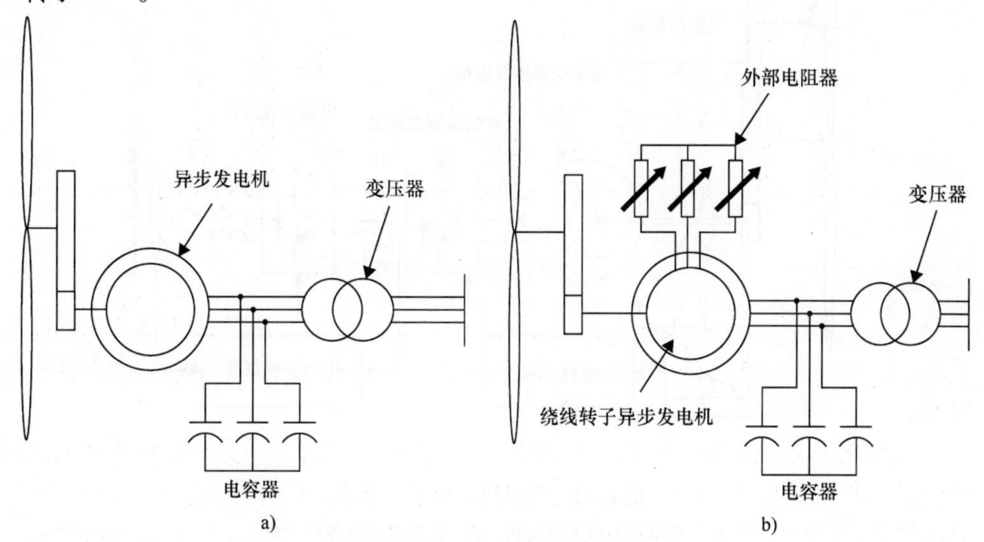

图 2.13　风力机结构[14]

a）定速异步风力发电机　b）变速风力机

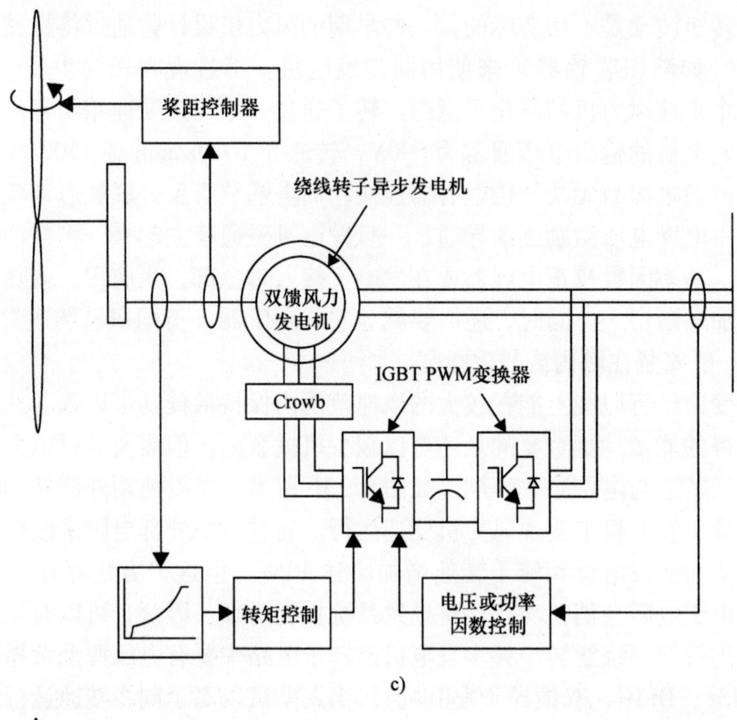

c)

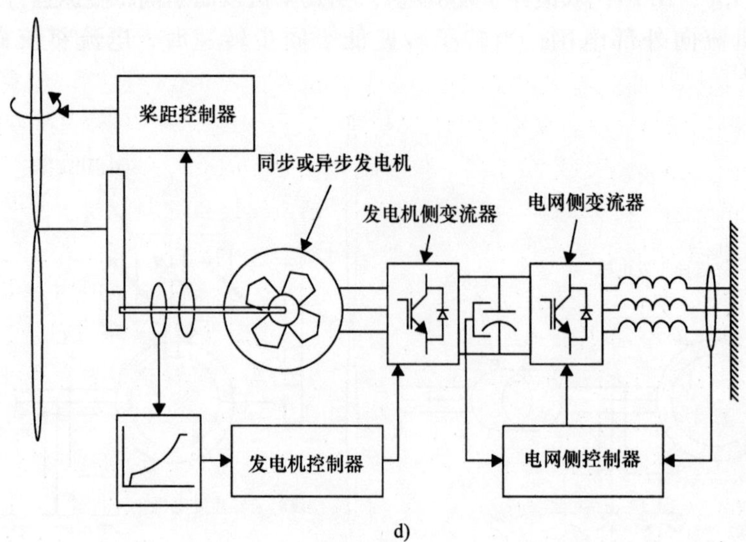

d)

图 2.13 风力机结构[14]（续）

c）双馈异步风力发电机 d）全功率变流器风力机

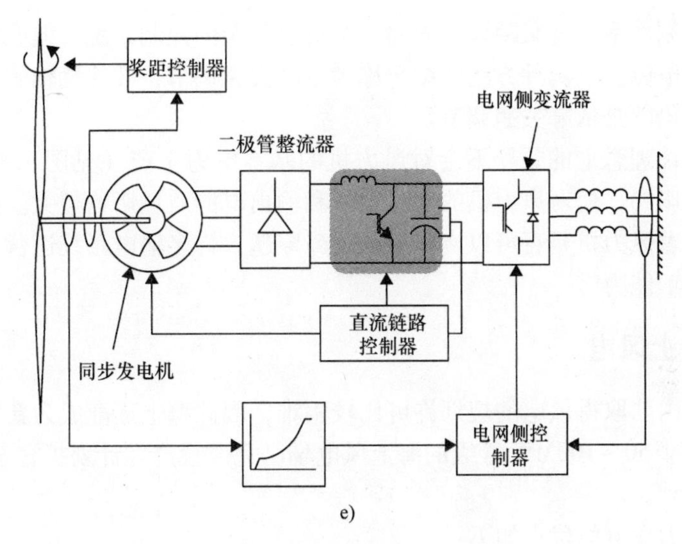

图2.13　风力机结构[14]（续）

e）全功率变流器风机（二极管整流器）

如果需要在较大速度范围内变速运行，也可使用图2.13d所示结构，通过两个电压源型桥式变流器将风机的传动系统与电网连接。电网侧的变流器通常用于维持直流母线上的电压恒定并控制电网中的无功输出；发电机侧的变流器用于控制转子转矩，从而控制风机输出功率。发电机选择同步发电机或异步发电机，且变流器使用PWM（脉冲宽度调制）控制模式。由于所有功率都通过变速装置传递，且两个变流器的额定值都等于发电机全功率。因此，存在较大的损耗，并且在输出功率较低时，可能无法完全通过转子的变速运行获取能量。但由于变速转子的运行模式类似于飞轮储能，为变速运行带来一些其他重要优点，包括：①机械负载更小，更轻便；②功率输出更平滑。这些设计方法所实现的变速范围是有限的（例如DFIG通常有±30%的变速范围），从而在保证将变速运行优势最大化的同时利用较小的变流器降低电气损耗。全功率变流器接口的变速风力机能够实现对有功和无功功率的独立控制，更有利于满足电网运营商的要求。

此外，一些制造商已经去除了转子与发电机之间的变速箱，并已开发了大直径的直驱式发电机，转速与空气动力学转子相同。由于大直径结构所需空气间隙过小，此时使用大直径异步发电机是不实际的，因此用绕线转子或永磁式同步发电机来代替。这些多极发电机将接入电网，如图2.13d或图2.13e所示。

一旦风速达到额定值，就必须限制发电机的功率输出，此时就需要某种形式的转子调节。失速调节是一种被动控制系统。一旦风速超过额定值，转子叶片会进入失速状态。失速调节依赖于对转子转速的控制，因此常见于定速型风力机。变桨距调节包含一个执行机构和控制系统，使叶片绕其轴旋转，并通过减小桨面迎风角来限制功率。变桨距调节需要一个更为复杂的控制系统，但能吸收更多的风能转化为电能。这两种方法的结合称为主动失速调节，叶片绕轴旋转，但主要的功率限制仍然是依靠失速调节。

这些设计理念上的差异不会对风力机的基本电力生产（见图 2.8 和图 2.9）造成根本性影响，但对风力机的动态运行和输出电能质量影响颇大。同时，这些差异还决定着风力机是否可以实现电网故障穿越，许多输电系统运营商都要求风电场具备这项能力[15]。

2.3.3 海上风电

由于在内陆取得风电的规划许可比较困难，因此海上逐渐成为新的风电场选址热点。一些 50～100MW 等级的海上风电场已完成投产并计划扩容至 1000MW，目前进展顺利。

海上风力发电的优点如下：

1）减少视觉冲击。

2）平均风速更高。

3）风扰动减少。

4）风切变小，可降低塔高。

海上风力发电的缺点如下：

1）投资大。

2）恶劣天气影响大。

3）大型风力发电需要海底电缆和海上变电站。

迄今为止，海上使用的风力机与陆上的相似，但针对恶劣的海洋环境加强了保护措施。而随着发电量的增加，很可能推出海上专用风力机，其可靠性更高，转子叶尖速更快（由于高叶尖速会产生很大噪声，因此陆用风力机的叶尖速设计存在一定限制）。

风机的输出电压通常是 690V，而风电场的汇流输出线路电压约为 30kV。一般来说，离岸较近的小型海上风电场采用 30kV 左右的交流电输送到岸上，而对于远离海岸的大型风电场（见图 2.14），将会使用海上变电站将电压升到 150kV。大型风电场使用交流输电，则海底长电缆的电容将产生过多的无功功率并因此导致电压升高，长电缆带来的问题还包括开关瞬间变化导致的谐波共振和过电压。因此，对于远离海岸的大型风电场，将可能使用高压直流输电（HVDC）（见图 2.15）。

2.3.4 太阳能光伏发电

光伏发电，即太阳电池在太阳光直射下发电，是一种非常有效的发电技术，

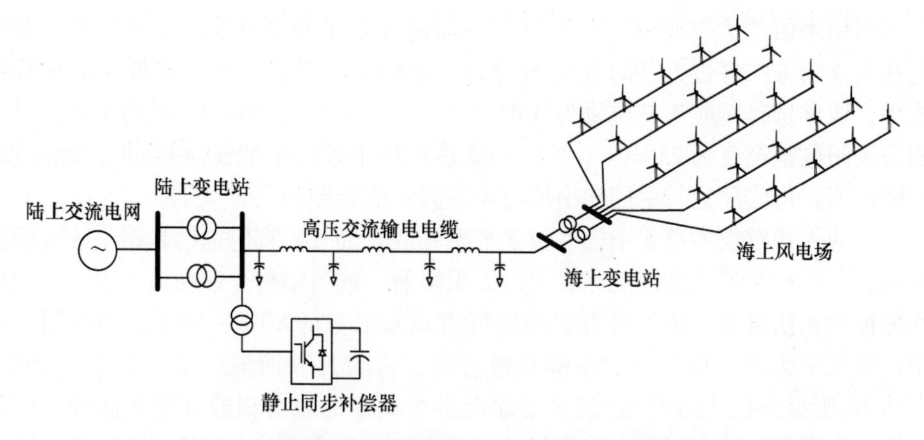

图2.14　海上风电场与海岸之间使用交流输电（注意静止同步补偿器是用来控制无功功率，进而控制陆上电网电压）

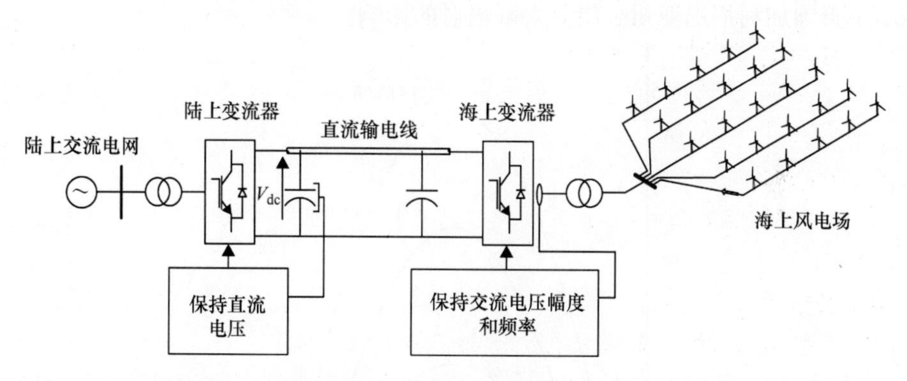

图2.15　与海岸间使用电压源高压直流输电的海上风电场

并拥有一批设备供应商。多年以来，它主要用于离网发电，为小型高价值电力负荷供电，这些电力负荷（如疫苗冷藏箱和远程通信系统）往往与配电网相距较远。最近，在上网电价补贴政策的刺激下，分布式并网光伏发电的应用急剧增加，尤其是在德国和西班牙，同时日本也在摩拳擦掌。

虽然一些大型（兆瓦级）光伏发电示范项目已经建成，但现在欧洲各国开始将注意力转移到小型光伏发电系统上。光伏模块可安装在屋顶或嵌入建筑物结构，以减少总成本和空间需求。因此，这些小型光伏发电装置（通常为1～50kW）通常安装于用户处，直接接入低压配电网。这种大量安装于用户侧及商业楼宇的发电形式才是真正的分布式发电。

在地球大气层外部垂直于太阳照射方向的平面上，太阳辐射照度的功率密度大约是1350W/m²。由于太阳光在穿越大气层时，长波部分会被大气层选择性吸收，因而光谱和功率密度都会产生变化。

引用术语“大气质量（AM）”用来描述太阳光线穿过地球大气的实际路径与在天顶角方向穿过大气时（即直射时）最短路径之比。在光伏模块的标准测试中，通常选择对应大气质量为 AM1.5，且功率密度为 $1000W/m^2$ 的光谱，另外假设太阳电池温度为 25℃。生产厂家就是在这个条件下测试及标定太阳能模块的输出值，但实际运行中的输出值可能与测定值相差很大。

到达光伏模块的总太阳辐射包含直射和散射部分。直射辐射是指未改变照射方向，以平行光形式到达地球表面的太阳辐射。散射辐射分散在大气中，从四面八方抵达光伏模块。晴天时直射辐射可占总辐射量的 80% ~90%，而在阴天这个比值几乎为零，只存在一小部分散射量，占晴天预期辐射量的 10% ~20%。图 2.16 所示为在北纬 48°处某水平面上一个典型的总日辐照度变化曲线，同时也描述了冬夏两季不同的太阳辐射量（及全天总太阳能）。从英格兰内陆到苏格兰跨越了北纬 50° ~59°，因而季节变化对太阳能资源的影响尤为显著。图 2.17 显示了美国加利福尼亚州云层对太阳辐射的影响。

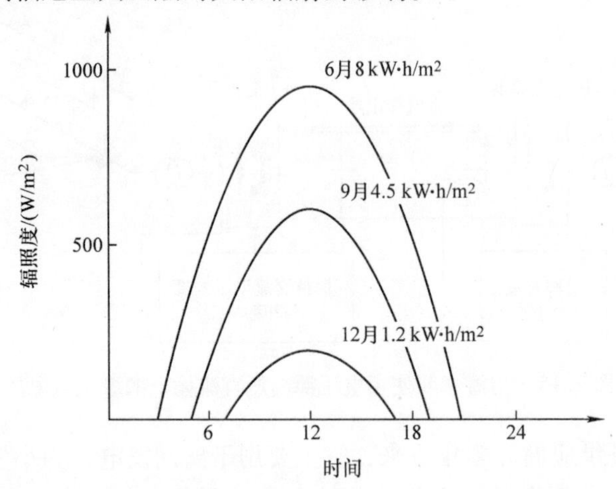

图 2.16　北纬 48°处某平面上一天内接收的日辐照度（及全天总太阳能）

不少学者及其著作都有关于光伏能量转换的物理过程介绍，例如 Green[16]，Van Overstraeton 和 Mertens[17]，以及 Markvart[18] 等。然而，要解释太阳能电池的基本发电原理，可以将其视作一个二极管，光能（与光子运动对应的能量形式）作用于电池上，从而产生电子 - 空穴对。二极管的 PN 结处生成的电场使电子和空穴分离，并在结电势作用下进入外部电路。此外，电池的串并联电阻以及 PN 结泄漏电流导致了能量损失。于是就有了图 2.18 的等效电路和图 2.19 所示的运行特性。注意，图 2.19 比较了其与传统二极管特性的区别。太阳能电池产生的电流正比于它的表面积以及入射的日辐照度，而电压则由跨越 PN 结的正向电位差决定。

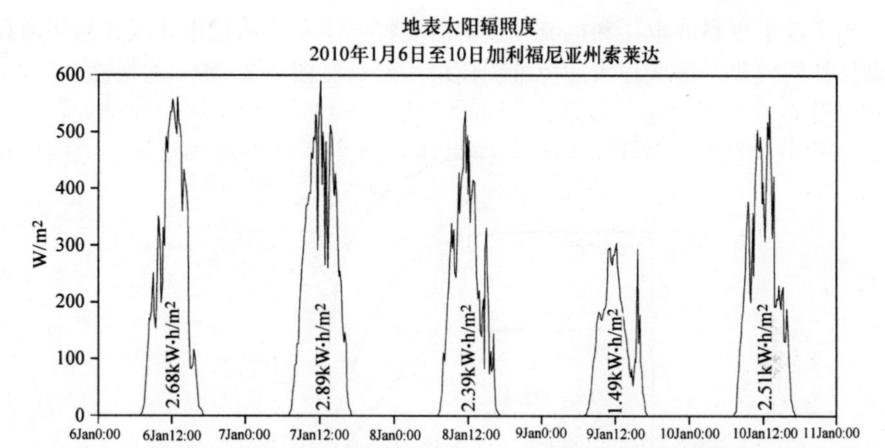

图2.17　加利福尼亚州某平面上5天内接收的总日辐照度

（数据来源：斯坦福太阳能和风能项目，LI－COR日射强度计）

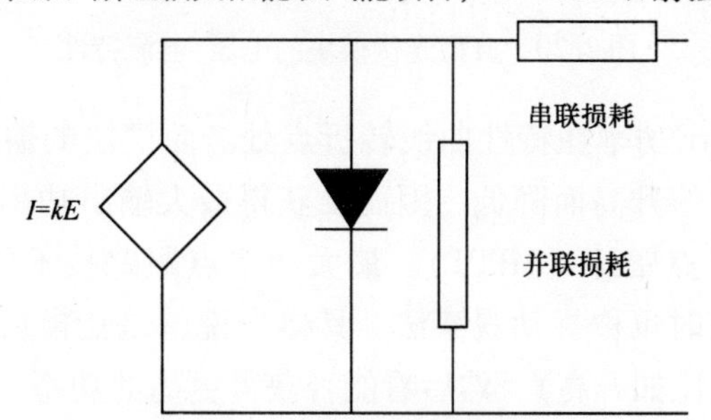

图2.18　太阳电池等效电路

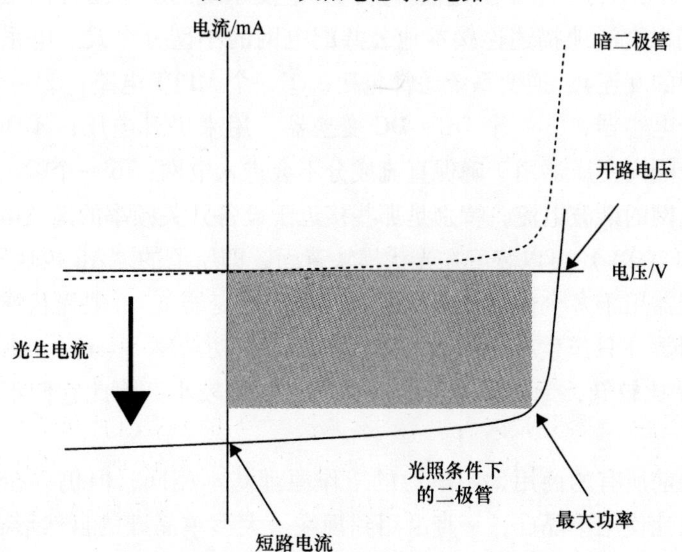

图2.19　发光硅二极管的电压/电流特性

为了产生更高的电压和电流，通常需要将电池单体通过串并联并封装为具有机械保护的模块。这些强大的免维护模块一般具有图 2. 20 所示的特性。

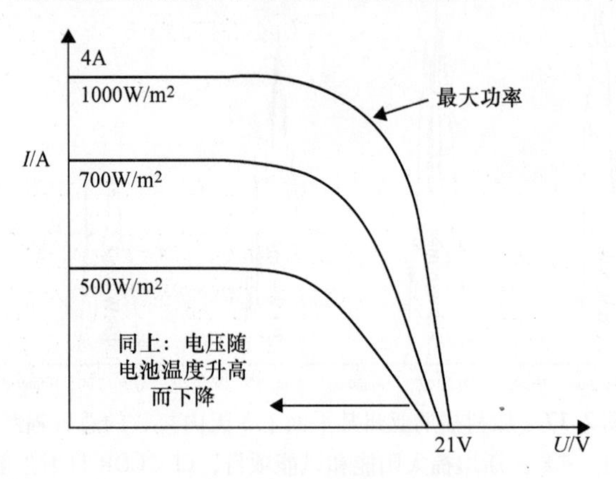

图 2. 20 典型光伏模块的电压/电流特性

模块的最大输出功率在特性曲线转折点处。而模块的输出电压（电流则不然）随着电池温度的升高而降低，因而要获得最大输出功率就必须对逆变器的输入进行最大功率点跟踪（MPPT）。最大功率点跟踪技术的实现方法有多种，其中“爬山法”有时也称扰动观察法。具体来说就是让模块中的逆变器产生一个小的电压变动（比如升高），然后看能否获得更高的功率。如果可以就继续增压，不能就略微降压。然后重复上述步骤。

图 2. 11 所示为一个小型光伏“并网”逆变系统的示意图（注意，术语“并网”通常用以宽泛地描述连接本地公共配电网的小型分布式发电系统，而不是指高压电网的互连）。逆变系统通常包括：①一个 MPPT 电路；②一个储能元件，通常为一个电容器；③一个 DC - DC 变换器，用来提升电压；④DC - AC 逆变器；⑤一个隔离变压器用于确保直流成分不会进入电网；⑥一个输出滤波器用于限制流入电网的谐波电流，特别是那些接近于设备开关频率的谐波电流。小型逆变器（例如 200W）可以装配在光伏模块背面，即所谓的“AC 模块”，或将一些较大的逆变器用于多个模块，即所谓的“串型逆变器”。一般光伏逆变器工作于单位功率因数［只产生有功功率（W）不产生无功功率（var）］。由于低压配电线路的 X/R 比较低，无功潮流对电网电压值影响较小，因此它们不参与系统的电压控制。

虽然目前所有的商用太阳电池的工作原理基本相同，但仍存在材料上的差异。早期电池使用单晶硅，一直沿用到现在。大型单晶硅的自然形态是圆柱体，将其切割为圆形晶片并进行掺杂。单晶体价格昂贵但效率很高，整个模块的效率

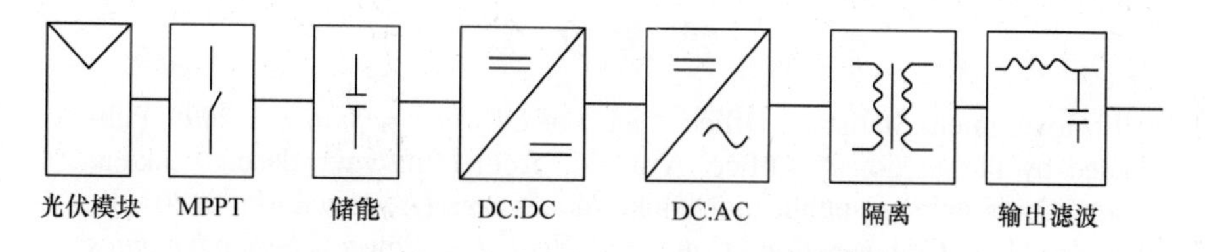

图 2.21 小型“并网”光伏逆变系统示意图

高达 20%。一种替代方案是将块状硅铸造成多晶立方体然后切成方形晶片。虽然成本有所下降，但由于电池中无序的晶体结构，通常多晶模块的效率会比单晶模块低 4%。单晶硅和多晶硅电池都很常用，具体选择取决于商业应用环境。

块状纯化硅十分昂贵，因此开始研制“薄膜”电池。这种太阳能电池只需将很少的活性材料布置在低价惰性基质上。活性材料通常包括非晶硅和碲化镉，此外也研究了大量的其他材料。薄膜材料的发电效率较块状硅低，而且一些采用薄膜材料的太阳电池其性能会随时间下降。虽然如此，薄膜太阳电池仍被广泛用于电子消费品行业和部分综合应用场景。第三代太阳电池将采用截然不同的发电原理，目前正在研究当中，尚未推向市场。

2.4 总结

接入配电网的发电装置种类越来越多，分布式发电创造了巨大的环境和经济效益，包括整体效率的提高、可再生能源的使用和温室气体排放的减少。发电装置的选址和容量配置由热负载和可再生能源资源共同决定。而可再生能源发电的运行由资源决定，保证可在高投资成本下获得最大收益。如热电联产发电站的运行必须满足现场设备和区域供暖负载需求。即便它可以根据电力系统的需求来运行，但是这可能会降低效率，除非像丹麦农村热电联产发电计划那样，使用某种储能设备。

毫无疑问，通过安装分布式发电系统，例如小型燃气轮机，往复式内燃机，甚至是电池储能系统，来支持电力系统是可行的。例如，在法国一些装机容量为 610MW 的柴油发动机分布在整个配电网中，支持集中调度从而有助于减少地方和国家的电力赤字。

随着电力系统中运行的分布式发电系统越来越多，它将逐渐取代目前提供控制功能的集中式发电系统，并通过灵活运行来确保负荷和电力系统供电之间的平衡，同时提供相关辅助服务。

参考文献

1. UK Government Statistical Office. *Digest of UK Energy Statistics 2009*. Published by the Stationary Office. Available from http://www.decc.gov.uk/en/content/cms/statistics/publications/dukes/dukes.aspx [Accessed March 2010].
2. Horlock J.H. *Cogeneration: Combined Heat and Power Thermodynamics and Economics*. Oxford: Pergamon Press; 1987.
3. Jorgensen P., Gruelund Sorensen A., Falck Christensen J., Herager P. Dispersed CHP Units in the Danish Power System. Paper No. 300-11. Presented at CIGRE Symposium 'Impact of Demand Side Management, Integrated Resource Planning and Distributed Generation;' Neptun, Romania, 17–19 Sep. 1997.
4. Marecki J. *Combined Heat and Power Generating Systems*. London: Peter Peregrinus; 1988.
5. Khartchenko N.V. *Advanced Energy Systems*. Washington: Taylor and Francis; 1998.
6. Packer J., Woodworth M. 'Advanced package CHP unit for small-scale generation'. *IEE Power Engineering Journal*. May 1991, pp. 135–142.
7. Hu S.D. *Cogeneration*. Reston, VA: Reston Publishing Company; 1985.
8. Allan C.L.C. Water-Turbine-Driven Induction Generators. IEE Paper No. 3140S, Dec. 1959.
9. Tong J. *Mini-Hydropower*. Chichester: John Wiley and Sons; 1997.
10. Fraenkel P., Paish O., Bokalders V., Harvey A., Brown A., Edwards R. *Micro-Hydro Power, a Guide for Development Workers*. London: IT Publications; 1991.
11. Boyle G. (ed.). *Renewable Energy*. 2nd edn. Oxford: Oxford University Press; 2004.
12. Manwell J.G., McGowan F., Rogers A.L. *Wind Energy Explained*. Chichester: John Wiley and Sons; 2002.
13. Heier S. *Grid Integration of Wind Energy Conversion Systems*. 2nd edn. Chichester: John Wiley and Sons; 2006.
14. Anaya-Lara O., Jenkins N., Ekanayake J., Cartwright P., Hughes M. *Wind Energy Generation; Modelling and Control*. Chichester: John Wiley and Sons; 2009.
15. Freris L.L., Infield D. *Renewable Energy in Electric Power Systems*. Chichester: John Wiley and Sons; 2008.
16. Green M.A. *Solar Cells*. Englewood Cliffs, NJ: Prentice Hall; 1982.
17. Van Overstraeton R.J., Mertens R.P. *Physics, Technology and Use of Photovoltaics*. Bristol, UK: Adam Hilger; 1986.
18. Markvart T. (ed.). *Solar Electricity*. Chichester: John Wiley and Sons; 2000.

第3章 分布式发电及其并网接口

光伏电池阵列，RES集团总部，博福特院，英国赫特福德郡，
混合光热/光伏电池板，系统提供电能和热水［RES］。

3.1 概述

分布式发电并网需要掌握不同类型发电装置的运行与控制机制，而且通常需要研究并评估含新能源发电的电网在正常以及非正常状态下的运行特性。分布式发电所用发电装置的类型取决于其应用目的和能源类型。例如，小型柴油发电机组通常使用同步电机，而风力机则采用笼型异步发电机，本书中称为定速异步发电机（FSIG）。此外风力机还可采用双馈异步发电机（DFIG）或全功率变流器（FPC）连接的发电机。直流电源或那些高频发电系统（如光伏发电，燃料电池或微型燃气轮机）都需要电力电子变换器作为接口接入电力系统。这些不同类型的发电单元在性能和特性上差异显著。

通过计算机程序可对含分布式发电系统的电网性能进行以下研究：

1）负荷和电力潮流程序用来求解母线稳态电压以及线路中的潮流。

2）故障计算用以确定不同类型故障产生的故障电流。

3）稳定性分析，用以确定电力系统以及/或分布式发电的稳定性（通常伴有故障发生）

3.2 分布式发电机组

3.2.1 同步发电机

同步发电机常用于大型传统发电厂，其详细工作原理已见诸于大量优秀著作，例如参考文献［1－5］。大型汽轮机发电机组使用涡轮交流发电机，此类发电机包括绕有直流绕组的圆柱转子，用来产生一对磁极并获得最大转速（50Hz 系统为3000r/min；60Hz 系统为3600r/min）。水轮发电机通常以低速运行，使用带有凸极转子的多极式发电机。发动机驱动的小型机组通常使用凸极发电机。

大型发电机组中通常不使用永磁发电机，尽管它的效率更高，但无法直接控制转子磁场。不过一些变速风力机和微型发电机中会使用永磁同步发电机。此外，永磁体发电机可由微型涡轮机驱动，以承受高速运行产生的机械力。

在电力系统分析中，同步发电机由带内阻抗的电压源来表示，如图3.1所示。在该模型中，X_s是同步电抗，R 是定子电阻，那么同步阻抗 $Z_s = R + jX_s$。对于大型发电机而言，R 通常可以忽略。

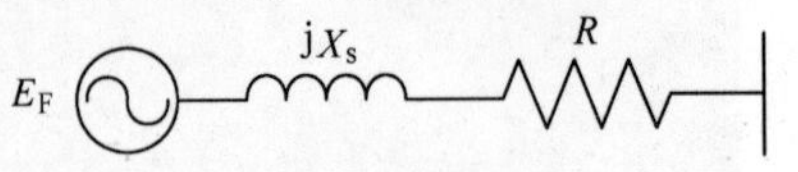

图3.1　同步发电机模型

图3.2所示为一个由小型蒸汽轮机驱动的5MW 分布式同步发电机的简化示意图。若连接点 C 处的短路容量为 100MV·A，X/R 比为 10，基准容量为100MV·A 时，则系统阻抗大约为

$$Z = 0.1 + j1.0\text{pu}$$

以发电机额定容量为基准值时，X_s实际值为 1.5pu；而基准容量取 100MV·A 时，有

$$X_s = j30\text{pu}$$

因此，我们可以立即得出 $|X_s| >> |Z|$，并且在第一个近似值计算中，同步电机对电网电压（C 点）的影响非常小。由于小型同步发电机不会影响大型互联电网的频率，因此分布式发电可被认为是直接接入了无限大的母线。

图3.2过于简化了一个重要方面，即电网中的其他负荷未明确标示，而这些负荷可能导致发电机连接点处电压的重大变化。在一些小型电力系统中，系统负荷变化或大量发电系统的运行中断也会导致频率的明显变化。

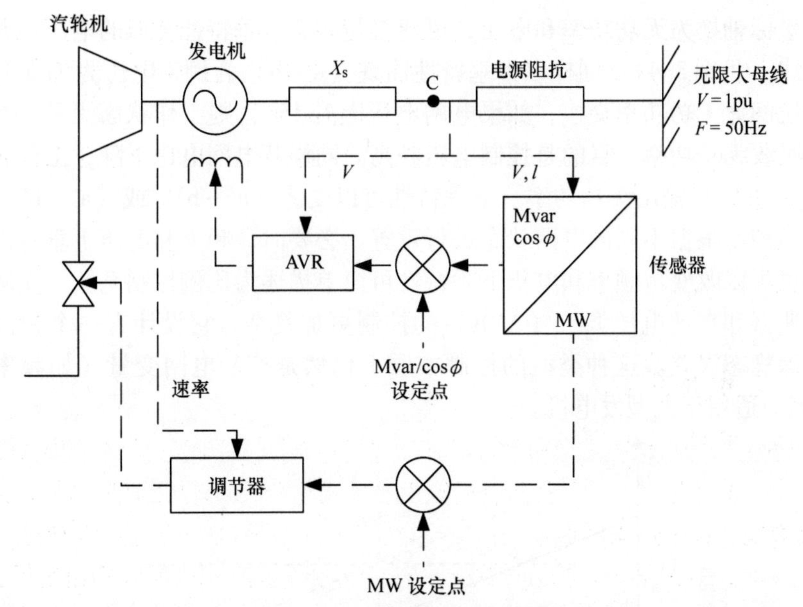

图 3.2　分布式同步发电机的控制

控制发电机机组输出功率的一个常规方法是，基于频率/功率下垂特性的调速器。如图 3.3 所示，(a－b) 线代表原动机功率输出从空负荷到满负荷变化时所要求的频率变化（通常为4%）。因此，频率标幺值（pu）为1（即 50Hz）时机组输出功率为 P_1。若频率下降 1% 则输出功率升高到 P_3，若系统频率升高 1% 则输出功率下降到 P_2。这恰恰是系统调频所需要的大型发电机的特性。若频率降低则需要更多功率，若频率升高则需要较少的功率。下垂特性曲线的位置可沿 y 轴垂直变化，因此通过改变运行特性为（a′－b′)，即便系统频率增加，输出功率也可恢复为 P_1，又或者通过改变运行特性为（a″－b″）来降低系统频率。

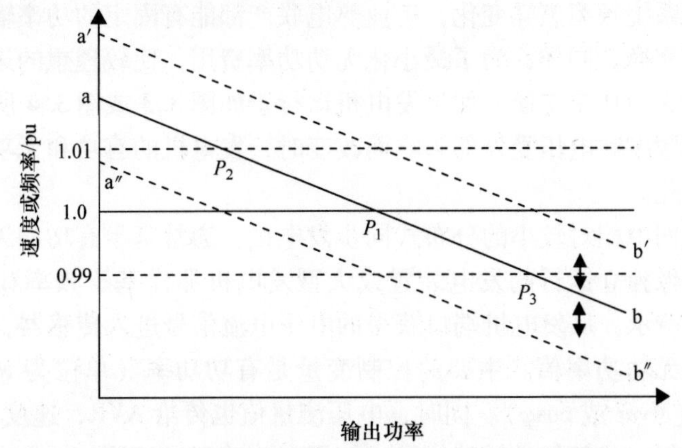

图 3.3　传统发电机调速控制中的调速器下垂特性

将坐标轴换为无功功率和电压，可建立与频率下垂特性类似的电压控制下垂特性曲线（见图3.4）。同样以下垂特性曲线（a-b）为例，电压为1pu时发电机与系统间无无功功率交换，如果电网电压上升1%，则工作状态点移动到Q_2，发电机吸收无功功率，目的是控制电压升高。同样若电网电压下降，工作状态移动到Q_3，发电机输出无功功率。下垂特性可以变为（a′-b′）或（a″-b″）从而允许电压控制根据不同的电网状态进行重置。必要时，频率和电压下垂特性曲线的斜率也可以改变。频率和电压下垂特性可简单描述为比例控制系统。实际应用中，调速器和自动电压调节（AVR）的控制更加复杂，它设计有一个积分环节用以消除稳态误差。这种类型的控制本质上仍然是控制电网变量（如频率和电压），因而适用于大型发电机。

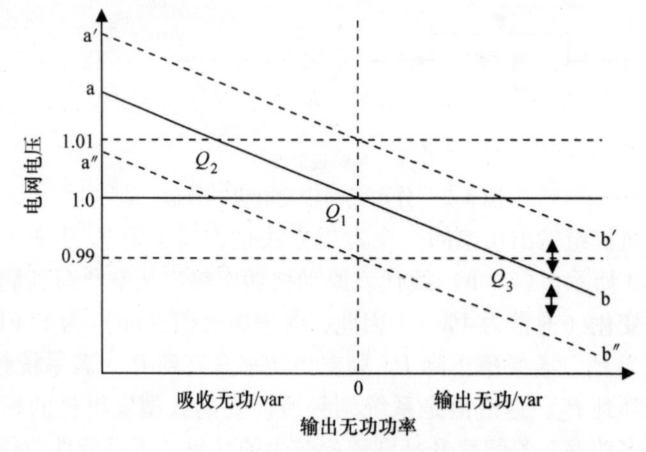

图3.4　发电机励磁控制的下垂特性

然而，这些类型的控制方案可能并不适用于小型的分布式同步发电机。例如，希望无论系统频率怎样变化，工业热电联产都能有固定的功率输出或与电网有固定的功率交换。同样，为了最小化无功功率费用，比较理想的运行环境是不存在与电网的无功功率交换。如果发电机运行于如图3.3或图3.4所示的下垂特性，则当电网频率和电压受外部影响而改变时，发电机的有功和无功功率输出都会相应发生变化。

对于大电网中相对较小的分布式同步发电机，通常基于有功和无功功率实施控制，而不是像独立运行的发电装置或大型发电机那样基于频率和电压进行控制。如图3.2所示，从发电机端口获得的电压电流信号进入传感器，从而测算出输出的有功和无功功率值。主要的控制变量是有功功率（单位为MW）和无功功率（单位为Mvar或$\cos\varphi$）。同时，电压测量值也传给AVR，速度/频率测量值传给调速器，但这些仅仅是辅助信号。使用有功功率（MW）和无功功率（Mvar或$\cos\varphi$）的误差信号来间接转换下垂特性线可能更方便同时也能保留了下垂特性的优势，至少在电网发生扰动时是这样的，但这取决于 AVR 和调速器的内部结构。

然而，对于有功功率控制最主要的方法还是将测量值（MW）与设定值进行比较，得到误差信号并输入调速器，调速器反过来又控制汽轮机中的蒸汽供给。类似的方法用于控制发电机励磁系统使无功功率 Mvar 或功率因数 $\cos\varphi$ 保持在设定值。测得的变量与设定值比较后的误差信号输入 AVR 或励磁调节器，而后励磁调节器控制励磁电流进而控制无功功率输出。

应当注意的是，图 3.2 所示的控制方案并未考虑电力系统的状态。将发电机有功功率控制在设定值时忽略了系统频率的影响，而将无功功率控制在特定无功功率值（Mvar）或功率因数时忽略了电网电压的影响。显然，对于那些对电网有一定影响的大型分布式发电机或小型分布式发电机组，这种控制的结果并不理想。此时能够提供电压支撑的传统控制策略更受青睐[6]。在发电机对电力系统有重要影响的任何场景中都可以使用这些成熟的技术，然而问题是怎样说服分布式发电站的所有者/运营商来采用它们。以非单位功率因数运行会增加发电机中的损耗，而以热电联产模式运行时，有功功率随电网频率变化会影响原动机和蒸汽供应。随着越来越多的小型分布式发电机接入电网，在电网稳态运行及存在电网扰动时，其协调控制显得尤为重要。输电网连接准则中已明确要求分布式发电系统提供电网支持，目前该准则已应用于大型风电场中。这意味着大型风电场需采用电压控制（而不是无功功率或功率因数控制），来维持本地电压，尤其是在电网发生扰动时。同时，这也有利于系统的频率响应。随着分布式发电在电力系统发挥着越来越重要的作用，这些要求与规定将可能得到更广泛的应用。

3.2.2 异步发电机

虽然出于性能优化的目的对异步发电机进行了部分改动，但它本质上仍是异步电动机，只不过在转轴上施加了转矩作用。因此，异步发电机包括一个定子（定子上装有电枢绕组）和一个转子（通常为笼型转子）。笼型异步电机常见于各种类型的小型发电厂，同时常用于定速风力发电机。绕线转子异步电机用于一些特殊的分布式发电机组，尤其是滑差可变的发电机组。此外，还有双馈变速风力机，此类机组转子阻抗随外部电路变化，且转子中电能的输入和输出由电力电子设备来控制。

在定速风力机中使用笼型异步电机的主要原因在于它们能够为传动系统提供阻尼（见图 3.5）。此外，笼型异步电机结构简单、鲁棒性强、同步要求低。阻尼是由转子与定子磁动势（mmf）的速度差（转差速率）提供的。但当异步发电机尺寸增加时，自然转差会下降[7]，因而大型异步发电机的瞬态表现开始趋向于同步发电机。多年来小水电一直使用异步发电机。本章参考文献［8］详细介绍了异步发电机的基本原理以及20世纪50年代期间它们在苏格兰水力发电中的应用。

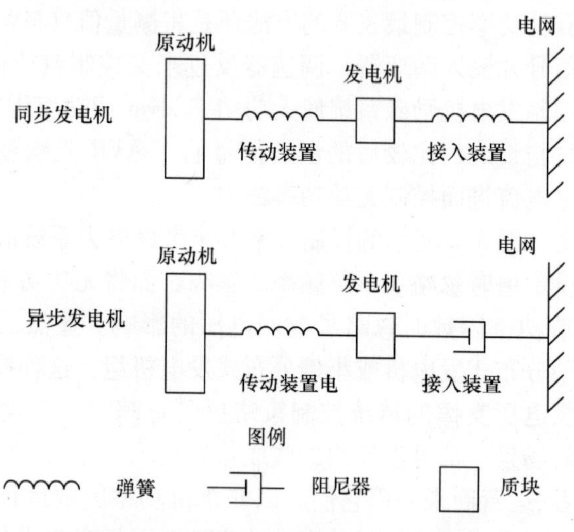

图3.5 发电机机械装置的简单示意图

为了提高功率因数，通常在发电机端口处安装本地功率因数校正（PFC）电容器（见图3.6）。对电网而言，这可能会导致功率圆图沿 y 轴下移。电容器一般会补偿全部或部分空负荷的无功功率，因为异步电机在输出有功功率的同时会从电网吸收无功功率。

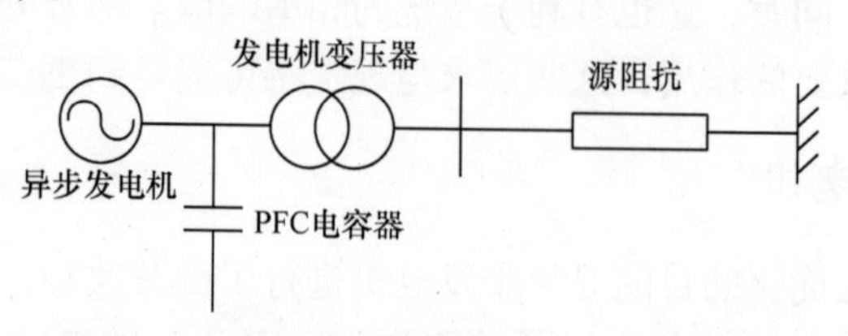

图3.6 与无限大母线相连的异步发电机

一台独立运行的异步发电机是无法提供端电压的，因为它没有建立磁场所需的无功功率源。因此，在异步发电机接入电网瞬间，会出现一个励磁涌流（与变压器受激时的情况类似），随后开始传输有功（和无功）功率，使发电机达到其运行速度。大型分布式异步发电机可能无法承受直接起动造成的瞬态电压。因此为了同时控制励磁涌流及其导致的瞬态电力潮流并使发电机及原动机加速或减速，通常使用“软起动”电路（见图3.7），即在发电机接线各相中安装一对背靠背排列的晶闸管。软起动的工作原理是控制晶闸管的触发角从而在发电机中缓慢建立磁通，同时限制使传动系统加速的电流。一旦达到额定电压，旁路接触器会在几秒内闭合，以减少晶闸管内的各种损耗。软起动装置可用于连接静止或旋转的异步发电机，其良好的控制电路可以使起动电流的值略高于满负荷电流。当然，类似的装置在大型异步电机起动中也有广泛应用。

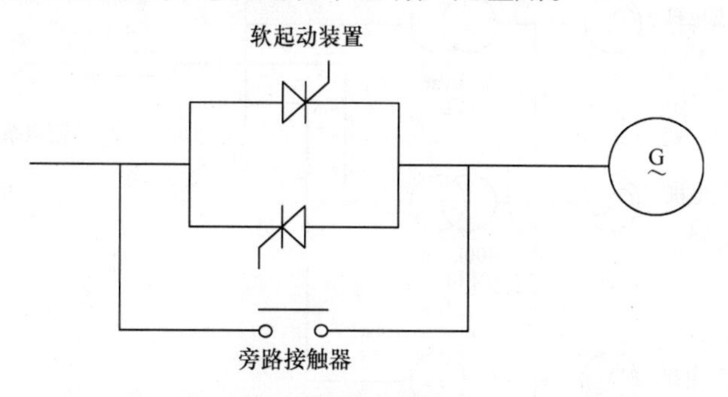

图3.7 异步发电机的软起动装置[9]（只显示单相）

如果一个大型异步发电机或一组小型异步发电机接入短路水平较低的电网，则电源阻抗及发电机变压器的影响都会明显增大。因此，可以建立如图3.8所示的等效电路（见教程Ⅱ），将定子电路中的电源阻抗包括在内。

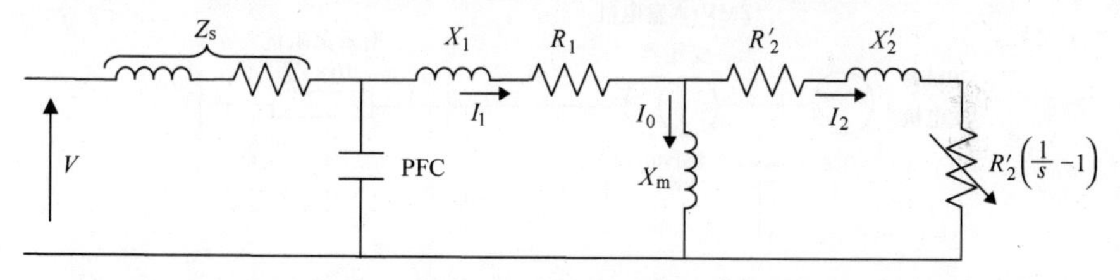

图3.8 通过电源阻抗连接的异步电机稳态等效电路（包含功率因数校正）

假设一个风电场由10台2MW发电机组成。每个发电机配置400kvar的功率校正电容器进行补偿，并且通过电抗为6%的2MV·A变压器接入短路容量为200MV·A的母线，相当于将发电机经过电源阻抗与无限大母线连接。此假设中，这组发电机可等效为一台简单的20MW发电机（见图3.9）。在标幺制中，只需保持发电机、电容器以及变压器的阻抗标幺值不变，而只改变计算的容量（MV·A）基准值，即可方便地完成这种转化。而发电机数量的增加（如10台）相当于只增加了与无穷大母线连接的有效阻抗。

图3.10（左）所示为10台和30台2MW发电机组的转矩－转差曲线㊀。增加风力发电机的数量可以有效增加电源阻抗。在接入200MV·A故障水平的电网中时，10台2MW风机可以正常运行，但风机数量增加到30台可能就无法正常运行了。

㊀ 此处10台2MW风力机由一台20MW风力机统一表示，而结果也是以20MV·A为基准。同理，30×2MW风机由一台60MW风力机统一表示，而结果也是以60MV·A为基准。

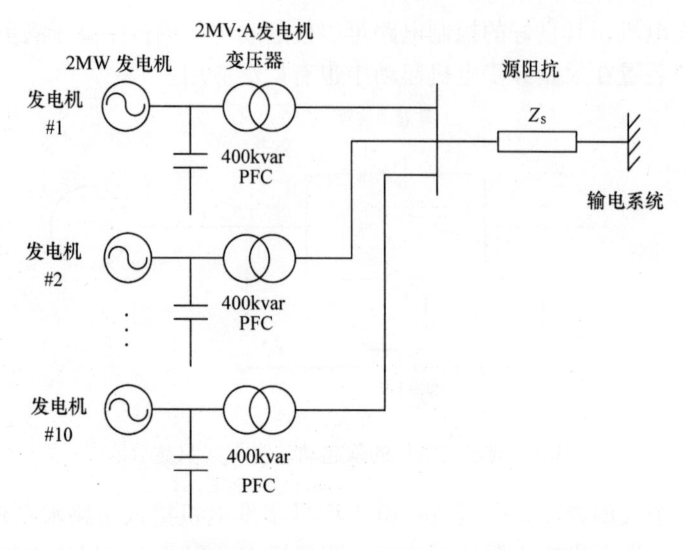

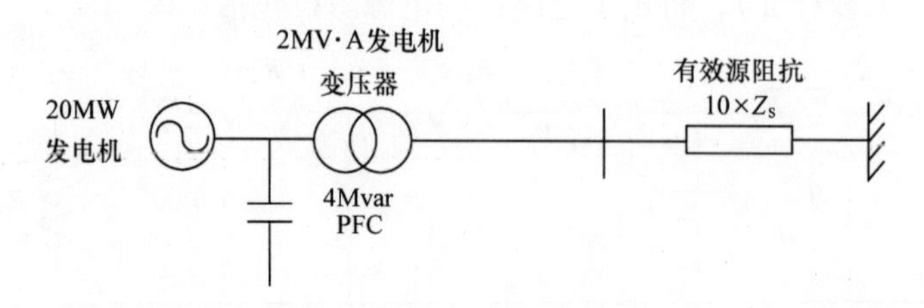

图 3.9　10 台相同的 2MW 发电机组简化为一台 20MW 发电机

当风机数量增加到 30 台（每台发电机 2MW）时，电源阻抗增大使失步转矩大幅降低至 1pu 以下，从而导致系统不稳定，发电机无法输出原动机所施加的转矩。加入功率因数校正电容器会使功率圆图向原点移动，但并网发电机数量的增加会使发电机组在相同有功输出的情况下需要更多的无功功率，如图 3.10 右图所示。

图 3.11 所示为功率因数随转差的变化。如图所示如果 10 台 2MW 风机均超过其失步转矩（约 2% 的转差），则会有大约 40Mvar（2pu ×20MV · A 基准值）的无功功率需求，这必将导致电网电压崩溃，虽然实际情况中发电机在过速和欠电压时会跳闸。

这种静态稳定极限被认为与同步发电机类似。如果同步发电机超过其静态稳定极限则转子角度会超过 90°，从而发生磁极滑动。异步发电机超过失步转矩时，过量的无功功率会使电压崩溃，发电机会一直加速直到原动机跳闸。

对于接入弱电网的大型风电场，包括接入人烟稀少的沿海地区的海上风电场，这种不稳定性可能是致命的。如果向辐射状电网输送有功功率的同时吸收无

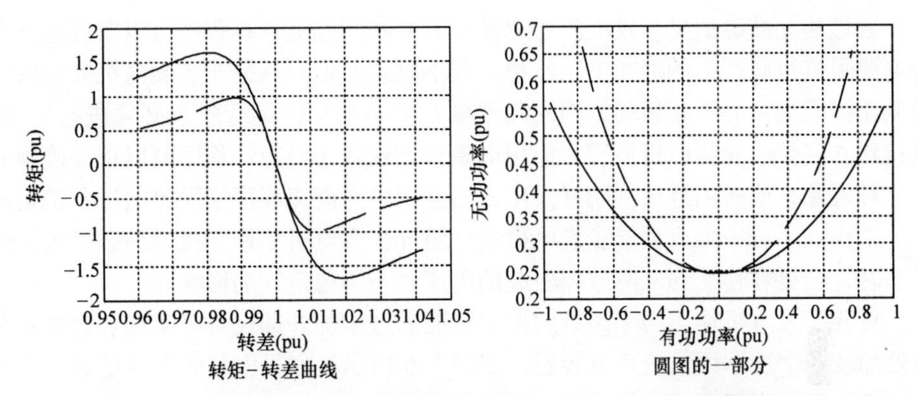

图 3.10　10 台相同的 2MW 发电机（实线）与 30 台相同的 2MW 发电机（虚线）连接到 200MV·A 母线的转矩 - 转差曲线及功率圆图

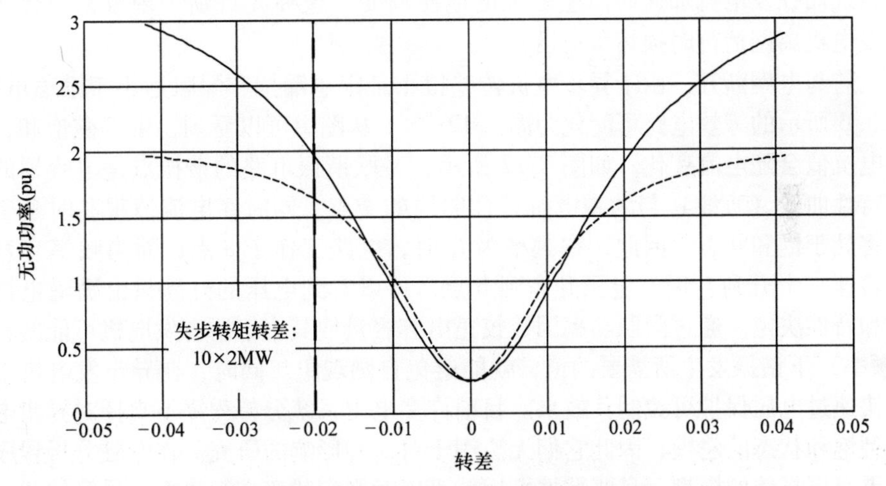

图 3.11　无功功率随转差的变化［10 台相同 2MW 发电机并联（实线）与 30 台相同的 2MW 发电机并联（虚线）］

功功率，则电网电压变化值可表示为

$$\Delta V=\frac{(PR-XQ)}{V} \tag{3.1}$$

式（3.1）[⊖]出处见 3.3.1 节。

我们发现电网的 X/R 比值通常恰好等于异步发电机在接近全功率输出时的 P/Q 比值，因此发电机端电压的大小可能随负荷的变化只有轻微变化（虽然相对角度与电网损耗会显著增加），使得这种潜在的不稳定性可能无法通过稳态电压的异常来显示。

⊖ 请注意，由于异步发电机输入无功功率，因此根据 3.3.1 节中所述惯例，Q 值为负。

通过建立准确的异步发电机稳态模型，并利用潮流计算程序可以发现这种由于电源阻抗过高产生的潜在电压不稳定及不收敛，但一些分布式发电机原动机中的调速器模型可能不够精确，因此高于额定输出功率的运行状态必须进行研究。通过建立完整的异步电机模型，使用电磁暂态或暂态稳定性程序可以更准确地研究这种现象，或使用近期刚刚开发出来的连续电力潮流程序来定位电压不稳定的实际工作点。若一个大型异步发电机或一组异步发电机工作于接近静态稳定极限状态时，会更容易受到电网故障引起的电压暂态不稳定性的影响。

对异步发电机输出功率因数的控制只能通过增加外部设备来实现。通常在端口处加装一个功率因数校正电容器，如图 3.6 所示。如果安装的电容足够，则发电机需要的所有无功功率都可从本地获得，且如果与电网断开，发电机会继续产生电压。对于分布式发电装置而言最不希望出现的情况是，由于异步发电机的饱和特性而在发电机加速时产生较大的电压畸变。这种“自励”现象据说会在异步发电机离网运行时损坏负荷设备。

若与电网断开，由于异步电机转差很小且定子漏抗和漏阻远小于励磁电抗，图 3.6 所示的等效电路可简化为图 3.12[2,8]。从图中可以看到，由于磁饱和，励磁电抗值会随电流变化。如图 3.12 所示，并联谐振电路的谐振点是电容器的电抗特性曲线（直线）与励磁电抗特性曲线的交点，同时在电流值很高时励磁电抗将处于饱和状态。因此，在频率为 f_1 时，电路工作于 a 点；而当频率（发电机转速）上升到 f_2 时，电压升高到 b 点。可以看到电压的升高只由励磁电抗的饱和特性决定。通过限制功率因数校正电容容量使其小于所有发电机可能的转速（频率）下谐振发生所需要的值，就能避免自励现象。同时，在异步发电机中使用快速过电压保护可控制其效果。目前许多电力系统分析程序不支持对异步电机模型饱和状态的建模，因此它们无法用于对这种影响的研究。在电磁分析程序中如果有更具体的模型，只要数据可用就可以对饱和状态进行建模。尽管如此，由于自励现象，通常应当避免任何形式的异步电机孤岛运行，因为对大部分分布式发电项目来说深入研究并无必要。

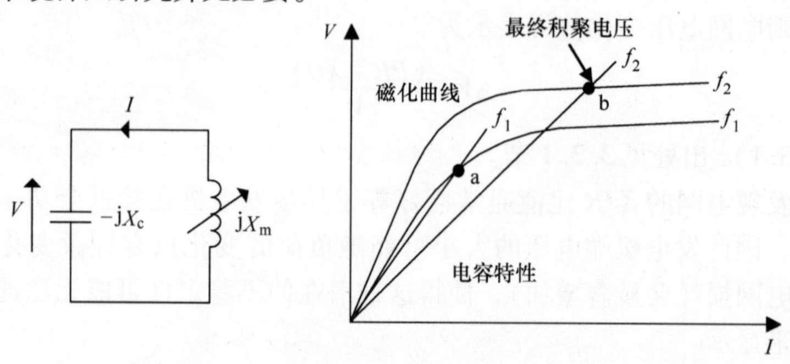

图 3.12　异步发电机的自励现象示意图

3.2.3　双馈异步发电机

当电压通过外部装置注入转子电路时，绕线转子异步电机可作为变速发电机工作。常见的如双馈异步发电机（Doubly Fed Induction Generator，DFIG，见图3.13），转子变流器控制电机电压，从而控制其转速。转子电路中电网侧变流器与电网进行有功功率的交换，并维持电容两端的直流电压。DFIG系统目前普遍用于大型风力机中。

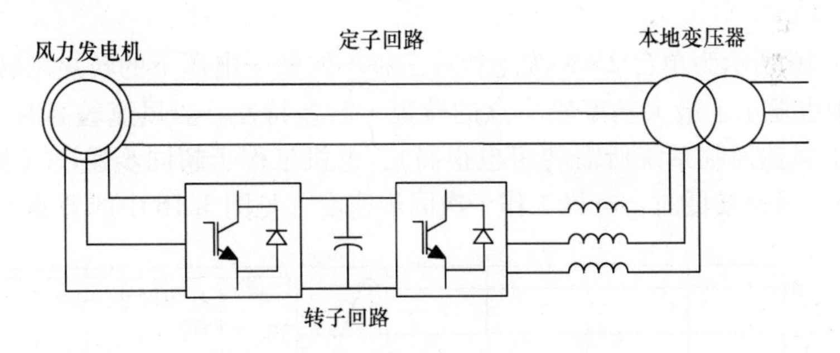

图3.13　双馈变速电力电子变换器

应用于风力机时，可以通过调节DFIG的速度来获取最大的风电功率。风电功率取决于风力机叶片的扫掠面积（A）以及风速（U），可采用表达式$P=(1/2)C_p\rho AU^3$计算，其中ρ是空气密度，C_p是功率系数[10]。功率系数取决于叶尖速比（λ），即转子叶片叶尖速度与风速的比率。因此当风速值固定时，为了获得最大的功率，发电机转子速度必须可变。图3.14所示为用于控制发电机转速的控制器。发电机的控制基于dq坐标系，定子电压的q轴分量作为母线电压的实部而d轴分量为虚部[11,12]。这种坐标系通过控制转子注入电压的q轴分量V_{qr}来控制速度，d轴分量用于功率因数和/或电压控制。关于DFIG所用控制器的更多资料见本章参考文献［9］和［13］。

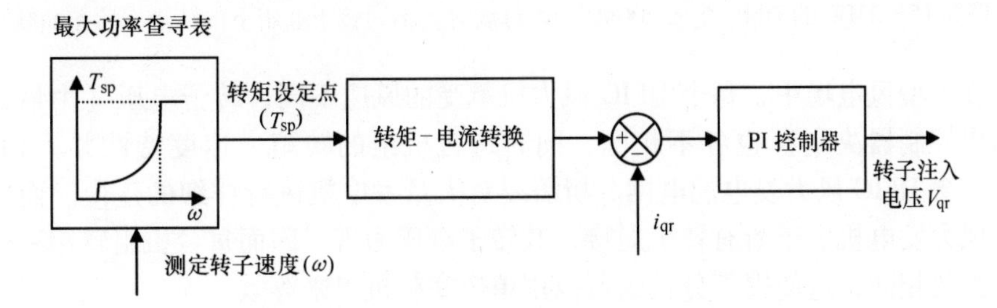

图3.14　最大功率输出的转矩控制

当注入电压$V_r=V_{dr}+jV_{qr}$为定值时，通过图3.15所示的等效电路可以获得

DIFG 风力机的稳态特性。

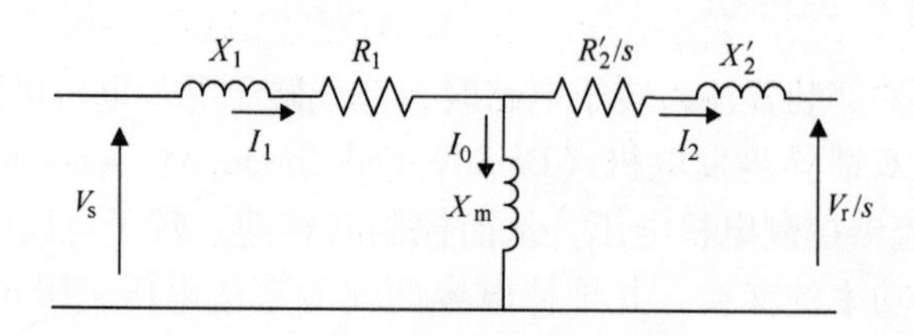

图 3.15 DIFG 稳态等效电路

图 3.16 所示为单台 2MW 发电机在三种不同转子电压下的转矩 - 转差曲线。同时图中也显示了最大功率输出点的转矩 - 转差特性。当风速较高时（此时图 3.14 中的风速控制系统所需转矩也很高），电机工作于超同步速度（见图 3.16 中 A 点）；风速较低时，电机工作于次同步速度（见图 3.16 中的 B 点）。

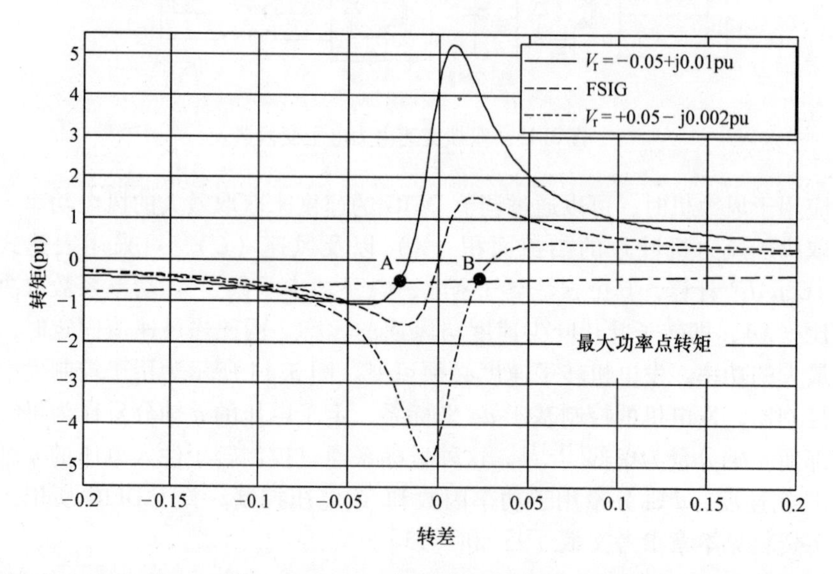

图 3.16 2MW 的 DFIG 接入 200MV · A 母线时，不同转子电压下的转矩 - 转差曲线

在大型风电场中，每个 DFIG 风力机承受的风速不同，转子电压（由最大功率输出控制器决定）也各不相同，同时每台机组的转矩 - 速度特性并不相同。因此，含 DFIG 风力发电的电网分析需要对大量发电机进行详细的建模。而定速异步风力发电机由于所有转子短接，其转子电压为零，因而每台机组转矩 - 速度特性大致相同，这使得部分机组可以用单个完整机组来等效。

与同步电机类似，DFIG 风力机可用带内阻抗的电压源来表示。图 3.17 所示为 DFIG 的相量图（滞后运行，输出无功）[9]。图中 E_g 为经过内阻抗后的输出电压，$\boldsymbol{I}_s$、$\boldsymbol{V}_s$、$\boldsymbol{V}_r$ 定义如图 3.15 所示，X 的表达式为 $X = X_1 + (X_m X_2')/(X_m + X_2')$。

定子的相量图也与同步发电机非常相似，因此定子运行特性曲线可以采取与同步发电机相同的方式获取（见教程Ⅱ.2.4节，图Ⅱ.10），两者的主要区别在于转子电压。DFIG风力机的有功功率为定子产生的功率（P_s）和转子产生的功率（P_r）之和。下式引入了发电机转矩T，并忽略了损耗。

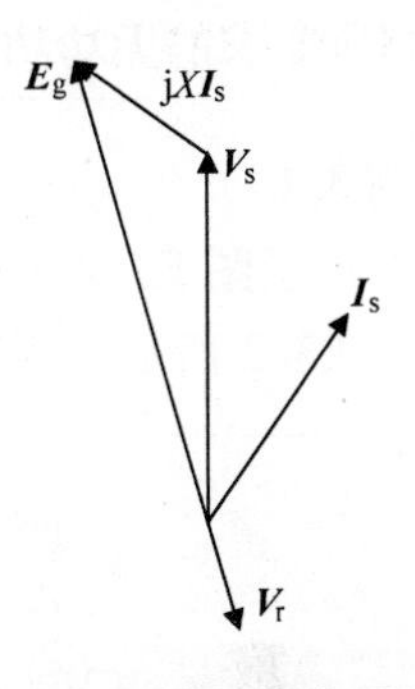

图3.17　DFIG的相量图

$$
\begin{aligned}
P_m &= P_s + P_r \\
T\omega_r &= T\omega_s + T_r \qquad (3.2) \\
P_r &= T(\omega_r - \omega_s) = -sT\omega_s = -sP_s
\end{aligned}
$$

式中，ω_r是转子转速；ω_s是同步转速。

由式（3.2）可知发电机转子在超同步运行时（转差为负）输出功率，而在次同步运行时吸收功率。因此DFIG产生的有功功率取决于电力电子变流器的容量和定子导体的容量（热稳定极限）。

双馈异步发电机转子无功功率的输出也可由转子电压控制。如图3.18所示，无功功率依赖于不同转子电压下的有功功率，可由DFIG等效电路得到（见图3.15）。通过将转子电压从$-0.05+j0.05$增加到$0.05+j0.05$，同时限制定子视在功率为1.0pu、转子视在功率为0.3pu，从而获得图中所示的大量的工作状态点。

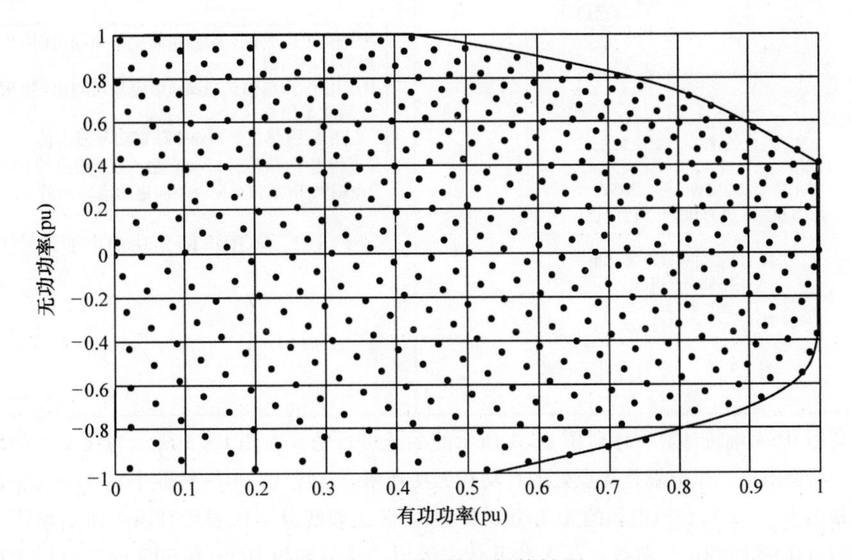

图3.18　DFIG的运行特性图

DFIG产生和吸收无功功率的能力随着有功功率降低而降低。通常要求风电场运营商在连接点处加装无功补偿器（如STATCOM），否则无法满足电网运行准则所要求的无功功率。

算例 3.1

对于图 E3.1 中的风电场，讨论如何满足电网准则中对无功功率的要求，如图 E3.2 所示。假设每台 DFIG 风力机的运行特性曲线都如图 3.18 所示。

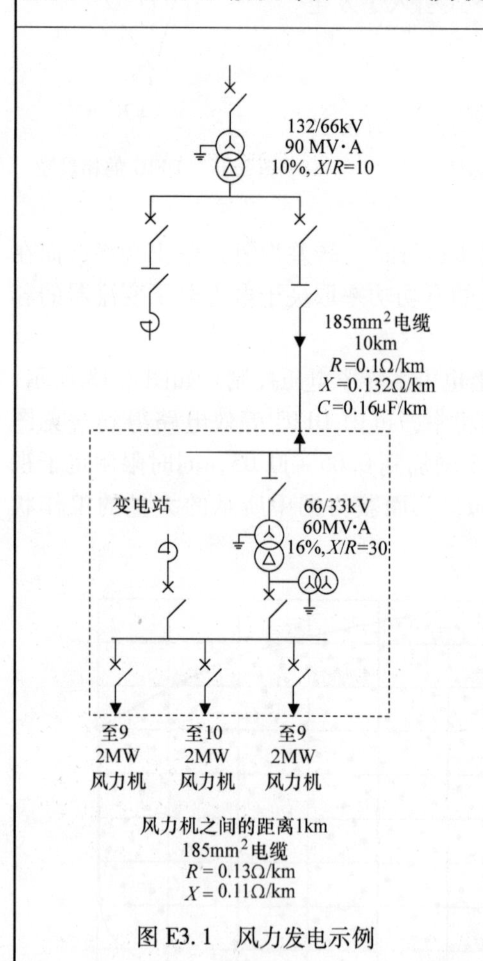

图 E3.1 风力发电示例

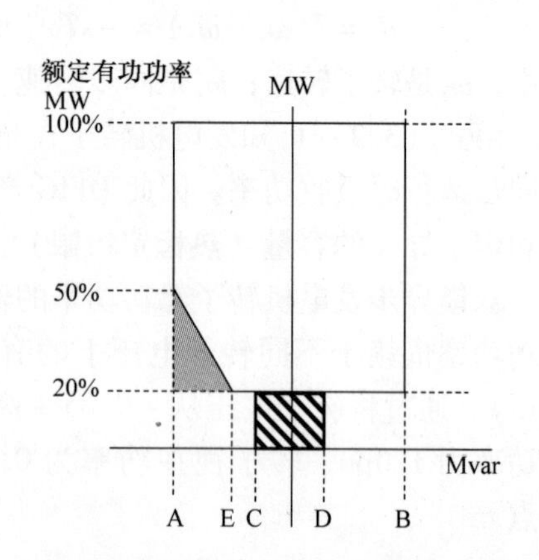

A点相当于(单位：Mvar):额定功率输出时0.95超前功率因数
B点相当于(单位：Mvar):额定功率输出时0.95滞后功率因数
C点相当于(单位：Mvar):额定功率输出的−5%
D点相当于(单位：Mvar):额定功率输出的+5%
E点相当于(单位：Mvar):额定功率输出的−12%

图 E3.2 英国电网无功功率要求[14]

利用 IPSA 潮流计算程序对图 E3.1 所示的系统进行仿真。图 E3.3 所示为在不同的风力机工作状态点下，风电场连接点处的有功和无功功率。实线代表电网标准中对无功功率的要求（根据图 E3.2 得到风电场的无功功率要求）。两条虚线分别代表所有风力机功率因数超前和滞后 0.95 时的运行曲线。点 A 和 B 代表输出功率分别为 100% 和 90% 时所有风力机的最大无功功率容量值。阴影区域，即以曲线 AB 和电网标准要求为界的区域，它表示了风电场不能满足电网要求的部分。

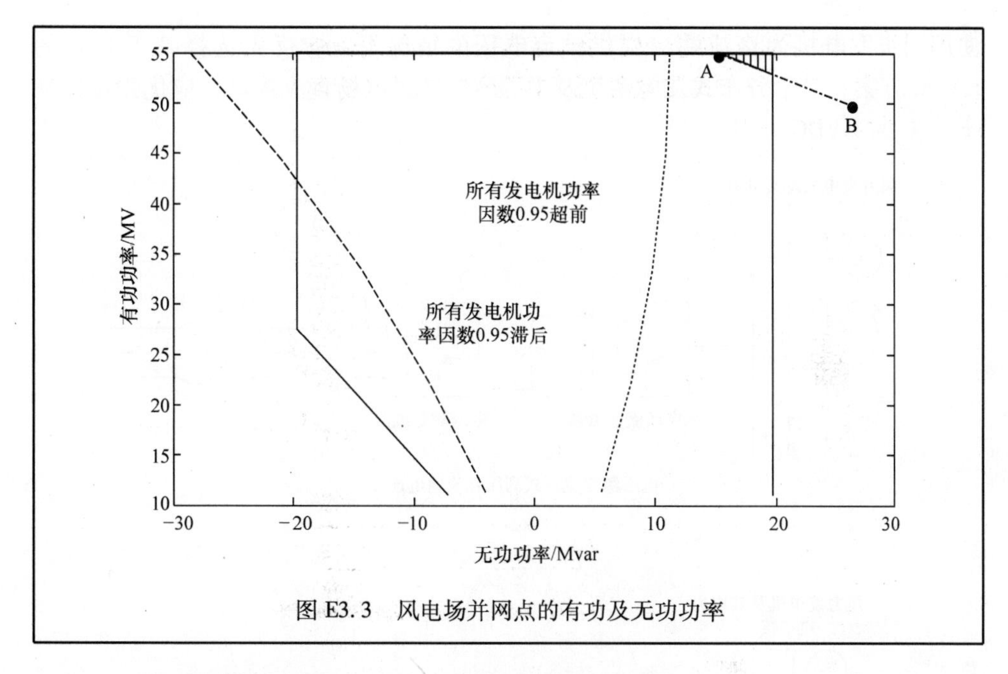

图 E3.3　风电场并网点的有功及无功功率

3.2.4　全功率变流器（FPC）接口的发电设备

许多新能源分布式发电系统使用全功率电子变流器接入电网。使用电力电子接口的目的取决于实际应用。如在太阳能光伏发电系统中，变流器用于将光伏模块产生的直流电变为交流电。在变速风力机中，使用背靠背式的变流器来获取最大功率。图 3.19 所示为一个典型的大型全功率变流器变速风力机的变流器系统。发电机可以是同步电机（绕线转子或永磁体），也可以是异步电机。由于电流被整流为直流并经过逆变器，因而发电机可在较大的速度范围内运行。同时由于每个变流器通常都有 2% ~3% 的损耗，发电机满负荷时输出功率可能有 4% ~5% 的损耗。

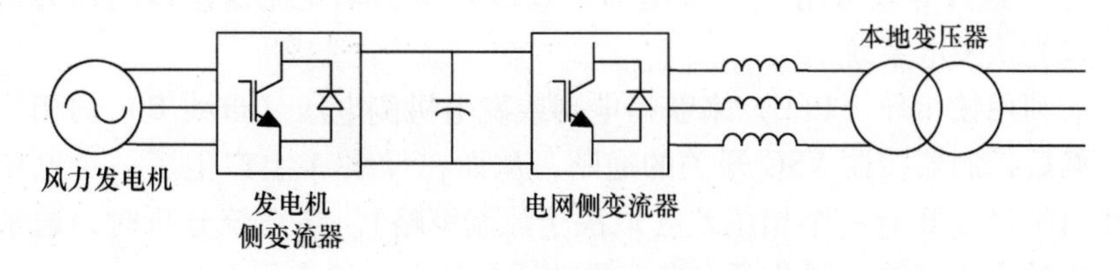

图 3.19　全功率变流器变速发电机

对于大型的海上风力发电（大于 400MW），由于离岸较远（大于 100km），使用高压直流输电（HVDC）可能更经济。HVDC 可使用电流源变流器（CSC）或电压源变流器（VSC），如图 3.20 所示，在功率非常大（最高达 3000MW）且使用同步发电机为直流端口提供整流电压的情况下，应优先选择基于 CSC 的 HVDC 方案；对于分布式发电系统及中等容量的风电场直流接口，应优先选择基于 VSC 的 HVDC 方案。

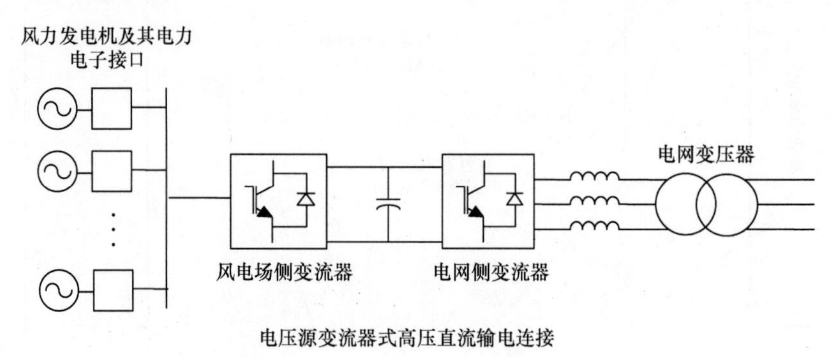

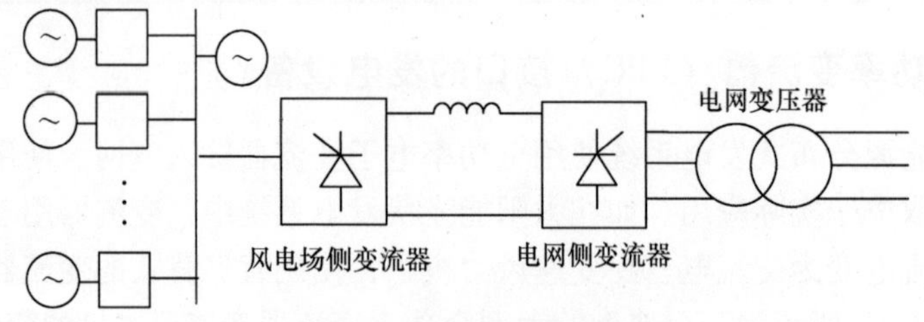

图 3.20　大型风电场的电力电子变流器接口

为了评估其对电力系统的影响，VSC 可由含电抗器的电压源来等效，如图 3.21 所示。这种等效可用于 VSC 型 HVDC 以及全功率变流器接口的风力机，甚至是一些光伏发电系统。

一般利用锁相环（PLL）来获得电网或发电机侧电压（母线 B）的相位角及频率，然后控制器控制 VSC 开关的通断，从而在母线 A 上产生了一个电压，该电压相对于母线 B 有一个相位差（取决于控制策略）。在系统分析时，通常忽略 VSC 产生的高次谐波，因此可由两个无功耦合的电压源表示。

使用 VSC 时，如果 IGBT 开关切换非常迅速，正弦电流将被注入谐波。这将导致电力损耗，可能在分布式发电中并不如大型发电那样明显。因此，对于大型发电，可以考虑使用多电平逆变器来将一些电压源组合起来，或者通过使用不同联结组标号的变压器来组合多个逆变器，从而形成多相逆变器。最终选择哪种技术取决于对成本及损失的经济评估。由于该领域技术发展迅速，因此成本效益最高的技术将随时间而变化。未来分布式发电站中电力电子变流器将使用软开关变流器来减小损耗，如一些小型光伏发电已经开始使用谐振变流器，并采用一些其他拓扑结构来消除对直流回路的依赖。

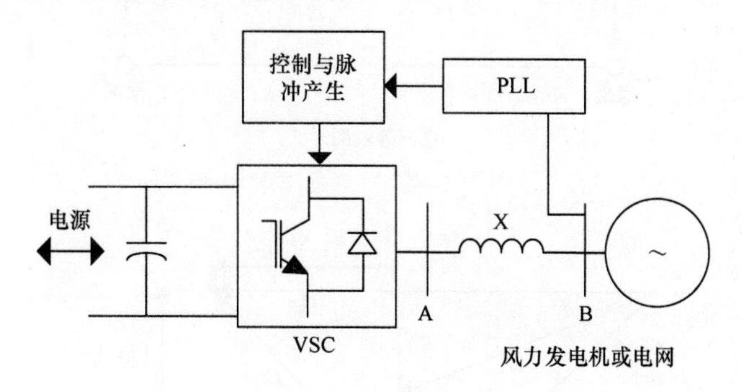

图 3.21　VSC 交流侧接口

3.3　系统分析

3.3.1　简单辐射式配电系统的潮流分析

图 3.22 所示为两节点系统的电力潮流。

从功率复数表达式可知（注意 S 是送端母线处的值），$S=P+\mathrm{j}Q=V_{\mathrm{S}}I^{*}$：

$$\boldsymbol{I}=\frac{P+\mathrm{j}Q}{\boldsymbol{V}_{\mathrm{S}}} \tag{3.3}$$

可得受端电压为

$$\boldsymbol{V}_{\mathrm{R}}=\boldsymbol{V}_{\mathrm{S}}-\boldsymbol{I}(R+\mathrm{j}X) \tag{3.4}$$

结合式（3.3）和式（3.4），假设送端电压（V_{S}）为参考值（例如 $\boldsymbol{V}_{\mathrm{S}}=V_{\mathrm{S}}\angle 0°$），有

$$\boldsymbol{V}_{\mathrm{R}}=V_{\mathrm{S}}-(R+\mathrm{j}X)\left[\frac{P-\mathrm{j}Q}{V_{\mathrm{S}}}\right]=V_{\mathrm{S}}-\left[\frac{RP+XQ}{V_{\mathrm{S}}}\right]-\mathrm{j}\left[\frac{XP-RQ}{V_{\mathrm{S}}}\right] \tag{3.5}$$

式（3.5）的右边包含送端电压 V_{S}，与 V_{S} 同相位的电压降分量，及与 V_{S} 相位垂直的电压降分量。其相量图如图 3.22 所示。

$$|\Delta V|=\left[\frac{RP+XQ}{V_{\mathrm{S}}}\right] \tag{3.6}$$

$$|\delta V|=\left[\frac{XP-RQ}{V_{\mathrm{S}}}\right] \tag{3.7}$$

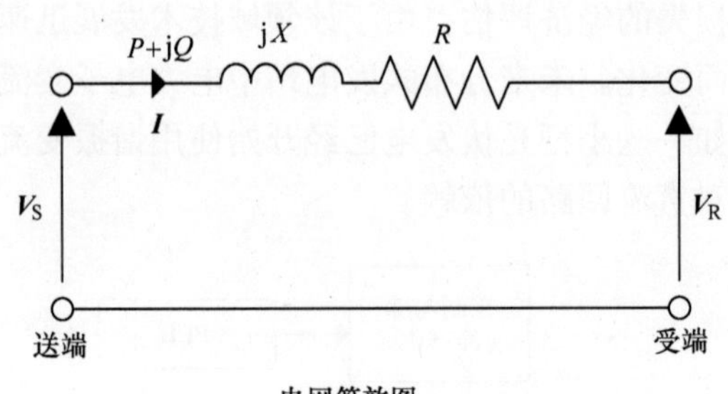

电网等效图

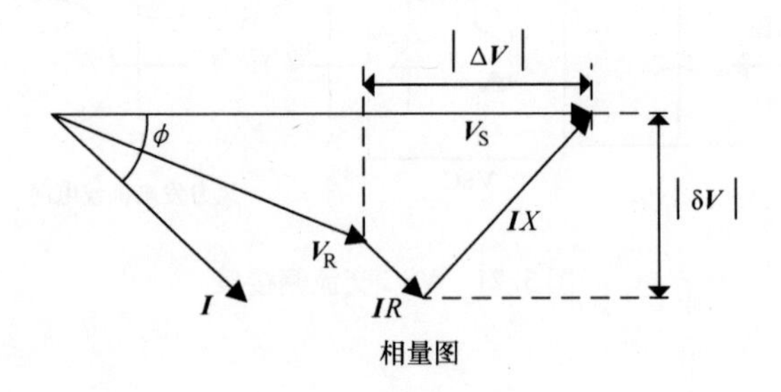

相量图

图 3.22　两节点系统

对配电线路来说，由于 V_R 和 V_S 的相位角很小，因此 $|\delta V|$ 通常可忽略。这种近似可以简化电压降（升）的计算。

输电线路中由于 $X >> R$，因而式（3.6）和式（3.7）中的 R 值可忽略。

只有当送端电压及功率已知的情况下（因而可直接确定电流值），才可直接进行这样的计算。而大多数情况下我们只知道送端电压 V_S 和受端有功及无功功率。这需要我们用迭代法来计算受端电压，若受端有功和无功功率分别用 P' 和 Q' 表示，则有

$$\boldsymbol{I} = \frac{P' - jQ'}{V_R^*} \tag{3.8}$$

由式（3.4）有

$$\boldsymbol{V}_R = V_S - (R + jX)\left[\frac{P' - jQ'}{\boldsymbol{V}_R^*}\right] \tag{3.9}$$

式（3.9）需要迭代求解。

通常迭代初值 $\boldsymbol{V}_R^{*(0)}$ 取 1pu。

计算出 $\boldsymbol{V}_R^{(n)}$ 代入来确定 $\boldsymbol{V}_R^{(n+1)}$ 的值，反复进行这一过程直到算出 $\boldsymbol{V}_R$ 的收敛值。

算例 3.2

10MW 负荷，运行于 0.9 滞后功率因数。负荷通过电阻为 1.27Ω 和 1.14Ω 的电缆接入 33kV 系统，受端电压是多少？

答：

选择：容量基准值为 10MV · A，电压基准值为 33kV

负荷有功功率：10MV · A = 1pu

因为 $\cos\phi = 0.9$，$\phi = 25.8°$

负荷无功功率 = 10 × tan25.8° = 4.8Mvar = 0.48pu

$$\text{阻抗基准值} = \frac{(33\times10^3)^2}{10}\times10^6\Omega = 108.9\Omega$$

线路电阻 = 1.27/108.9 = 0.012pu

线路电抗 = 1.14/108.9 = 0.101pu

将 $V_R^{(0)} = 1\text{pu}$ 代入式（3.9）有

$$V_R^{(1)} = 1 - (0.012 + j0.01)\left[\frac{1 - j0.48}{1}\right] = 0.983\angle 0.2°$$

再将 $V_R^{(1)}$ 代入式（3.9）有

$$V_R^{(2)} = 1 - (0.012 + j0.01)\left[\frac{1 - j0.48}{0.983\angle 0.2°}\right] = 0.982\angle -0.23°$$

重复以上迭代过程，直到 $|V_R^{(n+1)} - V_R^{(n)}| \leqslant \varepsilon$，其中 ε 是收敛极限。

3.3.2 网状配电系统的潮流分析

网状配电系统中不一定能用两节点系统中采用的方法计算出母线电压。考虑图 3.23 所示的三节点系统，其阻抗、电流、负荷的 P 和 Q 以及母线电压都已经标出。已知发电机端电压 V_1 和负荷功率 $P_2 + jQ_2$ 及 $P_3 + jQ_3$。两节点法不能使用是因为无法直接计算出线路中的电流。我们需要使用迭代法求解未知量。使用该算法的程序称为潮流计算程序。目前大型电力系统潮流计算中已经有许多商业软件投入了使用。

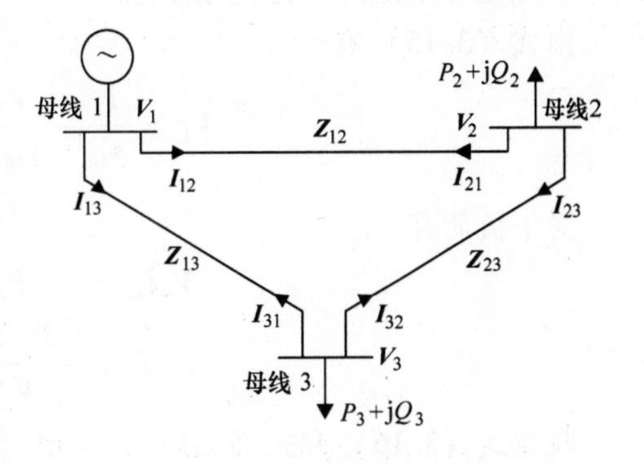

图 3.23　三母线电力系统

若发电机输出电流为 $\boldsymbol{I}_1$，对母线 1 应用基尔霍夫电流定律有

$$I_1 = I_{12} + I_{13} = \frac{(V_1 - V_2)}{Z_{12}} + \frac{(V_1 - V_3)}{Z_{13}} \tag{3.10}$$

定义阻抗的倒数为导纳（$Y_{12} = 1/Z_{12}$，$Y_{13} = 1/Z_{13}$），式（3.10）可变为

$$I_1 = Y_{12}(V_1 - V_2) + Y_{13}(V_1 - V_3) = (Y_{12} + Y_{13})V_1 - Y_{12}V_2 - Y_{13}V_3 \tag{3.11}$$

使用导纳对母线 2 应用基尔霍夫电流定律：

$$I_2 = I_{21} + I_{23} = Y_{12}(V_2 - V_1) + Y_{23}(V_2 - V_3) = (Y_{12} + Y_{23})V_2 - Y_{12}V_1 - Y_{23}V_3 \tag{3.12}$$

式中，I_2 是负荷 $P_2 + \mathrm{j}Q_2$ 电流的负值。

对母线 3 应用基尔霍夫电流定律有

$$I_3 = I_{31} + I_{32} = Y_{13}(V_3 - V_1) + Y_{23}(V_3 - V_2) = (Y_{13} + Y_{23})V_3 - Y_{13}V_1 - Y_{23}V_2 \tag{3.13}$$

式中，I_3 是负荷 $P_3 + \mathrm{j}Q_3$ 电流的负值。

式（3.11）、式（3.12）、式（3.13）用矩阵形式表示为

$$\begin{bmatrix} I_1 \\ I_2 \\ I_3 \end{bmatrix} = \underbrace{\begin{bmatrix} (Y_{12} + Y_{13}) & -Y_{12} & -Y_{13} \\ -Y_{12} & (Y_{12} + Y_{23}) & -Y_{23} \\ -Y_{13} & -Y_{23} & (Y_{13} + Y_{23}) \end{bmatrix}}_{\text{导纳矩阵}y} \begin{bmatrix} V_1 \\ V_2 \\ V_3 \end{bmatrix} \tag{3.14}$$

对于 N 条母线的一般情况有

$$I_k = \sum_{i=1}^{N} y_{ki} V_i = y_{kk} V_k + \sum_{\substack{i=1 \\ i \neq k}}^{N} y_{ki} V_i \tag{3.15}$$

式中，y_{ki}是导纳矩阵 k 行 i 列的值。

由式（3.15）有

$$V_k = \frac{I_k}{y_{kk}} - \frac{1}{y_{kk}} \sum_{\substack{i=1 \\ i \neq k}}^{N} y_{ki} V_i \tag{3.16}$$

对于负荷有

$$V_k I_k^* = -(P_k + \mathrm{j}Q_k)$$

$$I_k = \frac{-P_k + \mathrm{j}Q_k}{V_k^*} \tag{3.17}$$

联立式（3.16）和式（3.17），可得

$$V_k = \frac{1}{y_{kk}}\left[\frac{-P_k + \mathrm{j}Q_k}{V_k^*} - \sum_{\substack{i=1 \\ i \neq k}}^{N} y_{ki} V_i\right] \tag{3.18}$$

在潮流计算中，一个节点电压幅值与相位恒定，我们就称其为平衡节点。在分布式发电的研究中，平衡节点通常是主电力系统中的一个强节点。

与同步发电机连接的母线，其电压可以由发电机励磁控制系统来控制。因此，这类母线被称为发电机母线或PV母线，它给定了电压幅值与有功功率值。

第三类为连接负荷的母线（PQ母线），具备给定的有功功率和无功功率值。

异步发电机产生有功功率同时吸收无功功率，因此这类母线可以用有功功率为负而无功功率为正的PQ母线表示。使用电力电子接口的分布式发电可采用功率因数和/或电压控制。如果采用电压控制则它可表示为PV母线；如果采用功率因数控制则可表示为有功功率为负的PQ母线。

当电力系统中有N条母线时，若其中一条母线被定义为平衡母线或参考母线，则有$N-1$个联立式（3.18）。方程中的未知量取决于母线种类。例如对于发电机母线，未知量是无功功率和电压相位角；对于负荷母线，未知量是电压的幅度和相位角。一旦建立了$N-1$个方程，就可以使用迭代法对它们进行求解。两种常用的迭代方法是高斯－赛德尔迭代法以及牛顿－拉夫逊迭代法[4,5]。

1. 高斯－赛德尔迭代法

选择负荷母线的初始电压，$\boldsymbol{V}_i^{(0)}=1.0\angle 0°$，$i$从1到$N$。

由式（3.18）有

$$\boldsymbol{V}_k^{(1)}=\frac{1}{y_{kk}}\left[\frac{-P_k+\mathrm{j}Q_k}{(\boldsymbol{V}_k^{(0)})^*}-\sum_{\substack{i=1\\i\neq k}}^{N}y_{ki}\boldsymbol{V}_i^{(0)}\right]$$

解出所有母线的$\boldsymbol{V}_k^{(1)}$。在后续计算中使用$\boldsymbol{V}_k^{(1)}$的值可以加快迭代过程。比如在计算$\boldsymbol{V}_3^{(1)}$时使用$\boldsymbol{V}_2^{(1)}$的值。

重复这个过程直到

$$|\boldsymbol{V}_k^{(n+1)}-\boldsymbol{V}_k^{(n)}|\leqslant\varepsilon$$

式中，ε是收敛极限。

算法详细步骤见算例3.2。

2. 牛顿－拉夫逊迭代法

式（3.18）用于求解图3.23所示的三节点系统。由于母线1是平衡节点（电压已知），式（3.18）用于求解两个PQ节点，如母线2和3。

$$\boldsymbol{V}_2=\frac{1}{y_{22}}\left[\frac{-\boldsymbol{P}_2+\mathrm{j}\boldsymbol{Q}_2}{\boldsymbol{V}_2^*}-\sum_{\substack{i=1\\i\neq 2}}^{3}y_{21}\boldsymbol{V}_1\right]\tag{3.19}$$

$$\boldsymbol{V}_3=\frac{1}{y_{33}}\left[\frac{-\boldsymbol{P}_3+\mathrm{j}\boldsymbol{Q}_3}{\boldsymbol{V}_3^*}-\sum_{\substack{i=1\\i\neq 3}}^{3}y_{31}\boldsymbol{V}_1\right]\tag{3.20}$$

式（3.19）和式（3.20）可写为

$$f_1(\boldsymbol{V}_2,\boldsymbol{V}_3)=C_1\tag{3.21}$$

$$f_2(\boldsymbol{V}_2,\boldsymbol{V}_3)=C_2\tag{3.22}$$

式中，$C_1 = y_{21}\boldsymbol{V}_1$；$C_2 = y_{31}\boldsymbol{V}_1$ 是常数。

$\boldsymbol{V}_2^{(0)}$ 和 $\boldsymbol{V}_3^{(0)}$ 是式（3.21）和式（3.22）解的初始估计值，$\Delta\boldsymbol{V}_2^{(0)}$ 和 $\Delta\boldsymbol{V}_3^{(0)}$ 是初始估计值与正确解的偏差值。

$$f_1(\boldsymbol{V}_2^{(0)} + \Delta\boldsymbol{V}_2^{(0)}, \boldsymbol{V}_3^{(0)} + \Delta\boldsymbol{V}_3^{(0)}) = C_1 \tag{3.23}$$

$$f_2(\boldsymbol{V}_2^{(0)} + \Delta\boldsymbol{V}_2^{(0)}, \boldsymbol{V}_3^{(0)} + \Delta\boldsymbol{V}_3^{(0)}) = C_2 \tag{3.24}$$

将结果进行泰勒级数展开并忽略高阶余项有

$$f_1(\boldsymbol{V}_2^{(0)}, \boldsymbol{V}_3^{(0)}) + \Delta\boldsymbol{V}_2^{(0)} \left.\frac{\partial f_1}{\partial \boldsymbol{V}_2}\right|_{\boldsymbol{V}_2^{(0)}} + \Delta\boldsymbol{V}_3^{(0)} \left.\frac{\partial f_1}{\partial \boldsymbol{V}_3}\right|_{\boldsymbol{V}_3^{(0)}} = C_1 \tag{3.25}$$

$$f_2(\boldsymbol{V}_2^{(0)}, \boldsymbol{V}_3^{(0)}) + \Delta\boldsymbol{V}_2^{(0)} \left.\frac{\partial f_2}{\partial \boldsymbol{V}_2}\right|_{\boldsymbol{V}_2^{(0)}} + \Delta\boldsymbol{V}_3^{(0)} \left.\frac{\partial f_2}{\partial \boldsymbol{V}_3}\right|_{\boldsymbol{V}_3^{(0)}} = C_2 \tag{3.26}$$

矩阵形式为

$$\begin{bmatrix} C_1 - f_1(\boldsymbol{V}_2^{(0)}, \boldsymbol{V}_3^{(0)}) \\ C_2 - f_2(\boldsymbol{V}_2^{(0)}, \boldsymbol{V}_3^{(0)}) \end{bmatrix} = \underbrace{\begin{bmatrix} \dfrac{\partial f_1}{\partial \boldsymbol{V}_2} & \dfrac{\partial f_1}{\partial \boldsymbol{V}_3} \\ \dfrac{\partial f_2}{\partial \boldsymbol{V}_2} & \dfrac{\partial f_2}{\partial \boldsymbol{V}_3} \end{bmatrix}_{\boldsymbol{V}_2^{(0)}, \boldsymbol{V}_3^{(0)}}}_{\text{雅可比矩阵}^{[4,5]}} \begin{bmatrix} \Delta\boldsymbol{V}_2^{(0)} \\ \Delta\boldsymbol{V}_3^{(0)} \end{bmatrix} \tag{3.27}$$

解式（3.27）得到 $\Delta\boldsymbol{V}_2^{(0)}$ 和 $\Delta\boldsymbol{V}_3^{(0)}$，则 $\boldsymbol{V}_2$ 和 $\boldsymbol{V}_3$ 变为

$$\boldsymbol{V}_2^{(1)} = \boldsymbol{V}_2^{(0)} + \Delta\boldsymbol{V}_2^{(0)}$$

$$\boldsymbol{V}_3^{(1)} = \boldsymbol{V}_3^{(0)} + \Delta\boldsymbol{V}_3^{(0)}$$

重复这个过程直到

$$|\boldsymbol{V}_k^{(n+1)} - \boldsymbol{V}_k^{(n)}| \leqslant \varepsilon$$

式中，ε 是收敛极限。

对于包含 PV 母线和 PQ 母线的大型网状配电系统，构造雅可比矩阵更为复杂，想了解更多信息请参阅本章参考文献［4］和［5］。

算例 3.3

一台大型发电机 G1㊀，与图 E3.4 中的母线 1 相连，母线电压保持在 $1.1\angle 0°$。母线 2 和 4 处的负荷分别为 $1 + \mathrm{j}0.5$ 和 $0.5 + \mathrm{j}0.25\mathrm{pu}$。分布式发电 DG1 输出的有功功率为 0.5pu，吸收无功功率为 0.2pu。基准值取 10MV · A。使用高斯 - 赛德尔迭代法来确定母线电压。

因为 $\boldsymbol{Z}_{12} = 0.02 + \mathrm{j}0.4\mathrm{pu}$，$\boldsymbol{Y}_{12} = \dfrac{1}{0.02 + \mathrm{j}0.04}\mathrm{pu} = \dfrac{1}{0.0447\angle 63.4°} = 22.36\angle -63.4° = 10.0 - \mathrm{j}20.0$。

㊀ 分布式发电研究中，G1 表示主电网。

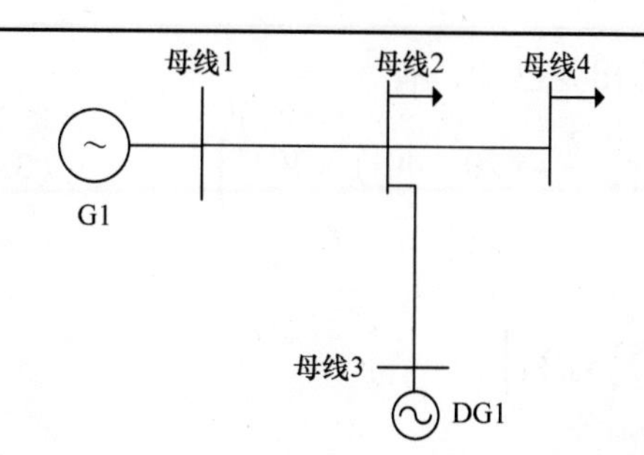

起始节点	终止节点	R(pu)	X(pu)
1	2	0.02	0.04
2	4	0.01	0.02
2	3	0.01	0.02

图　E3.4

同理，$\boldsymbol{Y}_{23}=\dfrac{1}{0.01+\mathrm{j}0.02}=20.0-\mathrm{j}40.0$ 且 $\boldsymbol{Y}_{24}=\dfrac{1}{0.01+\mathrm{j}0.02}=20.0-\mathrm{j}40.0$。

因此导纳矩阵为

$$
\begin{bmatrix}
10-20\mathrm{j} & -10+20\mathrm{j} & 0 & 0 \\
-10+20\mathrm{j} & 50-100\mathrm{j} & -20+40\mathrm{j} & -20+40\mathrm{j} \\
0 & -20+40\mathrm{j} & 20-40\mathrm{j} & 0 \\
0 & -20+40\mathrm{j} & 0 & 20-40\mathrm{j}
\end{bmatrix}
$$

选择母线 1 为平衡节点，因此，对母线 2、3、4 应用式（3.18）有

母线 2：

$$
\boldsymbol{V}_2=\frac{1}{y_{22}}\left[\frac{-\boldsymbol{P}+\mathrm{j}\boldsymbol{Q}_2}{\boldsymbol{V}_2^*}-\sum_{\substack{i=1\\ i\neq 2}}^{4} y_{21}\boldsymbol{V}_1\right]
$$

$$
=\frac{1}{50-100\mathrm{j}}\left[\frac{-1+\mathrm{j}0.5}{\boldsymbol{V}_2^*}+(10-20\mathrm{j})\times 1.1\angle 0°+(20-40\mathrm{j})\times\boldsymbol{V}_3+(20-40\mathrm{j})\times\boldsymbol{V}_4\right] \tag{3.28}
$$

应用迭代法求解，式（3.28）可变为

$$
\boldsymbol{V}_2^{(1)}=\frac{1}{(50-100\mathrm{j})}\left[11-22\mathrm{j}+\frac{-1+\mathrm{j}0.5}{(\boldsymbol{V}_2^{(0)})^*}+(20-40\mathrm{j})\times\boldsymbol{V}_3^{(0)}+(20-40\mathrm{j})\times\boldsymbol{V}_4^{(0)}\right] \tag{3.29}
$$

母线 3⊖：

$$
\boldsymbol{V}_3=\frac{1}{y_{33}}\left[\frac{-\boldsymbol{P}_3+\mathrm{j}\boldsymbol{Q}_3}{\boldsymbol{V}_3^*}-\sum_{\substack{i=1\\ i\neq 3}}^{4} y_{3i}\boldsymbol{V}_i\right]
$$

$$
=\frac{1}{20-40\mathrm{j}}\left[\frac{0.5+\mathrm{j}0.2}{\boldsymbol{V}_3^*}+(20-40\mathrm{j})\times\boldsymbol{V}_2\right]
$$

⊖　（3.18）中假设 P 和 Q 为母线至负载的电流；而对于 DG1，P 流向母线，Q 来自母线。

同式（3.29）但假设 $V_2^{(1)}$ 已经算出并已知，有

$$V_3^{(1)} = \frac{1}{20-40j}\left[\frac{0.5+j0.2}{V_3^{(0)*}} + (20-40j) \times V_2^{(1)}\right] \tag{3.30}$$

母线4：

$$V_4 = \frac{1}{y_{44}}\left[\frac{-P_4+jQ_4}{V_4^*} - \sum_{\substack{i=1\\ i\neq 4}}^{4} y_{4i}V_i\right]$$

$$= \frac{1}{20-40j}\left[\frac{-0.5+j0.25}{V_4^*} + (20-40j) \times V_2\right]$$

同式（3.30）：

$$V_4^{(1)} = \frac{1}{20-40j}\left[\frac{-0.5+j0.25}{V_4^{(0)*}} + (20-40j) \times V_2^{(1)}\right] \tag{3.31}$$

使用高斯－赛德尔迭代法求解式（3.29）、式（3.30）、式（3.31），$V_2^{(0)}$、$V_3^{(0)}$、$V_4^{(0)}$ 都为 $1.0\angle 0°$，由式（3.29）可得

$$V_2^{(1)} = \frac{1}{50-100j}\left[11-22j + \frac{-1+j0.5}{1.0\angle 0°} + (20-40j) \times 1.0\angle 0° + (20-40j) \times 1.0\angle 0°\right]$$

$= 1.012\angle -0.3°$。

$V_2^{(1)} = 1.012\angle -0.3°$ 且 $V_3^{(0)} = 1.0\angle 0°$，由式（3.30）可得

$$V_3^{(1)} = \frac{1}{20-40j}\left[\frac{0.5+j0.2}{1.0\angle 0°} + (20-40j) \times 1.012\angle -0.3°\right] = 1.013\angle 0.03°$$

$V_2^{(1)} = 1.012\angle -0.3°$ 且 $V_4^{(0)} = 1.0\angle 0°$，由式（3.31）可得

$$V_4^{(1)} = \frac{1}{20-40j}\left[\frac{-0.5+j0.25}{1.0\angle 0°} + (20-40j) \times 1.012\angle -0.3°\right] = 1.002\angle -0.8°$$

下表给出了母线2、3、4的电压值的迭代过程。

迭代	V_2	V_3	V_4
1	$1.012\angle -0.3°$	$1.013\angle 0.3°$	$1.002\angle -0.8°$
2	$1.018\angle -0.5°$	$1.019\angle 0.2°$	$1.008\angle -0.9°$
3	$1.023\angle -0.6°$	$1.024\angle 0°$	$1.013\angle -1.0°$
4	$1.027\angle -0.7°$	$1.028\angle -0.1°$	$1.017\angle -1.1°$
⋮	⋮	⋮	⋮
19	$1.043\angle -1.0°$	$1.044\angle -0.4°$	$1.033\angle -1.4°$
20	$1.043\angle -1.0°$	$1.044\angle -0.4°$	$1.033\angle -1.4°$

本例使用了一种商用的电力潮流计算软件（IPSA）进行潮流计算从而获得母线电压值，最终结果为 $\boldsymbol{V}_2 = 1.044\angle -1.0°$，$\boldsymbol{V}_3 = 1.045\angle -0.4°$，$\boldsymbol{V}_4 = 1.034\angle -1.4°$。

如算例 3.3 所示，虽然高斯 - 赛德尔方法概念上很简单，但在某些网络参数下收敛速度较慢，因此现代潮流计算软件中通常使用牛顿 - 拉夫逊迭代法及其衍生方法。

3.3.3　对称故障分析

通过判断三相电流和电压是否对称，可以对故障计算进行分类。若发生三相故障，则电网仍能保持三相平衡，故障电流的交流分量也是对称的。单相接地、两相短路和两相接地三类故障会产生不对称故障。

对称故障分析方法同教程Ⅳ[4,5,15]中交流系统的分析，只需研究一相，其余两相幅值相同，相位旋转 120°。

算例 3.4

在教程 IV 例 IV. 2 所示的电路中，计算线路末端发生故障时产生的故障电流。

答：

其标幺制等效电路为

j0.15　j0.1

1pu　0.918+j4.59

若忽略电阻值㊀，则故障电流为 1/(0.15 + 4.1 + 4.59) = 0.207pu。

S_b为 100MW，V_L为 33kV，则电流基准值为

$$I_b = \frac{S_b}{\sqrt{3}V_L} = \frac{100\times10^6}{\sqrt{3}\times33\times10^3}\text{A} = 1749.5\text{A}$$

因此，故障电流 = 1749.5A × 0.207 = 361.5A。

算例 3.5

如图所示，太阳能热电站中的同步发电机接入辐射式配电系统。

㊀ 如果忽略电网上的所有电阻，故障电流将稍微变大，因此此处采用的算法通常较为保守。j 运算符可能会被忽略。

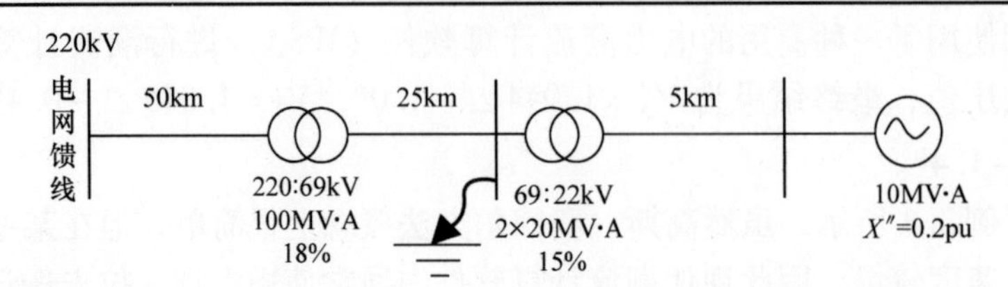

架空线参数为

电路额定电压/kV	线路阻抗/(Ω/km)
220	j3. 0
69	0. 5 + j1. 0
22	0. 5 + j0. 25

容量基准值取100MV·A，所有参数改为标幺值。69/22kV变电站的60kV母线发生三相短路故障，计算来自无限大母线与发电机的故障电流，分别用标幺值和有名值表示。

答：

故障发生瞬间发电机电抗为X''。基准容量值取100MV·A，$X''=0.2\times100/10=\mathrm{j}2\mathrm{pu}$。

下表给出了不计电阻时每条线路的电抗基准值（Z_B）和电抗标幺值。

电路额定电压/kV	Z_B/Ω	线路电抗/Ω	线路电抗（pu）
220	$\frac{(220\times10^3)^2}{100\times10^6}=484$	j150	j0. 31
69	$\frac{(69\times10^3)^2}{100\times10^6}=47.6$	j25	j0. 525
22	$\frac{(22\times10^3)^2}{100\times10^6}=4.84$	j1. 25	j0. 258

基准容量值取100MV·A，则220kV：69kV变压器阻抗为j0. 18pu；69kV：22kV变压器阻抗为$\mathrm{j}0.15\times100/40=\mathrm{j}0.375$

因此，系统标幺制等效电路如下（注意，该电路被重新布置以便于计算）：

来自无限大母线的故障电流为$1/(0.31+0.58+0.525)=0.985\mathrm{pu}$。

来自发电机的故障电流为$1/(2+0.375+0.258)=0.38\mathrm{pu}$。

220kV电网基准电流为$100\times\frac{10^6\mathrm{A}}{\sqrt{3}\times220\times10^3}=262.4\mathrm{A}$。

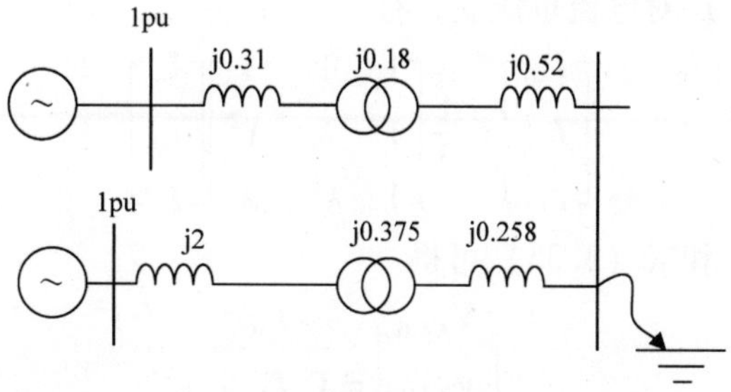

因此，来自无限大母线的故障电流为 0. 985 ×262. 4A =258. 5A。

22kV 电网基准电流为 $100\times\dfrac{10^6\text{A}}{\sqrt{3}\times22\times10^3}=2624.3\text{A}$。

因此，来自发电机的故障电流为 0. 38 ×2624. 3A =997. 2A。

3. 3. 4　不对称故障分析

不对称故障（单相接地，两相短路或两相接地）中每相的电流都不相等，因此需要使用对称分量法来进行计算，详见教程Ⅳ. 4[4,5,15]。当使用对称分量法时，电力系统采用三序网络表示，即正序、负序和零序。相电压与三序电网电压之间的关系可见式（Ⅳ. 33），这里再次给出㊀：

$$\begin{bmatrix} \boldsymbol{V}_{A0} \\ \boldsymbol{V}_{A1} \\ \boldsymbol{V}_{A2} \end{bmatrix} = \frac{1}{3}\begin{bmatrix} 1 & 1 & 1 \\ 1 & \lambda & \lambda^2 \\ 1 & \lambda^2 & \lambda \end{bmatrix}\begin{bmatrix} \boldsymbol{V}_{A} \\ \boldsymbol{V}_{B} \\ \boldsymbol{V}_{C} \end{bmatrix} \tag{3.32}$$

图 3. 24 所示的线段被用于说明序列电网的形成。

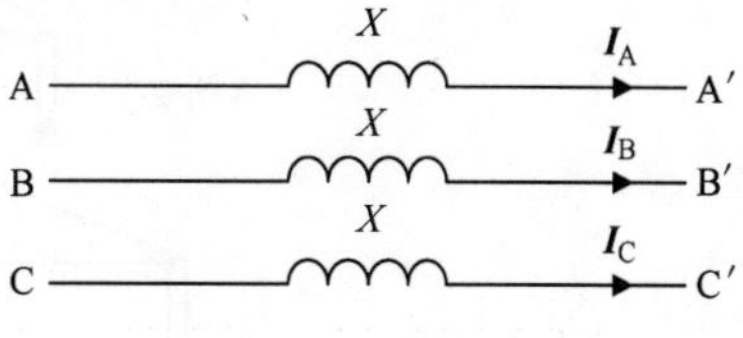

图 3. 24　纯阻抗线段

线段的电压和电流为

$$\begin{bmatrix} \boldsymbol{V}_{AA'} \\ \boldsymbol{V}_{BB'} \\ \boldsymbol{V}_{CC'} \end{bmatrix} = X\begin{bmatrix} \boldsymbol{I}_{A} \\ \boldsymbol{I}_{B} \\ \boldsymbol{I}_{C} \end{bmatrix} \tag{3.33}$$

可利用式（3. 32）将式（3. 33）给出的三相电压转化为三序分量，即

$$\begin{bmatrix} \boldsymbol{V}_{AA'0} \\ \boldsymbol{V}_{AA'1} \\ \boldsymbol{V}_{AA'2} \end{bmatrix} = \frac{1}{3}\begin{bmatrix} 1 & 1 & 1 \\ 1 & \lambda & \lambda^2 \\ 1 & \lambda^2 & \lambda \end{bmatrix}\begin{bmatrix} \boldsymbol{V}_{AA'} \\ \boldsymbol{V}_{BB'} \\ \boldsymbol{V}_{CC'} \end{bmatrix} = \frac{1}{3}X\begin{bmatrix} 1 & 1 & 1 \\ 1 & \lambda & \lambda^2 \\ 1 & \lambda^2 & \lambda \end{bmatrix}\begin{bmatrix} \boldsymbol{I}_{A} \\ \boldsymbol{I}_{B} \\ \boldsymbol{I}_{C} \end{bmatrix} \tag{3.34}$$

㊀ λ 等于 $e^{j2\pi/3}$ 或 120°相移。

由于式（3.32）对电流也成立，有

$$\begin{bmatrix} \boldsymbol{I}_{A0} \\ \boldsymbol{I}_{A1} \\ \boldsymbol{I}_{A2} \end{bmatrix} = \frac{1}{3}\begin{bmatrix} 1 & 1 & 1 \\ 1 & \lambda & \lambda^2 \\ 1 & \lambda^2 & \lambda \end{bmatrix}\begin{bmatrix} \boldsymbol{I}_{A} \\ \boldsymbol{I}_{B} \\ \boldsymbol{I}_{C} \end{bmatrix} \tag{3.35}$$

由式（3.34）和式（3.35）可得

$$\begin{bmatrix} \boldsymbol{V}_{AA'0} \\ \boldsymbol{V}_{AA'1} \\ \boldsymbol{V}_{AA'2} \end{bmatrix} = X\begin{bmatrix} \boldsymbol{I}_{A0} \\ \boldsymbol{I}_{A1} \\ \boldsymbol{I}_{A2} \end{bmatrix} \tag{3.36}$$

由式（3.36）可得，每个元件的电压降仅取决于该元件的电流和电抗。

图3.25所示为电缆的横截面。由于三个导体间距相等，电缆可视为对称元件，每个导体周围的磁通分布也是相似的。这种对称的非旋转元件，其正序和负序电感相等。

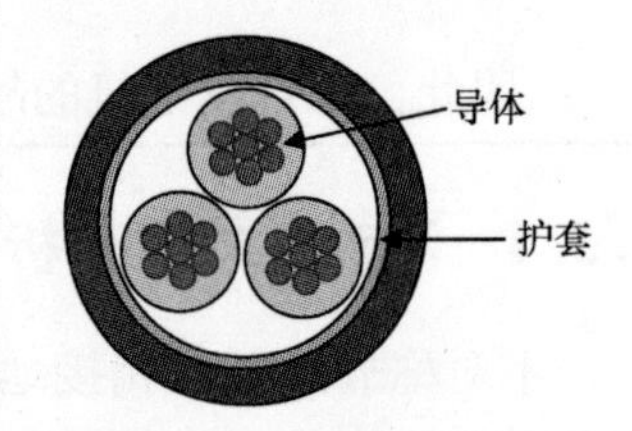

图3.25　三相电缆横截面

与电缆护套（已接地）关联的磁通量决定了其零序电感，与其他两序分量值不同。图3.26所示为架空线的一部分，这种情况下不同相中的磁链不相等，因而正序和负序电感不同[5]。

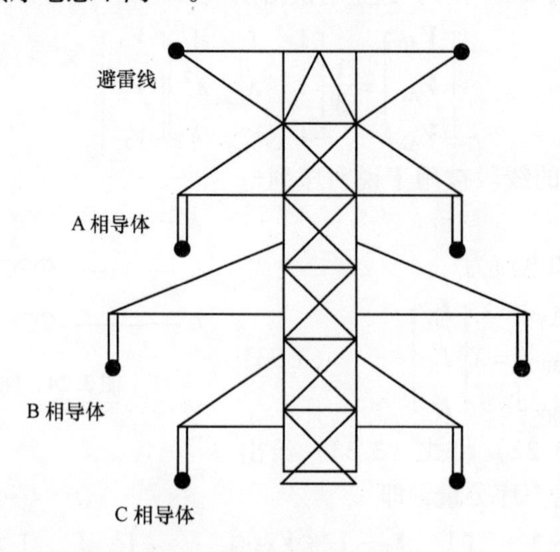

图3.26　架空线的一部分

发电机内部阻抗的三序值取决于其结构。正序电流产生的磁场与转子的旋转方向是相同的，因而它相对于转子是静止的。负序电流产生的磁场与转子旋转方向相反，因而其磁场转速是转子转速的两倍，导致了正序和负序阻抗。

图 3.27 所示为理想的对称三相电源，其中性点 N 通过阻抗 Z_n 接地。

各相电压可由下面三式描述，其中 E 是电压方均根值。

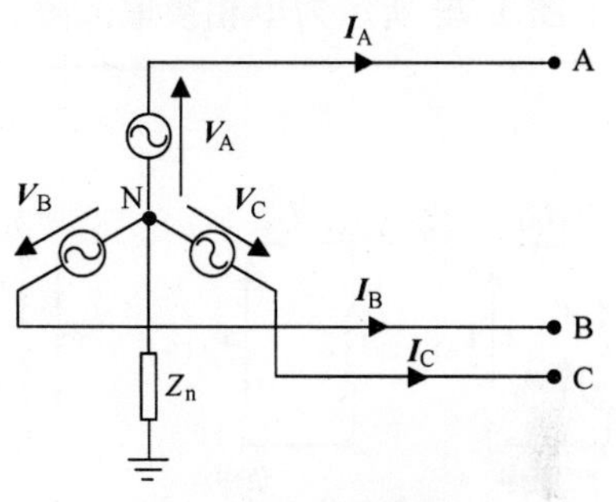

图 3.27　三相电源

$$\left.\begin{aligned}\boldsymbol{E}_A &= E\angle 0° = E\\ \boldsymbol{E}_B &= E\angle -120° = E\angle 240° = \lambda^2 E\\ \boldsymbol{E}_C &= E\angle -240° = E\angle 120° = \lambda E\end{aligned}\right\} \tag{3.37}$$

由式（3.32）和式（3.37）可得［注意由教程Ⅳ中图Ⅳ.8 有$(1+\lambda+\lambda^2)=0$，$(1+2\lambda^3)=3$ 以及$(1+\lambda^2+\lambda^4)=0$］：

$$\begin{bmatrix}\boldsymbol{V}_{A0}\\ \boldsymbol{V}_{A1}\\ \boldsymbol{V}_{A2}\end{bmatrix} = \frac{1}{3}\begin{bmatrix}1 & 1 & 1\\ 1 & \lambda & \lambda^2\\ 1 & \lambda^2 & \lambda\end{bmatrix}\begin{bmatrix}E\\ \lambda^2 E\\ \lambda E\end{bmatrix} = \begin{bmatrix}0\\ E\\ 0\end{bmatrix} \tag{3.38}$$

由式（3.38）可以看出，理想的三相电源不会提供任何负序或零序电压。因此，三相电源可由三序网络表示，其中正序网络电压为 $E_A=E$，负序及零序网络电压为零。

三序网络的电压可用带内阻抗的电压源表示。正序阻抗为 Z_1，正序网络相对于中性点有

$$\boldsymbol{V}_{A1} = \boldsymbol{E}_A - \boldsymbol{I}_{A1}Z_1 \tag{3.39}$$

负序阻抗为 Z_2，负序网络相对于中性点，有

$$\boldsymbol{V}_{A2} = -\boldsymbol{I}_{A2}Z_2 \tag{3.40}$$

负序阻抗为 Z_0，零序网络相对于中性点，有

$$\boldsymbol{V}_{A0} = \boldsymbol{V}_N - \boldsymbol{I}_{A0}Z_0 \tag{3.41}$$

中性点与地之间的阻抗为 Z_n，则有

$$\boldsymbol{V}_N = -[\boldsymbol{I}_A + \boldsymbol{I}_B + \boldsymbol{I}_C]Z_n \tag{3.42}$$

由式（3.35）可得$[I_A+I_B+I_C]=3I_{A0}$，因而由式（3.42）可得

$$\boldsymbol{V}_N = -3\boldsymbol{I}_{A0}Z_n \tag{3.43}$$

将式（3.43）代入式（3.41）有

$$\boldsymbol{V}_{A0} = -\boldsymbol{I}_{A0}(Z_0 + 3Z_n) \tag{3.44}$$

图 3.28 所示为三相电源的三序网络。若电源采用三角形联结或无中性线的星形联结，那么 $Z_0\to\infty$。

对变压器而言，正序与负序阻抗相等。根据变压器一次侧与二次侧的接线情况，零序电流从一次侧送到二次侧，或传递受阻（见表 3.1）。

一旦确定电力系统的各序网络，就可以通过将各序网络进行不同连接来获得

不对称电流。三序网络的连接方式取决于故障类型。

图 3.29 所示为单相接地故障，故障阻抗为 Z_f。

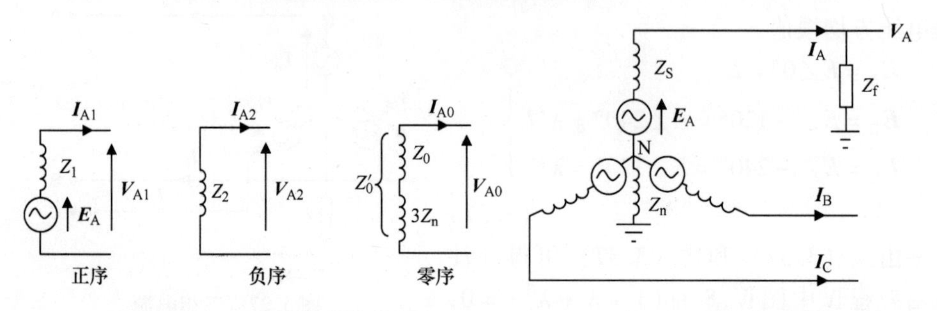

图 3.28　三相电源的序网表示　　　　图 3.29　单相接地故障

表 3.1　零序分量与变压器连接

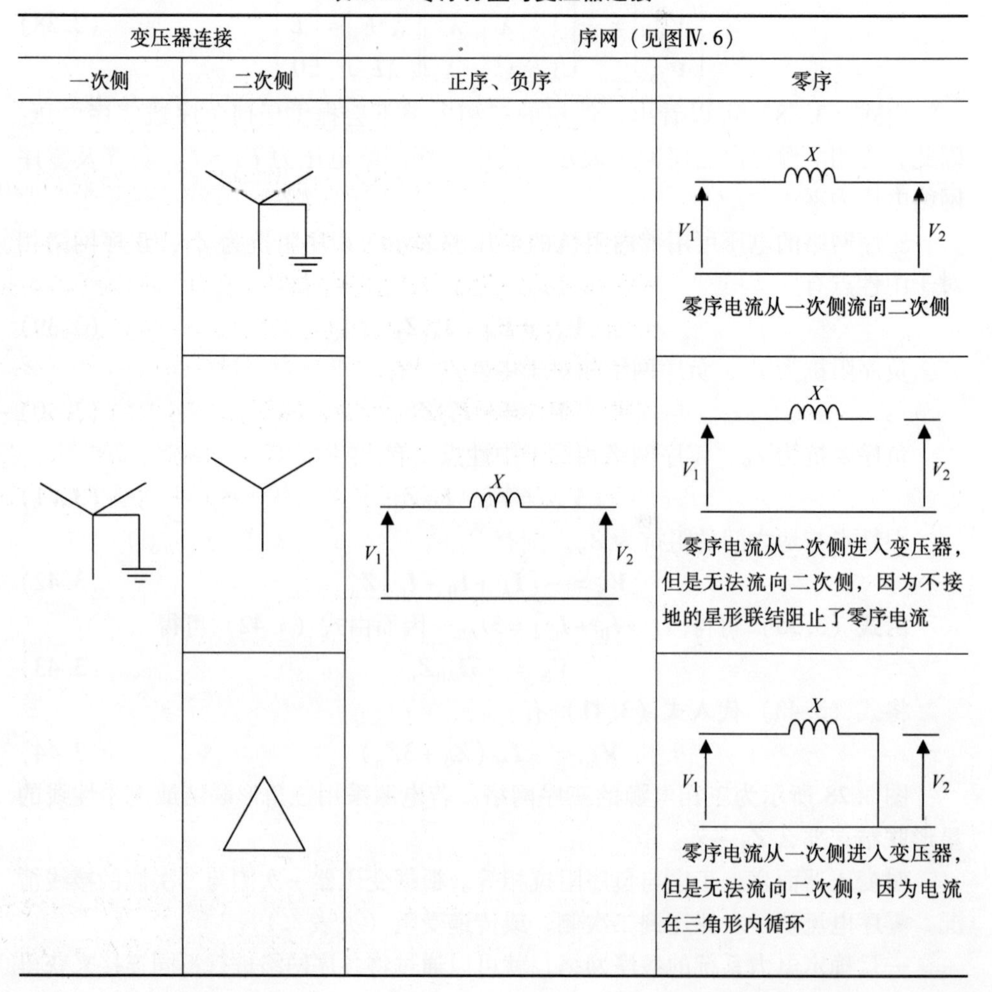

变压器连接		序网（见图Ⅳ.6）	
一次侧	二次侧	正序、负序	零序
星形接地	星形接地	X，V_1，V_2	X，V_1，V_2 零序电流从一次侧流向二次侧
	星形不接地		X，V_1，V_2 零序电流从一次侧进入变压器，但是无法流向二次侧，因为不接地的星形联结阻止了零序电流
	三角形		X，V_1，V_2 零序电流从一次侧进入变压器，但是无法流向二次侧，因为电流在三角形内循环

单相接地故障情况下，只有 A 相中有故障电流，B 和 C 相中故障电流为零。由对称分量法，当 $I_B=I_C=0$ 时，有

$$\begin{bmatrix} \boldsymbol{I}_{A0} \\ \boldsymbol{I}_{A1} \\ \boldsymbol{I}_{A2} \end{bmatrix} = \frac{1}{3}\begin{bmatrix} 1 & 1 & 1 \\ 1 & \lambda & \lambda^2 \\ 1 & \lambda^2 & \lambda \end{bmatrix}\begin{bmatrix} \boldsymbol{I}_A \\ 0 \\ 0 \end{bmatrix} \tag{3.45}$$

$\therefore \boldsymbol{I}_{A0}=\boldsymbol{I}_{A1}=\boldsymbol{I}_{A2}=\frac{1}{3}\boldsymbol{I}_A$

由图 3.29，可得

$$\boldsymbol{V}_A=\boldsymbol{I}_A\boldsymbol{Z}_f \tag{3.46}$$

代入 $\boldsymbol{V}_A$ 和 $\boldsymbol{I}_A$ 的三序对称分量［见（Ⅳ.26）］有

$$\boldsymbol{V}_{A1}+\boldsymbol{V}_{A2}+\boldsymbol{V}_{A0}=[\boldsymbol{I}_{A1}+\boldsymbol{I}_{A2}+\boldsymbol{I}_{A0}]\boldsymbol{Z}_f \tag{3.47}$$

将式（3.45）代入式（3.47）中得：

$$\boldsymbol{V}_{A1}+\boldsymbol{V}_{A2}+\boldsymbol{V}_{A0}=3\boldsymbol{I}_{A0}\boldsymbol{Z}_f \tag{3.48}$$

显然若三序网络采用串联，如图 3.30 所示，可同时满足式（3.45）和式（3.48）。

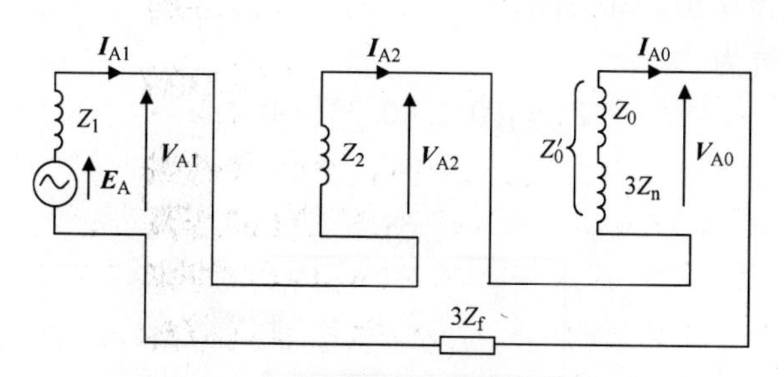

图 3.30　单相接地故障的复合序网图

不同类型故障的复合序网构成见本章附录 A3.1。

算例 3.6

如图所示的电路中，容量基准值取 50MV · A，阻抗各序分量为

	正序	负序	零序
线路	j0.6	j0.6	j1.5
变压器	j0.1	j0.1	j0.1

线路中点发生单相接地故障时，计算故障电流。

33kV电路
400MV·A
电网

答：

正序网络

电网的故障水平为400/50pu = 8pu。

电源阻抗为1/8pu = 0.125pu。

变压器阻抗为0.1pu。

线路阻抗为0.6/2 = 0.3pu。

因此，故障正序总阻抗为

$$Z_1 = j(0.125 + 0.1 + 0.3) = j0.525\text{pu}$$

正序网络如下：

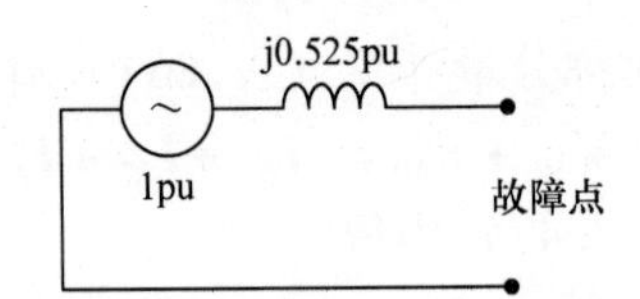

负序网络：

变压器阻抗为0.1pu。

线路阻抗为0.6/2 = 0.3pu。

故障负序总阻抗为

$$Z_2 = j(0.1 + 0.3) = j0.4\text{pu}$$

负序网络如下：

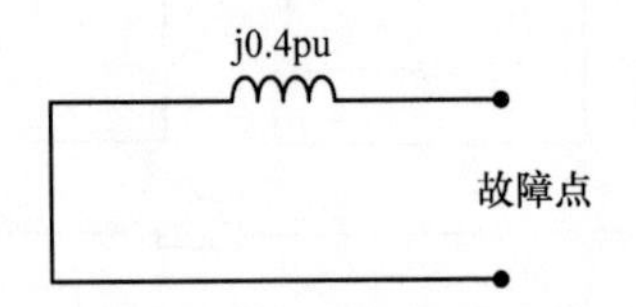

零序网络：

对于零序网络，线路两端接地的情况都要考虑（因为变压器星形连接中心点接地）。因此，零序网络如下：

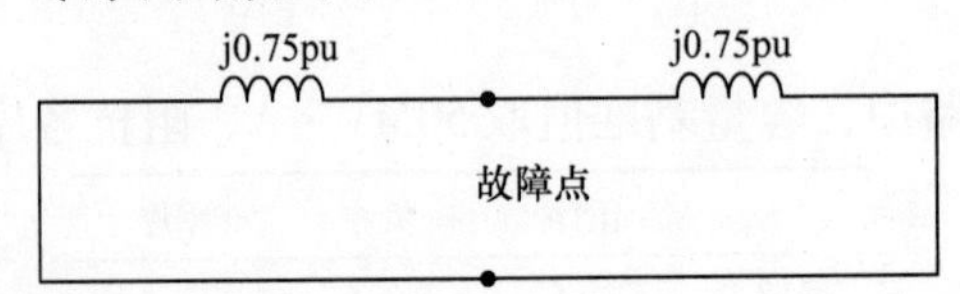

因此，故障零序总阻抗为

$$Z_0 = \frac{j0.5}{2} = j0.375\text{pu}$$

对于单相接地故障，三序网络串联。假设故障阻抗 $Z_f = 0$，则单相接地故障等效电路为

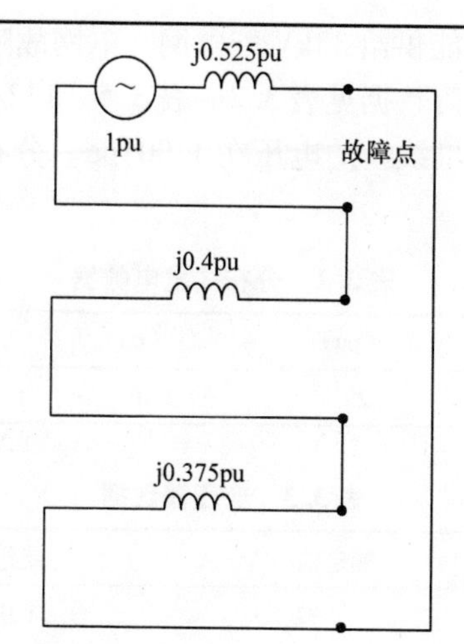

由上图及式（3.45）可得

$$I_{A0}=I_{A1}=I_{A2}=\frac{1}{3}I_A=\frac{1}{0.525+0.4+0.375}=0.77\text{pu}$$

因此，故障电流为 $3\times0.77=2.31$pu。

基准容量取50MW，电压基准值取33kV（线电压），则电流基准值为

$$I_b=\frac{S_b}{3V_b}=\frac{50\times10^6}{3\times(33\times10^3/\sqrt{3})}\text{A}=874.78\text{A}$$

因此，故障电流为 $874.78\text{A}\times2.31=2020.7\text{A}$。

3.4 案例分析

3.4.1 峰值负荷及最小负荷运行方式下的稳态电压分析

图3.31所示为33kV弱电网的一部分。与母线1连接的发电机代表电网，它

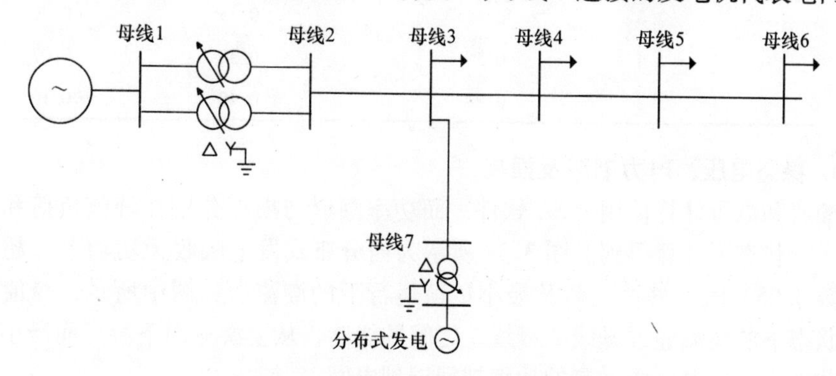

图3.31　含分布式发电的33kV配电系统

将132kV输电系统中的电能供给33kV配电网。电网故障水平是1850MV·A。发电机、变压器、线路及负荷数据见表3.2～表3.5。132/33kV变压器配有一个有载调压分接头，用于保持母线2的电压在1.005pu。分布式发电的无载调压分接头设置为0%。

表3.2 分布式发电数据

名称	功率额定值/MV·A	X_d（pu）	X'_d（pu）	X_q（pu）	T_d/s
DG	8	0.29	0.16	0.29	4.5

表3.3 变压器数据

起始母线	终止母线	额定值/MV·A	绕组	电抗（%）
母线1	Bus 2	31.50	Yd1	10.5
母线7	DG	11.00	Yd1	8.8

表3.4 线路数据

起始母线	终止母线	长度/km	R（pu/km）	X（pu/km）
母线2	母线3	17.2		
母线3	母线4	12.0		
母线3	母线7	0.5	0.016250	0.034435
母线4	母线5	0.8		
母线5	母线6	1.4		

表3.5 负荷数据（所有负荷功率因数滞后）

母线	峰值		最小值	
	P/MW	Q/Mvar	P/MW	Q/Mvar
3	2.0	0.48	0.25	0.06
4	2.0	0.48	0.25	0.06
5	2.4	0.56	0.30	0.07
6	3.2	0.80	0.40	0.10

1. 稳态电压、电力潮流及损耗

潮流和电压计算使用IPSA软件，而功率潮流与损耗分别在峰值负荷和最小负荷运行状态下计算得到。图3.32所示为当分布式发电吸收无功功率（超前功率因数0.95）时，峰值负荷及最小负荷运行下的潮流。如图中所示，峰值负荷运行状态下的潮流经过母线2母线3之间的线路，从上游流向下游。而最小负荷运行状态下，配电网中过剩的功率被回馈到电网。

表 3.6 给出了分布式发电接入前以及分布式发电分别运行于 0.95 滞后功率因数（输出无功功率[⊖]）和 0.95 超前功率因数（吸收无功功率）情况下母线 3、4、5、6 的电压值以及电网损耗。由于电网阻抗较高，峰值负荷运行方式下，分布式发电接入前，某些母线的电压低于限值（6%）。分布式发电接入后减少了母线 2 与 3 之间线路的潮流，从而减少了损耗。当分布式发电运行于单位功率因数，电压分布将得到改善。分布式发电运行于 0.95 滞后功率因数（输出无功功率），电压分布可以得到进一步的改善。而当分布式发电运行于超前功率因数（吸收无功功率）时情况正相反。最小负荷运行方式下，分布式发电接入前，损耗最小且电压分布良好。分布式发电的接入增加了母线的电压且过剩功率反送回电网反而增加了损耗。

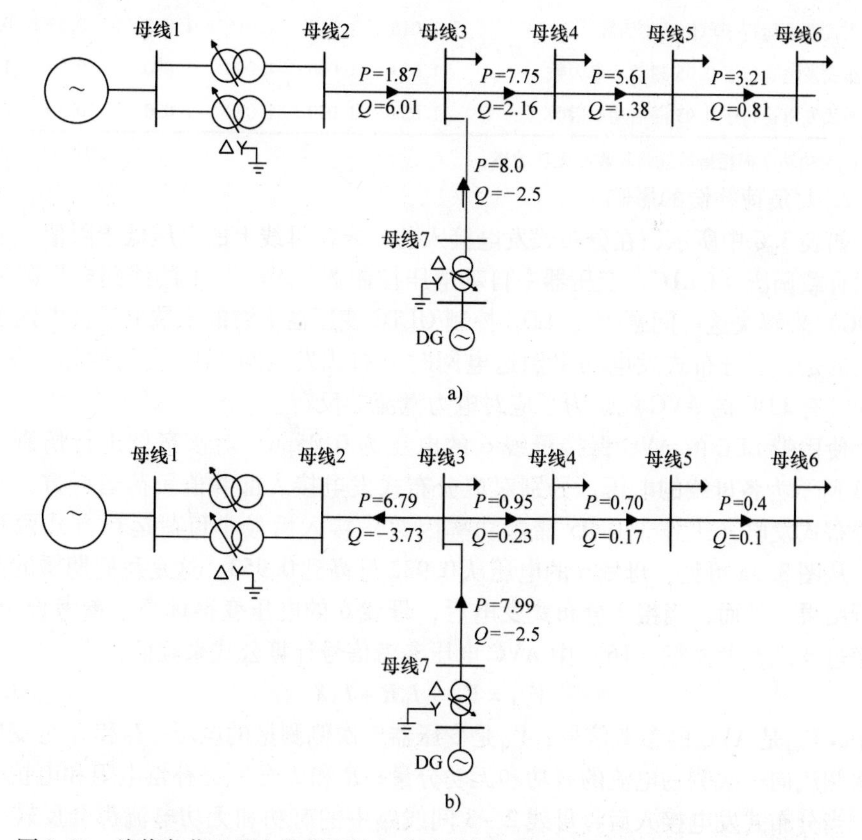

图 3.32 峰值负荷及最小负荷运行方式下的电力潮流（P 单位 MW，Q 单位 Mvar）

a）峰值负荷条件 b）最小负荷条件

⊖ 注意，对于负荷而言，滞后功率因数表法吸收无功功率。

表3.6 8MV·A分布式发电接入母线3电压及损耗分析结果

	电压（pu）				损耗	
	母线3	母线4	母线5	母线6	MW	Mvar①
峰值负荷运行方式						
分布式发电接入前	0.959	0.934	0.933	0.932	0.46	1.15
分布式发电运行于单位功率因数	0.981	0.957	0.956	0.955	0.18	0.94
分布式发电运行于0.95超前功率因数	0.964	0.940	0.939	0.938	0.26	1.25
分布式发电运行于0.95滞后功率因数	0.996	0.973	0.972	0.970	0.15	0.88
最小负荷运行方式						
分布式发电接入前	1.000	0.997	0.997	0.997	0.01	0.02
分布式发电运行于单位功率因数	1.018	1.015	1.015	1.015	0.13	0.85
分布式发电运行于0.95超前功率因数	1.003	1.000	1.000	1.000	0.17	1.04
分布式发电运行于0.95滞后功率因数	1.032	1.030	1.030	1.030	0.14	0.87

① 无功功率损耗指被线路吸收的无功功率。

2. 对负荷补偿的影响

如表3.6中所示，在分布式发电接入前，末端母线上的电压低于限值。通常使用有载调压（OLTC）变压器中自动电压控制器（AVC）上的线路电压降补偿（LDC）来解决这一问题[16]。LDC控制OLTC变压器下游的末端电压。电网公司关注的是，当分布式发电功率倒送电网时分布式发电与LDC之间的相互影响。因为带有LDC的AVC就是为了应对电力潮流的反转。

使用带LDC的AVC保持母线6的电压为0.95pu，对该案例进行仿真。图3.33所示为各母线的电压，分别对应分布式发电接入前峰值负荷运行方式，以及分布式发电（工作于0.95滞后功率因数）接入后最小负荷运行方式两种情况。从图3.3a可见，母线6的电压从0.932升高到0.953，这是我们期望的LDC运行结果。然而，当接入分布式发电后，母线6的电压变得远高于参考设定值，可通过本章参考文献［16］中AVC电压参考信号计算公式来验证：

$$V_{ref}=V_M+I_PR+I_QX \tag{3.49}$$

式中，V_{ref}是AVC的参考信号；V_M是变压器二次侧测量的电压；I_P和I_Q是变压器二次侧流向一次侧的电流的有功和无功分量；R和X分别是补偿电阻和电抗。

当分布式发电接入后，母线2-3间线路中的有功和无功电流都会反转（见图3.3b)，而其他线路中功率与接入前一样（最小负荷运行方式下值较小）。主要的影响来自于2-3线路部分，其中I_P、I_Q、R和X比其他线路部分大得多。该线路中的逆功率加大了AVC的参考设定值。

因此，在本例中，当分布式发电接入其中一条出线时，LDC仍可正常工作。但当接入多回出线或者I_QX项为负值从而复合阻抗为负时，情况可能就不一样了[16]。

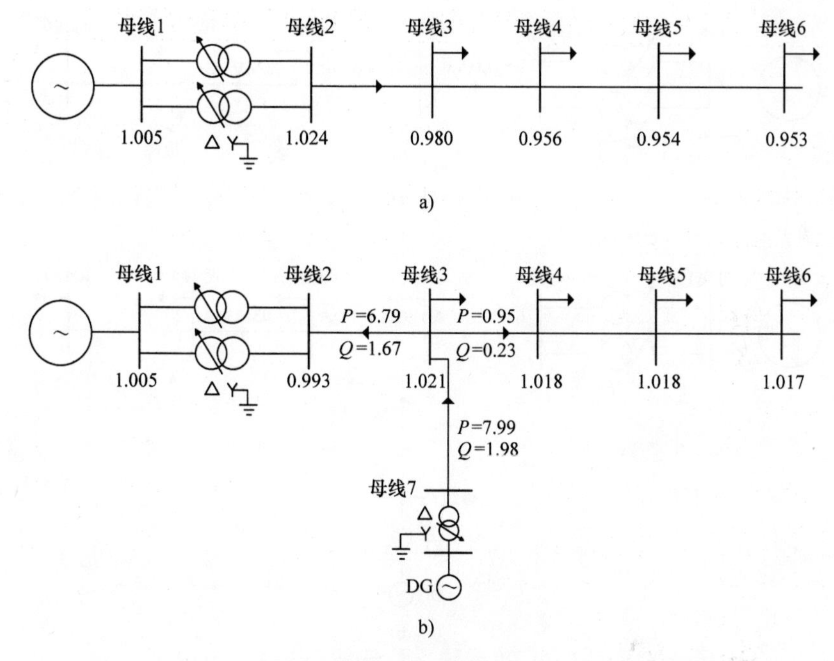

图 3.33 使用 LDC 时的电压（P 的单位为 MW，Q 的单位为 Mvar）

a）分布式发电接入前峰值负荷运行方式

b）分布式发电（工作于 0.95 滞后功率因数）接入后最小负荷运行方式

3. 故障分析

图 3.34 所示为分布式发电接入前后母线 5 处发生三相故障时的故障电流潮流（用 MV · A 表示）。可以看到分布式发电接入后，流过母线 3 和 4 开关装置处的故障电流从 72MV · A 升高到 91MV · A。

3.4.2 电磁暂态分析

在异步发电机功率因数校正中，机械开关电容器的使用方面存在许多困难。如果补偿度接近发电机空负荷无功功率需求，则由于电容器投切不连续，可能产生自励现象。固定并联电容器提供的无功功率随着电网电压有效值降低而降低，因此当发生电网电压凹陷，只有在需要额外无功支撑时，固定电容器提供无功功率的能力才会减弱。传统的静态无功功率补偿器（SVC）使用晶闸管投切电容器，具有类似的电压/无功功率特性[17]。如果无功功率由电力电子补偿器而不是电容器提供，则可以突破这些限制。静止同步补偿器（STATCOM）是一个基于无功功率补偿器的电压源型变流器，用于产生（或吸收）受控的无功功率[17]。它由一个电压源型变流器和一个耦合电抗器组成，其工作原理是在变流器端产生幅值及相位可控的电压，从而通过耦合电抗器与电网交换有功及无功功

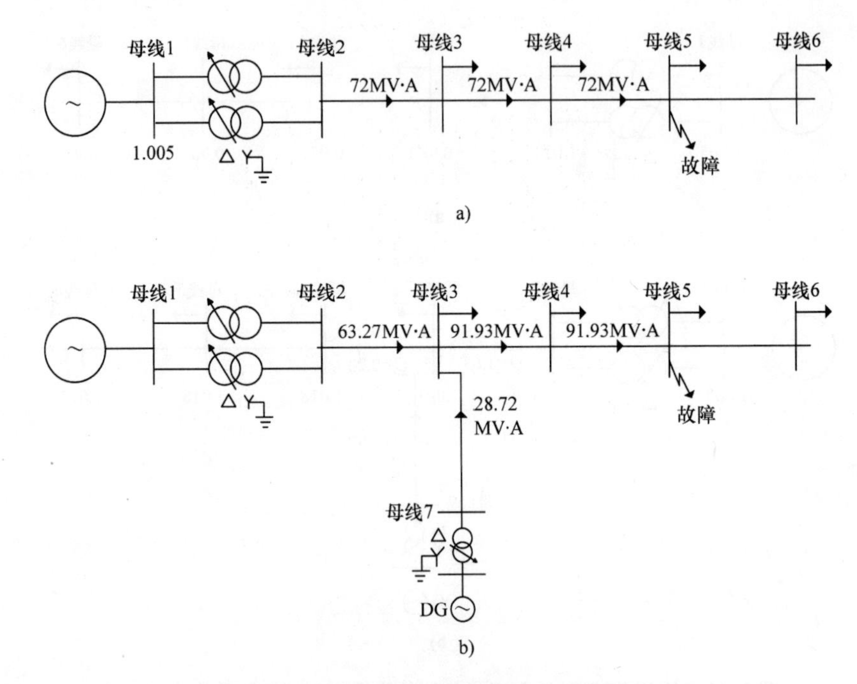

图 3.34 母线 5 发生三相故障时故障电流潮流

a）分布式发电接入前 b）分布式发电接入母线 3

率。正如同步发电机那样，通过变流器输出电压与电网电压之间的相位角来控制有功功率的交换，而通过两个电压的相对幅度来控制无功功率交换。

STATCOM 的 VSC 具有较高的开关频率，输出非正弦电压而且包含谐波。要对这样一个系统精确建模，仅通过解一组代数方程来完成电力潮流及故障计算的软件是不够的。这种类型电路的仿真通常要对一组微分方程进行数值积分，这个过程称为电磁暂态仿真，其仿真的时间步长通常较小。

图 3.35 所示为 STATCOM 电路。电压源逆变器是一个六脉冲 IGBT 变流器，采用空间矢量脉宽调制。使用电磁暂态仿真程序 EMTDC/PSCAD 来对 STATCOM 进行仿真。图 3.36 所示为仿真结果，包括只产生无功功率时 STATCOM 的端电压（V_s），注入电流（I_s）以及流过开关的电流（I_{switch}）。

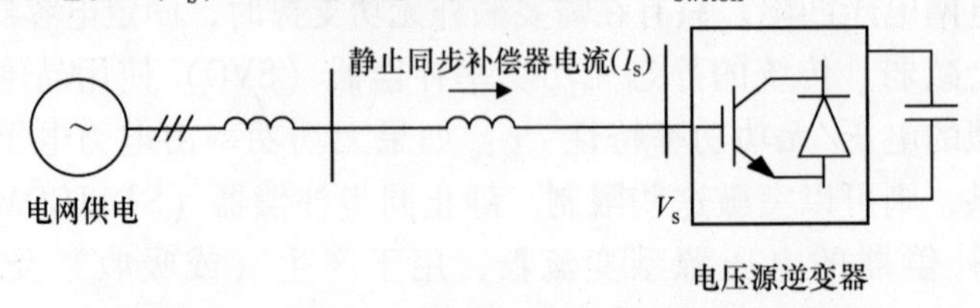

图 3.35 用于仿真的 STATCOM 系统图

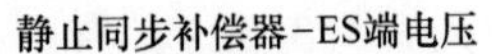

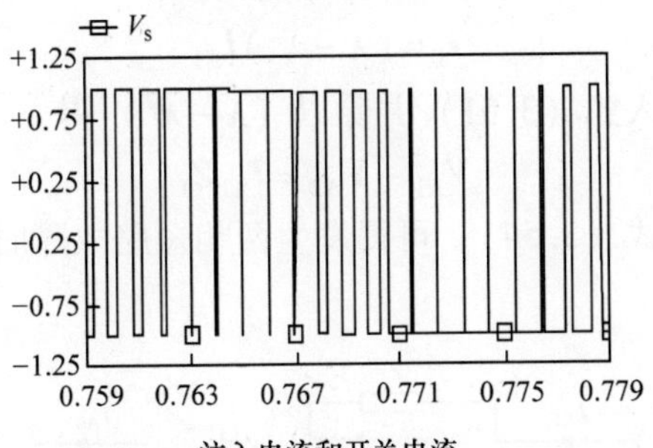

注入电流和开关电流

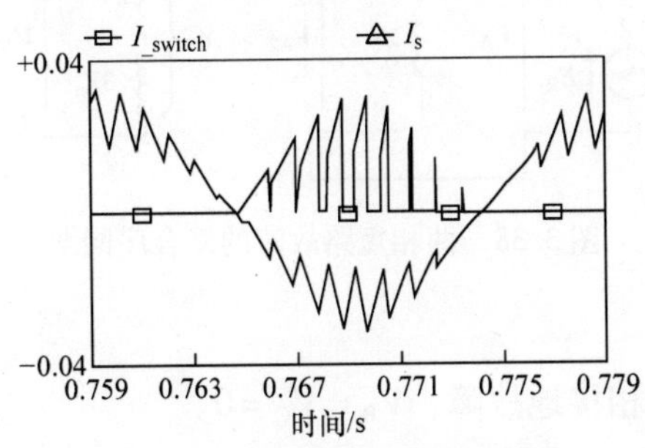

图3.36　STATCOM电压及电流

A3.1　附录：不对称故障

1. 两相短路故障

对于图3.37所示的两相短路故障，$\boldsymbol{I}_{\mathrm{A}}=0$，$\boldsymbol{I}_{\mathrm{B}}=-\boldsymbol{I}_{\mathrm{C}}=\boldsymbol{I}_{\mathrm{f}}$，且$\boldsymbol{V}_{\mathrm{B}}-\boldsymbol{V}_{\mathrm{C}}=\boldsymbol{I}_{\mathrm{f}}\boldsymbol{Z}_{\mathrm{f}}$。

由对称分量法可得

$$\begin{bmatrix}\boldsymbol{I}_{\mathrm{A0}}\\ \boldsymbol{I}_{\mathrm{A1}}\\ \boldsymbol{I}_{\mathrm{A2}}\end{bmatrix}=\frac{1}{3}\begin{bmatrix}1 & 1 & 1\\ 1 & \lambda & \lambda^2\\ 1 & \lambda^2 & \lambda\end{bmatrix}\begin{bmatrix}0\\ \boldsymbol{I}_{\mathrm{f}}\\ -\boldsymbol{I}_{\mathrm{f}}\end{bmatrix}$$

$$\therefore \boldsymbol{I}_{\mathrm{A0}}=0 \text{ 且 } \boldsymbol{I}_{\mathrm{A1}}=-\boldsymbol{I}_{\mathrm{A2}} \tag{3.50}$$

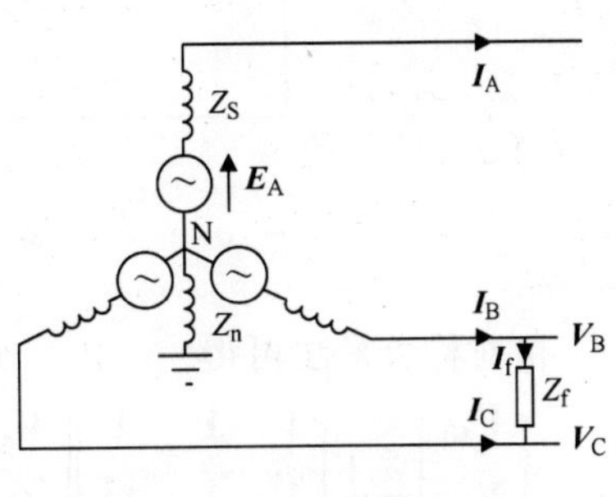

图3.37　两相短路故障

将$\boldsymbol{V}_{\mathrm{B}}$和$\boldsymbol{V}_{\mathrm{C}}$的对称分量代入到式子$\boldsymbol{V}_{\mathrm{B}}-\boldsymbol{V}_{\mathrm{C}}=\boldsymbol{I}_{\mathrm{f}}\boldsymbol{Z}_{\mathrm{f}}$中得

$$\boldsymbol{V}_{\mathrm{A1}}(\lambda^2-\lambda)+\boldsymbol{V}_{\mathrm{A2}}(\lambda-\lambda^2)=\boldsymbol{I}_{\mathrm{f}}\boldsymbol{Z}_{\mathrm{f}} \tag{3.51}$$

因为$\boldsymbol{I}_{\mathrm{B}}=\boldsymbol{I}_{\mathrm{f}}$，由对称分量法可得

$$I_{\mathrm{f}}=I_{\mathrm{A0}}+\lambda I_{\mathrm{A1}}+\lambda^2 I_{\mathrm{A2}} \tag{3.52}$$

将式（3.50）所得结果代入式（3.52），有

$$I_f = (\lambda - \lambda^2) I_{A1} \tag{3.53}$$

将式（3.53）代入式（3.51）并除以（$\lambda - \lambda^2$）得

$$V_{A1} - V_{A2} = I_{A1} Z_f \tag{3.54}$$

由式（3.50）和式（3.54），可得发生两相短路故障时的复合序网图（见图3.38）。

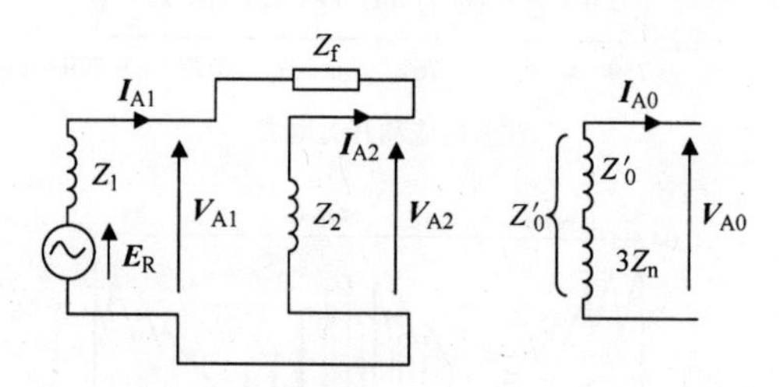

图3.38　两相短路故障的复合序网图

2. 两相接地故障

图3.39所示为两相接地故障，$V_B = V_C = 0$。

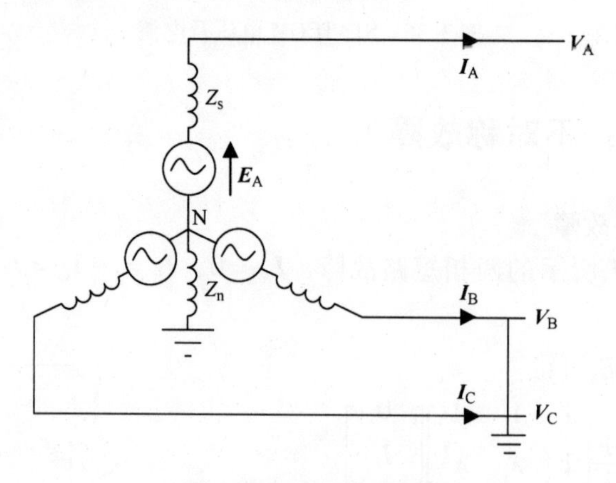

图3.39　两相接地故障

由对称分量法可得

$$\begin{bmatrix} V_{A0} \\ V_{A1} \\ V_{A2} \end{bmatrix} = \frac{1}{3}\begin{bmatrix} 1 & 1 & 1 \\ 1 & \lambda & \lambda^2 \\ 1 & \lambda^2 & \lambda \end{bmatrix}\begin{bmatrix} V_A \\ 0 \\ 0 \end{bmatrix}$$

$$\therefore V_{A0} = V_{A1} = V_{A2} \tag{3.55}$$

按照式（3.55）可得两相接地故障的三序网络连接方式应如图3.40所示。

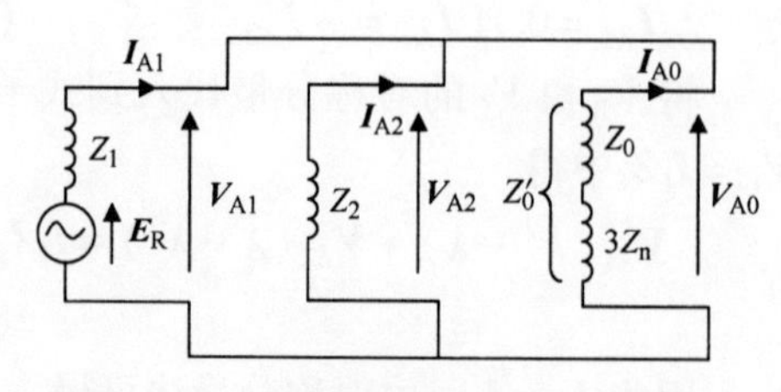

图3.40　两相接地故障的复合序网图

参考文献

1. Chapmen S.J. *Electrical Machinery Fundamentals*. McGraw-Hill; 2005.
2. Hindmarsh J. *Electrical Machines and their Applications*. Pergamon Press; 1970.
3. McPherson G. *An Introduction to Electrical Machines and Transformers*. John Wiley and Sons; 1981.
4. Grainger J.J., Stevenson W.D. *Elements of Power Systems Analysis*. McGraw-Hill; 1994.
5. Weedy B., Cory B.J. *Electric Power Systems*. John Wiley and Sons; 2004.
6. Hurley J.D., Bize L.N., Mummert C.R. 'The adverse effects of excitation system Var and Power Factor controllers'. Paper No. PE-387-EC-1-12-1997. Presented at the IEEE Winter Power Meeting; Florida, 1997.
7. Heier S. *Grid Integration of Wind Energy Conversion Systems*. John Wiley and Sons; 1998.
8. Allan C.L.C. 'Water-turbine driven induction generators'. Proc. IEE, Paper No. 3140S, December 1959.
9. Olimpo Anaya-lara O., Jenkins N., Ekanayake J., Cartwright P., Hughes M. *Wind Energy Generation Modelling and Control*. John Wiley Press; 2009.
10. Burton T., Sharpe D., Jenkins N., Bossanyi E. *Wind Energy Handbook*. John Wiley and Sons; 2001.
11. Kundur P. *Power System Stability and Control*. McGraw-Hill; 1994.
12. Krause P.C., Wasynczuk O., Shudhoff S.D. *Analysis of Electric Machinery and Drive System*. John Wiley Press; 2002.
13. Ekanayake J.B., Holdsworth L., Jenkins N. 'Control of DFIG wind turbines'. *Power Engineer*. 2003;**17**(1):28–32.
14. National Grid Company plc. The Grid Code. Issue 3, Revision 25, 1 February 2008.
15. Anderson P.M. *Analysis of Faulted Power Systems*. IEEE Press; 1995.
16. Hingorani N.G., Gyugyi L. *Understanding FACTS: Concepts and Technology of Flexible AC Transmission Systems*. Wiley-IEEE Press; 1999.
17. Thomson M. 'Automatic voltage-control relays and embedded generation. Part II'. *Power Engineering Journal [see also Power Engineer]*. 2000;**14**(3):93–99.

第4章　故障电流和电气保护

黑山风力发电厂，苏格兰小镇邓斯，28.6MW［RES］

4.1　引言

由于绝缘击穿导致的电气故障对任何电力系统来说都是不可避免的。故障原因可能是机械设备损坏或绝缘部件老化。故障发生后，电气保护系统通过操作断路器来迅速隔离故障设备。分布式发电系统必须防止内部电气故障引起的故障电流由电网流向分布式发电系统；反之，配电网则需要防止来自分布式发电系统的故障电流。一般不允许较小的分布式发电系统孤岛运行，因此用于孤岛检测的保护系统会在检测到孤岛运行状态后切断发电机与电网的连接。还要注意的是，配电网中分布式发电系统可能会以不易察觉的微小方式改变网络中故障电流的流动，从而导致配电网传统的电气保护系统的误动作。

当电力系统出现绝缘故障和短路[1]故障时，产生的过电流可能会高达 20 倍负荷电流。这种大电流有可能进一步损坏故障设备，也可能损坏其流过的其他设备。大的故障电流可能会产生火灾或危险电压，因此其持续时间一般不允许超过 1～2s。电气保护用于迅速隔离系统的故障部分，同时尽量维持正常部分的工作，以确保对用户供电的影响降至最低。较大的短路电流会影响电力系统的运行，尤其是它造成的电压降低，因而隔离故障既是为了维持电压品质也是为了维持系统稳定性。

针对设备的保护和配电网的保护，人们制定了不同的方案。一般我们将配电网络划分为许多区域以便于辨别，确保故障发生时被隔离的区域最小。大部分配电网保护系统的设计是针对故障电流的，这些电流一般由集中式发电机组提供。这些发电机组在电气连接上远离配电系统故障区域，因而故障电流的大小主要是由输配电网络的阻抗决定。在传统的配电网保护设计中，故障电流有明确的来源并易于计算。配电网中的分布式发电系统将使故障电流的流动更为复杂，而且这些电流不再仅仅来自于输电网络。此外，配电网中许多新型的分布式发电系统通过电力电子变流器与电网相连，这些变流器提供故障电流的能力由其容量和控制系统决定。

4.2　分布式发电机的故障电流

在电网短路故障中，所有直连的旋转电机（发电机）都会提供故障电流。短路电流过大非常危险，它会导致断路器短路容量过负荷，电缆扭曲变形以及其他装置失常。太小的短路电流也会引发一些问题，因为大部分配电网的保护系统都是通过检测故障中的过电流来工作的，当故障电流太小时，这些保护系统难以准确运作。

配电系统要提供较好的电力品质（如电压随负荷变化的幅度有限），需具有较高的短路水平[2]，能够接近开关等设备的额定短路电流值。这一般常见于市中心与工业厂房中，这些地方保持较高的短路水平，为的是在接入大型负荷或起动大型发动机时，大电流带来的电压变化值最小。如果短路水平已经很高，再加入分布式发电系统可能导致短路水平过高。在这种情况下，分布式发电机不允许接入电网。

使用分布式发电系统的短路电流来快速可靠地检测故障是比较困难的，原因在于故障电流较小时，配电网保护系统的整定值也相对较小且延时较长。一个小

---

[1] “短路”和“故障”在本章中可互换使用。

[2] 短路水平或故障水平指发生短路或故障时的短路/故障电流乘以故障点的标称故障前电压。

型的分布式发电系统，如果其每个机组都有与大型发电机组相同的单位参数，则只会提供与发电机额定容量成比例的故障电流。配电网保护通常是使用有时间延迟的过电流保护，它的定值设定要求故障电流高于线路额定工作电流，这样才能让保护快速动作。因此，我们需要在分布式发电系统的设计方案中充分关注小型发电机提供足够故障电流的能力。

4.2.1 同步发电机

同步发电机在三相故障中产生的故障电流通常由转子结构决定。如果是凸极式发电机，则无论是直轴（安装励磁绕组的轴）还是交轴电抗（同步，暂态和次暂态）都会影响故障电流的产生[1,2]。对隐极式发电机，直轴电抗与交轴电抗值相同，三相故障的故障电流通常具有下式形式：

$$I(t)=E_{\mathrm{F}}\left[\frac{1}{X}+\left(\frac{1}{X'}-\frac{1}{X}\right)\mathrm{e}^{-t/T'}+\left(\frac{1}{X''}-\frac{1}{X'}\right)\mathrm{e}^{-t/T''}\right]\cos(\omega t+\lambda)-\frac{E_{\mathrm{F}}}{X''}\mathrm{e}^{-t/T_{\mathrm{a}}}\cos(\lambda) \tag{4.1}$$

式中，X 是同步电抗；X'是暂态电抗；X''是次暂态电抗；E_{F}是故障前内部电压；T'是暂态短路时间常数；T''是次暂态短路时间常数；T_{a}是电枢时间常数；λ 是时间零点的相位角；ω 是系统角速度。

注意，式（4.1）是以传统形式（教程Ⅱ中1，3~5）书写。次暂态、暂态以及同步电抗用于描述电机在故障后不同时间的表现，它们由对应的时间常数所定义。电枢（DC）时间常数用于描述故障电流中直流分量的衰减。

式（4.1）的最后一项对直流分量进行了描述，它由故障发生的起始角决定。而其余部分则描述了50/60Hz的交流分量。短路时间常数（T'和T''）及电枢时间常数T_{a}不是定值，而取决于故障发生的位置。特别是

$$T_{\mathrm{a}}=\frac{(X''+X_{\mathrm{e}})}{\omega(R_{\mathrm{a}}+R_{\mathrm{e}})} \tag{4.2}$$

式中，X_{e}是外部电抗（到故障点）；R_{e}是外部电阻（到故障点）；R_{a}是电枢电阻。

比起配电线路，同步电机的阻抗具有高得多的 X/R 比。因此，对于电枢时间常数T_{a}，同步电机附近的故障比远离电机处的故障，其直流分量持续时间更长，这在分布式发电项目中需要重点考虑。传统的配电系统是由一些高压电网通过一系列的变压器和线路来完成馈送任务，可以认为这种配电系统的故障电流具有衰减非常快的直流分量，并有一个基本不变的交流分量。相反，靠近发电机或大型发动机的故障具有衰减较慢的直流分量以及逐步衰减的交流分量。IEC 或 BS EN 60909 针对这两种不同的情况推荐了两种不同的计算方法，例如“远离发电机的短路”和“靠近发电机的短路”。《工程建议 G74》[7]也讨论了各种可用于表现这种影响的基于计算机的建模方法。

图 4.1 是一个同步发电机对近端和远端故障不同响应情况的仿真（为清楚起见，仅显示了最大偏移相）。显然近端故障比远端故障的故障电流更大。近端故障的直流分量衰减时间较长，且交流分量也在同时衰减。远端故障的直流分量快速衰减，而交流分量几乎并未随时间增长而减少。当需要切断故障电流时，同步发电机附近的断路器承担了比配电网中断路器更繁重的任务。因此，在安装分布式发电系统时可能会换掉那些在配电网中原本不会在同步发电机附近使用的断路器。

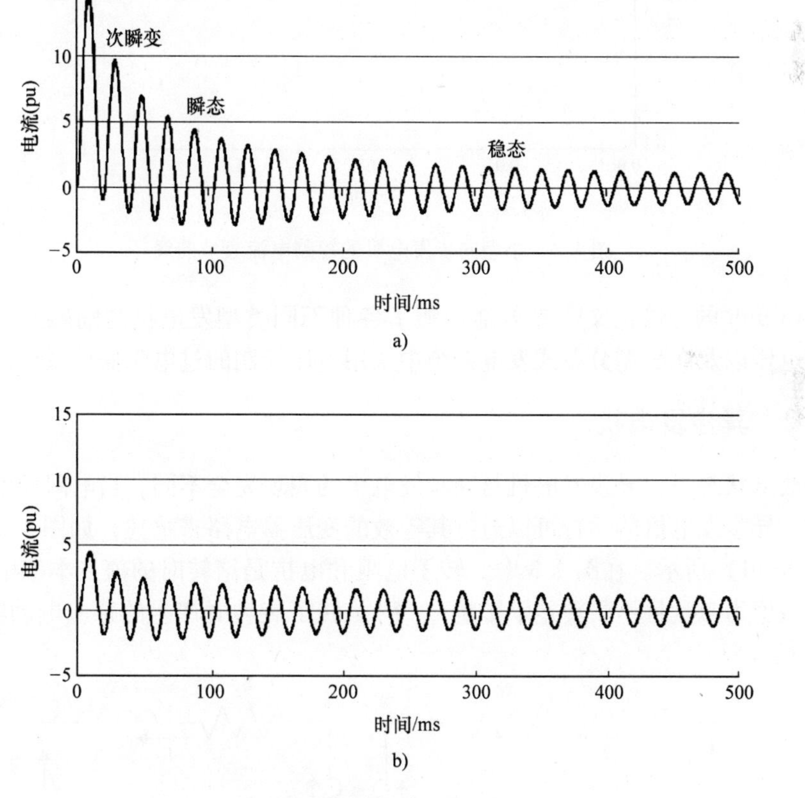

图 4.1　同步发电机的故障电流（最大偏移相）

a）近距离故障　b）远程故障

图 4.2 为制造商提供的典型曲线，用以描述小型同步发电机机端发生三相短路时，产生故障电流的能力。本例中故障电流用方均根值表示，纵轴采用对数刻度。我们看到预期的衰减大约发生在 200ms 处，但之后励磁系统增强了故障电流，达到满负荷输出电流值的三倍［通过增大式（4.1）中的 E_F 来实现］。增强故障电流必不可少，因为配电网保护通常按时间分段，保护系统有效工作需要持续的故障电流。故障电流增强的能力取决于选择的励磁方式。根据不同的发电机设计，想要在机端短路时获得 3 倍标幺值的故障电流，就需要将强励电压增加到

空载额定励磁电压的 8 ~10 倍。

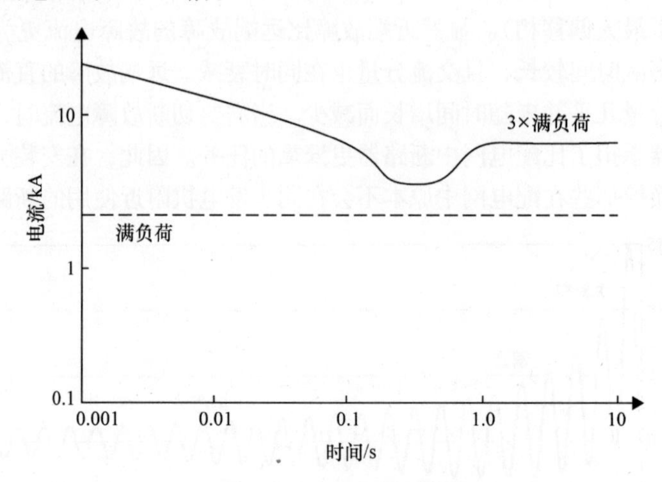

图 4.2 小型同步发电机的短路电流衰减曲线

Griffith 的一篇论文[8]较好地回顾了各种不同类型发电机的励磁方式，包括强励电压以及在小型分布式发电系统中采用电压控制的过电流保护系统的可能。

4.2.2 异步发电机

故障状态下，异步发电机与同步发电机的表现完全不同。当电网发生三相故障时，异步发电机的运行可以通过其等效的变压器电路来描述，如图 4.3（也可见图 II.14）所示。在图 4.3 中，转子电阻和电抗是堵转时的值。本书中我们假定这些值为常量且不受转差率影响㊀。$\boldsymbol{E}_2^{\mathrm{r}}$ 是转子旋转时产生的感应电动势，s 是转差率。

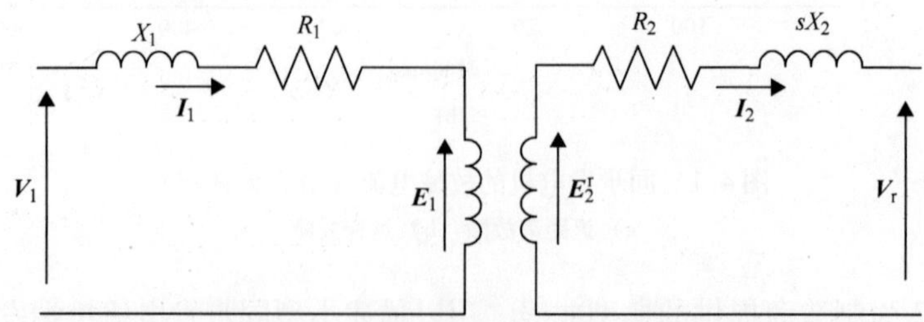

图 4.3 异步发电机的等效电路（按电动机惯例）。笼型异步电机转子短路，则 V_{r} 为零

㊀ 对于单笼型转子结构来说，转子电阻和电抗基本为常量；而对于双笼（深条）型转子结构而言，转子电阻随转差率升高而降低，而转子电抗随转差率升高而升高[9]。正常工作时，转差率很小，大约为 1%，且感应转子电流的频率也较低。因此，电流在整个转子条深度范围内分配以保证较低的电阻和较高的电抗。当转差率接近 1（转子被锁定）时，由于趋肤效应电流集中在转子表面导致电阻升高而电抗下降。

如果电力系统发生故障，端电压 $\boldsymbol{V}_1$ 将会降低（降低的幅度取决于故障点的位置）。在故障瞬间，磁场 ϕ 不会改变，因而 $\boldsymbol{E}_1$ 会保持故障前的值。定子电流流向反转，异步电机进入故障状态。故障电流的大小取决于 $\boldsymbol{E}_1$ 和 $\boldsymbol{V}_1$ 的相对大小及相位。

在正常工作状态或远端故障下（$\boldsymbol{V}_1$ 足够提供励磁电流），定子产生的磁场以角速度 ω_s 旋转。若转子转速为 ω_r，转子导体与定子磁场间有相对运动，其值为 $\omega_s - \omega_r = s\omega_s$。转子感应电动势的大小由下式给出：

$$\boldsymbol{E}_2^r = s\omega_s \phi k \tag{4.3}$$

式中，ϕ 是空气间隙处的磁场；k 是比例常数。

转子电流由下式给出：

$$\boldsymbol{I}_2 = \frac{\boldsymbol{E}_2^r}{R_2 + jsX_2} \tag{4.4}$$

当异步电机机端发生三相故障时情况有所不同。故障时 $\boldsymbol{V}_1$ 等于零。磁场 ϕ 在故障瞬间不会减小但会停止旋转。由于转子仍以速度 ω_r 旋转，因此转子导体与磁场间的相对转速等于 ω_r。转子的感应电动势由下式给出[9,11]：

$$\boldsymbol{E}_{2\_fault}^r = \omega_r \phi k \tag{4.5}$$

由于转子感应电动势频率为 $\omega_r/2\pi$，因此转子电抗为 $(\omega_r/\omega_s)X_2$（堵转值 X_2 是以同步频率为 $\omega_s/2\pi$ 计算的）。所以故障时转子电流由下式给出：

$$\boldsymbol{I}_{2\_fault} = \frac{\boldsymbol{E}_{2\_fault}^r}{R_2 + j(\omega_r/\omega_s)X_2} \tag{4.6}$$

根据式（4.3）~式（4.6）和 $\omega_r/\omega_s \approx 1$，有

$$\frac{\boldsymbol{I}_{2\_fault}}{\boldsymbol{I}_2} \approx \frac{1/s}{1 + j(X_2/R_2)} \tag{4.7}$$

利用式（4.7），对一个2MW的异步发电机进行计算，其中 $R_2 = 0.0055$pu，$X_2 = 0.1$pu，以1%转差率工作时故障电流（故障后瞬间）大小是额定电流值的5.5倍。然而由于没有无功电源来维持励磁电流，磁场将会消失且故障电流会衰减为零。图4.4是对2MW，690V异步发电机的单相仿真，我们可以看出故障电流在100~200ms内迅速衰减。

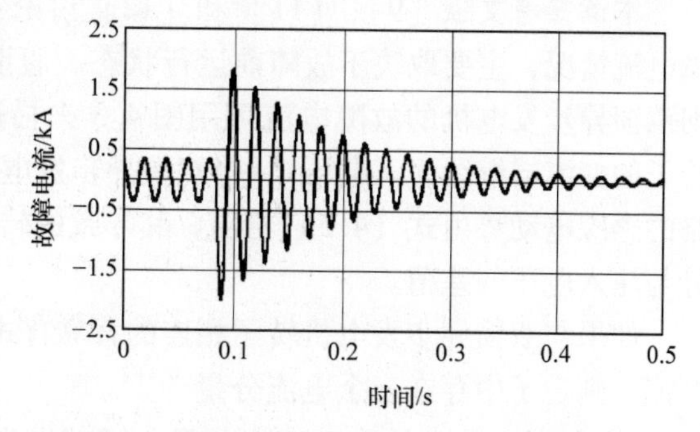

图4.4　异步发电机机端发生三相故障时的故障电流（最小直流偏移相）

类似于式（4.1）的表达式可用于异步发电机机端发生三相故障时产生的故障电流。然而由于数据采集困难，该式可简化为

$$I(t)=\frac{V_1}{X''}[\cos(\omega t+\lambda)e^{-t/T''}+\cos(\lambda)e^{-t/T_a}] \tag{4.8}$$

式中（电阻和电抗见图 II. 15）

$$X''=X_1+\frac{X'_2X_m}{X'_2+X_m}$$

$$T''=\frac{X''}{\omega R'_2}$$

$$T_a=\frac{X''}{\omega R_1}$$

V_1是电网电压（考虑到电压会受不同时间地点，变压器抽头的改变，忽略负荷和电容，发电机及电动机瞬时工作状态等一系列因素的影响而变化，我们通常使用一个安全系数来增大这个值[7]）。

$$\omega=(1-s)\omega_s\approx\omega_s(\text{当 } s \text{ 足够小时})$$

X'_2和R'_2是归算到定子侧的转子电抗及电阻。

对于同步发电机来说，所有涉及的外部阻抗都必须计入定子阻抗。

电网的非对称故障可能会引起来自异步发电机的持续故障电流，并且某些情况下非对称相的故障电流会升高。我们需要一个合适的计算机仿真结果来准确描述异步发电机在持续非对称故障下的表现。

异步发电机提供的故障电流通常不受任何继电保护操作的影响。因此，当一个连接异步发电机的配电系统发生故障时，电网电源产生的故障电流触发配电系统过电流保护动作，此时发电机被隔离，引起过电压、过频或失电保护，从而会使本地断路器和原动机跳闸。利用电压、频率或超速保护使发电机跳闸是必要的，因为异步电机无法提供可靠持续的故障电流。

4.2.3 双馈异步发电机

本章参考文献［9］、［11］和［12］讨论了双馈异步发电机（DFIG）的故障电流情况，主要取决于故障前运行状态。假设转子注入电压在故障瞬间不变，则双馈异步发电机的故障电流可用图 4.3 来描述（此例中转子并不短路而连接转子的变流器继续注入电压）。当双馈异步发电机机端发生三相短路时，转子电路的感应电动势由式（4.5）给出，其导致的转子故障电流取决于转子感应电动势与注入电压的差值。

如果与双馈异步发电机转子相连的背靠背式电力电子变流器能产生较大故障电流，则定子中存在三个电流分量[9,11]。

1）转子电路中的一个直流分量，衰减发生于时间常数 $T''=X_2''/\omega R'_2$处［其中 $X''_2=X_2+(X_1X_m/X_1+X_m)$而 R'_2是归算到定子侧的转子电阻］。电流产生的磁场随转子旋转，并在定子中产生了交变电流。

2）定子电路中的一个直流分量，衰减发生于时间常数 $T''_a = X''_1/\omega R_1$ 处［其中 $X''_1 = X_1 + (X_2 X_m / X_2 + X_m)$］。

3）转子变流器提供的电压产生一个持续电流［式(4.9)中的 $I_m\cos(\omega t+\lambda)$ 项］。

因此，类似于式（4.8）的表达式可用于拥有高功率变流器[9,11]的双馈异步发电机：

$$I(t) = \frac{V_1}{X''}\left[\frac{X_m^2}{X_1 X_2}\cos(\omega t+\lambda)\mathrm{e}^{-t/T''} + \cos(\lambda)\mathrm{e}^{-t/T_a}\right] + I_m\cos(\omega t+\lambda) \quad (4.9)$$

式中，$\omega = (1-s)\omega_s$；s 取决于故障前运行状态，一般在 $-0.2 \sim +0.4$ 之间，具体值取决于风轮机设计。

当双馈异步发电机运行时的定值机械转矩 $T_m = 1.0\text{pu}$，且三相故障发生在 $t = 10\text{s}$时，定子和转子电流的仿真如图 4.5 所示。

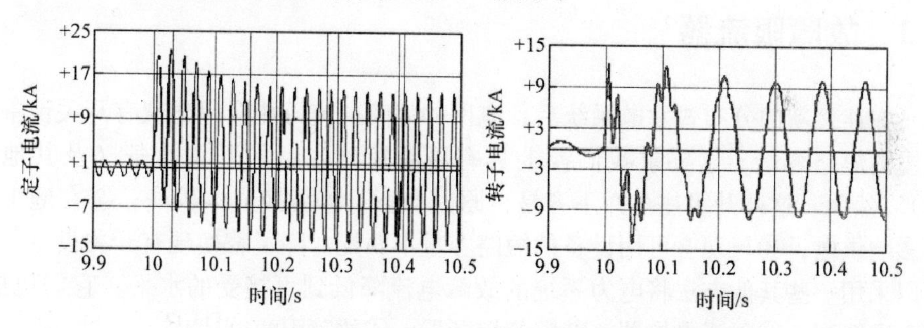

图 4.5　无 Crowb 电路的双馈异步发电机故障电流的仿真

双馈异步发电机变流器只能承受有限的过载电流，因此，转子电路中不允许流过太大的电流。为了保护电力电子变流器，我们使用 Crowb 电路，通过一个阻抗来使转子短路，之后双馈异步发电机的运行就可以看作是一个转子阻抗增加的异步发电机（转子阻抗加 Crowb 阻抗）。因此，式（4.8）可用于双馈异步发电机的故障电流，只要增加 R'_2 或 X'_2（这取决于 Crowb 阻抗，但通常 Crowb 电路使用一个电阻器），并且 $\omega = (1-s)\omega_s$。

4.2.4　通过电力电子变流器连接的发电机

IEC/BS EN 60909[7]规定，必须考虑可反复运行的电力电子电机驱动器的影响，因为它们对初始的短路电流有帮助，但持续的短路电流可以不考虑它。它们被视为一个等效的电机，堵转电流是额定电流的 3 倍。国际大电网会议（CIGRE）在一份针对分散式发电的报告[14]中指出，建议使故障电流等于额定电流。

在产生故障电流时，发电机/变流器的表现取决于它们的电源电路和控制系统。为保护半导体器件不受到较大的瞬时故障电流影响，通常使用一个瞬时过电流保护元件[15]。当故障电流达到了过电流跳闸水平，过电流保护会在几微秒内启动。因此，连有变流器的分布式发电机产生的故障电流很小。如果一个变流器的电源电路由晶闸管构成（电流源型变流器），则其产生的故障电流在最初几个周期内可能达到额定电流值的 2 ~ 3 倍。如果变流器是基于绝缘栅双极型晶体管（IGBT）的（电压源型变流器），则其产生的故障电流一般不会高于额定值的 120%。然而，有些基于电压源型变流器的系统可以在短时间内提供 2 ~ 3 倍于额定值的电流。

由于电压源型变流器在非对称故障下连续工作，控制系统（包括锁相回路）必须具有较强的鲁棒性。用于小型分布式发电系统的简易型电压源型变流器难以在电网非对称故障中保持运行。

4.3 故障限流器

在连接新的分布式发电系统后，电网的故障电流可能会超出现有开关设备和电缆的短路容量，这要求我们换上具有更高短路容量的开关设备（及其他设备）。然而，这种升级往往并不容易，原因如下：①替换成本较高；②在施工期间影响供电；③与现有可用设备的短路容量不匹配。除了替换现有开关设备，还可以采用一些其他方法将电力系统的故障电流降低到可接受的水平。它们包括：①电网解列；②限流电抗器；③限流熔断器；④故障限流器[16,17]。

4.3.1 电网解列

如果电网被解列，通常是断开变电站母联断路器，短路电流的产生源将会被隔离，从而增加了到故障点的阻抗，反过来这又降低了故障电流。电网解列的结果是可重复使用的供电路径数量减少，可能导致供电可靠性降低[17]。

4.3.2 限流电抗器

可以在发电机出口处设置串联电抗器，以增加到故障点的阻抗，从而减少故障电流。尽管正常运行中电抗器会造成一些电压降和功率损失，但限流电抗器的安装和维护成本较低，因此仍有一定的应用市场。

4.3.3 限流熔断器

限流熔断器包括两个并联导体，一个主导体和一个并联熔断器。正常运行时，负荷电流流经主导体。故障时，跳闸装置断开主导体，故障电流流向具有较高短路能力的并联熔断器上，从而在一个 50/60Hz 周期时间内限制故障电流的升高[2]。

4.3.4　故障限流器

故障限流器（FCL）在发生故障时阻抗较高，而在正常运行状态下阻抗较低。根据获取所需阻抗特性而采用的技术手段，故障限流器主要可分为以下几类：超导故障限流器（SFCL）[16,18,19]、磁控故障限流器（MFCL）[20,21]以及静态故障限流器[22,23]。

超导故障限流器主要分为电阻型和电感型。电阻型限流器实质上是与电源电路串联的超导体[18,24,25]。超导体在临界温度（T_c）和临界电流密度（J_c）时的电阻率可以忽略不计，而一旦超过这个临界值，材料的电阻率将会急剧上升（常态）。超导体位于“低温箱”的液氮中。液氮温度（77K）下，超导体电阻率可忽略。在发生故障时，当较大故障电流流经超导体，电流密度和超导体温度会迅速升高超过 J_c和 T_c值，使超导体回到常态，即与电源线间产生较高的串联电阻。这个串联电阻能有效抑制故障电流。

电感型超导故障限流器又分为磁屏蔽型和饱和铁心型[18,25]。磁屏蔽型有一个与线路连接的一次铜线绕组（形成单匝二次绕组）和一个铁心。该设备的主绕组缠在超导体圆柱上。因此，超导体通过磁屏蔽来防止一次绕组的磁通进入铁心，这可视为二次侧短路的变压器，从而可以忽略与线路串联的阻抗[18]。当发生故障时，超导体恢复到常态，变压器的一次侧电抗作用于串联线路。

饱和铁心型电感式超导故障限流器和一些磁控故障限流器工作原理本质上是相同的。图 4.6 显示了饱和铁心型电感式超导故障限流器的简单结构。

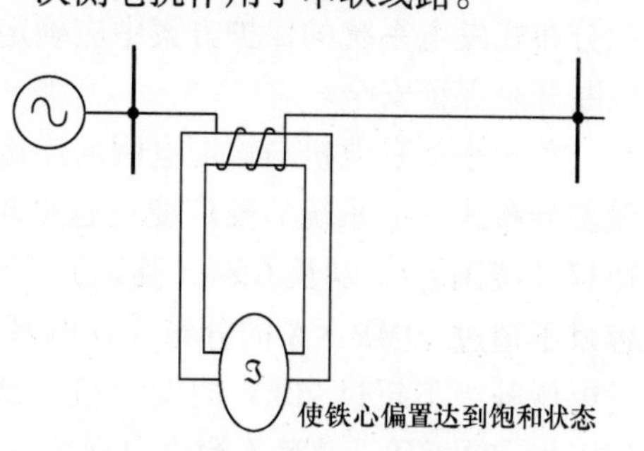

图 4.6　饱和铁心型故障限流器及其工作原理

绕组的磁芯在超导体产生的直流磁场[25]或永磁体[21]作用下偏移到饱和状态。工作电流较低时，该装置对电路提供较低的饱和电感。发生故障时，巨大的故障电流使磁芯脱离饱和状态，使电源电路产生高阻抗。单个铁心只作用于交变电流波形的一半，另一半也需要类似设备，两者都需要进行限流[21]。

静态故障限流器如图 4.7 所示。正常工作时，晶闸管开关为关闭状态，电流流过电抗器 1 和电容器。电容器和电抗器 1 采用相等的电抗值，这样串联阻抗就很小。发生故障时，晶闸管状态为打开，电容器被有效地避开，整个电路的阻抗变大从而起到限制故障电流的作用。

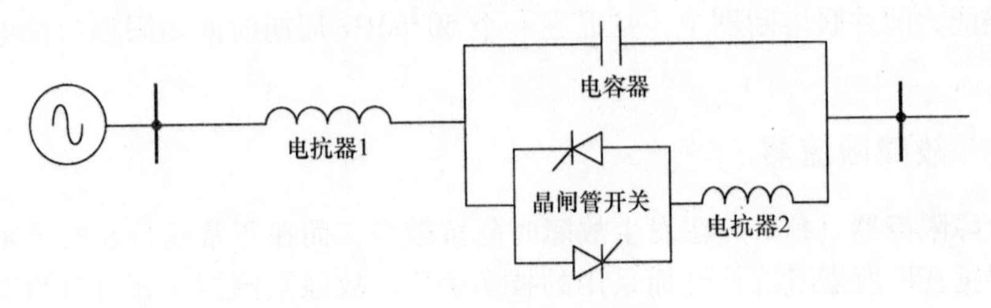

图 4.7 静态故障限流器

4.4 分布式发电的保护

传统电力系统的保护方案考虑的是集中式发电为配电网馈电的情况，因而故障电流总是从较高的电压等级流向较低的电压等级。然而，在引入分布式发电后，集中式发电系统和分布式发电系统都会产生故障电流。这种多方向故障电流要求我们重新规划现有保护的配合情况与作用范围。

配电系统中的故障可能会导致分布式发电系统与一些负荷断开连接，这就产生了一个功率孤岛。由于分布式发电系统中的故障电流可以非常低，因而孤岛状态难以被检测到。另外，根据不同的电网设计，发生孤岛效应时系统的中性线接地可能会失效。这两种情况都不是我们希望看到的。一般来说，功率孤岛的产生会阻碍将自适应重合闸技术应用到配电网，还会给维修人员的安全带来威胁。因此分布式发电系统的保护方案中应确定何时保持连接为主电力系统供电，何时又该断开来保证安全。

关于小型发电机与输配电网的连接，标准中存在一处众所皆知的不一致，且随着分布式发电系统的推广变得越来越重要。小型发电机接入配电网遵循 IEEE 1547（美国）[27] 以及 G59（英国）[28] 的规定。IEEE 1547—2003 适用于所有总容量不超过 10MV · A 的分布式发电系统，而 G59/1 适用于容量为 5MW 或以下且电压等级不超过 20kV 的发电机。这些标准要求分布式发电系统在电网故障（扰动）时断开，并且不允许出现功率孤岛。而对于大型发电机，G75[29] 并不能完全杜绝孤岛运行，且输电网准则要求非常规发电系统（如大型风力发电厂）即使在电网故障时也要保持与输电系统的稳定连接以支持广域电力系统的运行。随着越来越多的小型分布式发电接入电力系统，对电力系统产生了非常重要的影响，因而要求它们在电网发生扰动时不得出现跳闸。目前已有案例说明，在欧洲大陆和英国，由于分布式发电系统断开连接，导致电网故障引起的系统扰动以及缺少集中式发电的问题变得愈加严重。

图 4.8 显示了英国使用的典型配电电路和接地装置[30]。通过对电网中不同

部分的故障进行分析阐明了发电机连接保护策略。

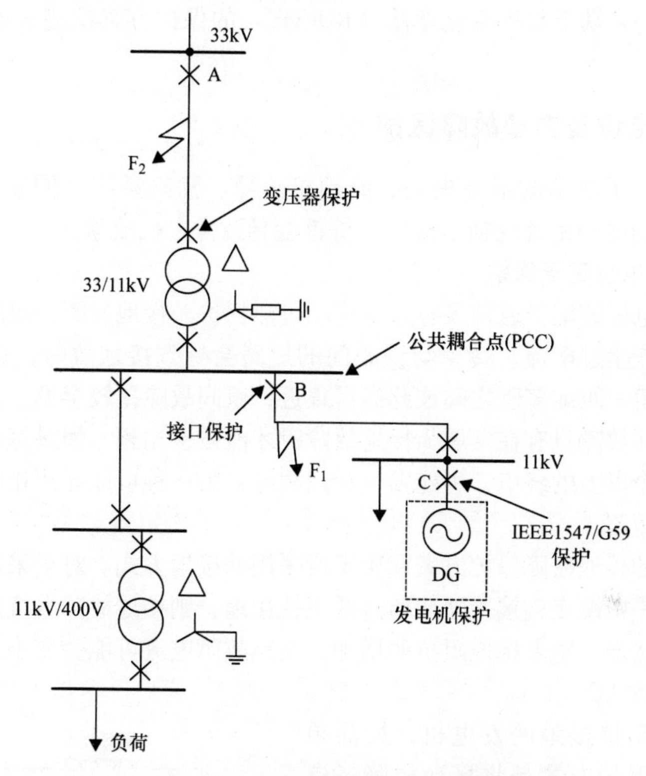

图 4.8　分布式发电机连接到 33kV 电网典型示意图

1）对于分布式发电系统单相故障或接地故障，故障电流从配电网流出，用于故障检测。

2）对于 F_1 处（即在分布式发电系统与配电网之间的接线）故障，断路器 B 会切除来自配电网的故障电流。断路器 C 的过电流保护功能会检测到来自发电机的故障电流并断开发电机的连接。然而，对分布式发电系统故障电流的检测取决于电机类型。如果是同步发电机，故障电流足以使过电流继电器检测到故障；而对于异步发电机，故障电流不足以使过电流继电器检测到故障，必须使用其他方法检测并隔离故障。通常故障发生在 F_1 时，发电机机端电压会降低，此时可使用欠电压继电器来检测故障。然而，如果内部连线过长，则电压降不足以使欠电压继电器检测到故障。F_1 的故障导致发电机无法向配电网馈电，因此，根据周边负载情况的不同，发电机网络（发电机及附属的负荷）的频率会上升或降低，此时可使用频率继电器来检测故障状态并使发电机跳闸。

3）配电网故障将导致分布式发电系统与电网某些部分断开连接，进而导致发电机的孤岛运行或孤岛效应。举例来说，F_2 处的故障会使断路器 A 跳闸，从而使分布式发电系统与电网的一部分处于孤岛状态。这种状态通常是不允许的，我们可使用一种基于频率变化率法（ROCOF）的保护方案检测失电状态并使发电机跳闸。

4.4.1 发电设备内部故障保护

定子或转子绕组的绝缘失效、原动机故障、励磁系统（同步电机）故障、机械故障（如冷却系统或轴承损坏）等都会导致发电机故障。

4.4.1.1 发电机定子保护

小型发电机的定子通常具有过电流和过热保护。接地故障、匝间故障或相间故障都可以产生过电流。转子与铁心间的短路会导致接地故障，这种故障很常见。定子绕组一匝或多匝之间彼此靠得很近，匝间故障比较罕见。在小型发电机中，一个匝间故障只有在发展为接地故障时才能被检测到。如果每个发电机定子槽都带有一个以上的绕组，可能发生相间故障；另一种可能导致相间故障的原因是绕组端部短路。

发电机的接地故障保护方案取决于所采用的接地方式。对于采用星形连接的发电机，如果中性点直接接地或通过低阻抗接地，则接地故障电流近似等于相间故障电流。然而，随着接地阻抗的增加，接地故障电流可能会变小，不足以被过电流继电器检测到。

对于低阻抗接地的发电机，最简单的接地故障保护方式是将接地故障过电流继电器与中线线连接，如图 4.9 所示。接地故障继电器不会受到负荷电流的影响，并且只会检测接地故障的剩余电流。因此继电器的保护整定值为发电机满负荷电流的 20%。

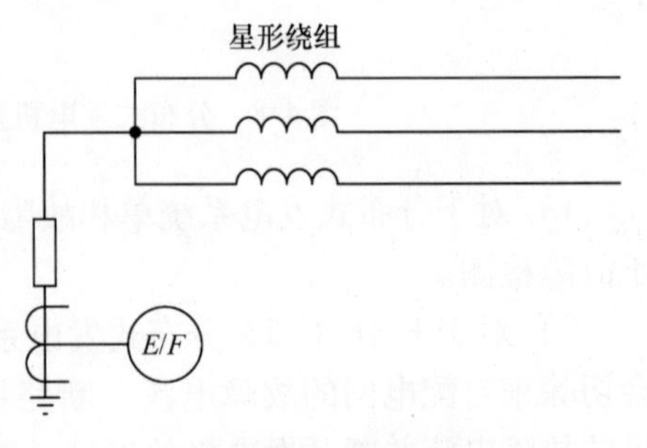

图 4.9　发电机定子的接地故障保护

如图 4.10 所示，使用一个差动继电器（IEEE 继电器类型 87[31]）来检测绕组的接地故障。差动继电器将中性线电流（$\boldsymbol{I}_{\mathrm{N}}$）与三相电流之和（$\boldsymbol{I}_{\mathrm{A}}+\boldsymbol{I}_{\mathrm{B}}+\boldsymbol{I}_{\mathrm{C}}$）相比较。对于非正常工作状态，或故障发生在保护区域（保护区在中性线电流互感器和相电流互感器之间）以外，$\boldsymbol{I}_{\mathrm{A}}+\boldsymbol{I}_{\mathrm{B}}+\boldsymbol{I}_{\mathrm{C}}=\boldsymbol{I}_{\mathrm{N}}$。因而，通过差动继电器的电流为零。如果继电器保护区域内发生接地故障，$\boldsymbol{I}_{\mathrm{A}}+\boldsymbol{I}_{\mathrm{B}}+\boldsymbol{I}_{\mathrm{C}}\neq\boldsymbol{I}_{\mathrm{N}}$且电流流过继电器 87，从而使发电机跳闸。

差动继电器最小动作值应该被设定为能够为尽可能多的绕组检测故障。然而，当设定值低于满负荷电流的 10% 时，外部故障中电流互感器的瞬时饱和或升压变压器的励磁涌流都有可能增加继电器误动作的风险。

对于低阻抗接地而言差动继电器是有效的（见图 4.10），然而，这种方法可能不适用于高阻抗接地。

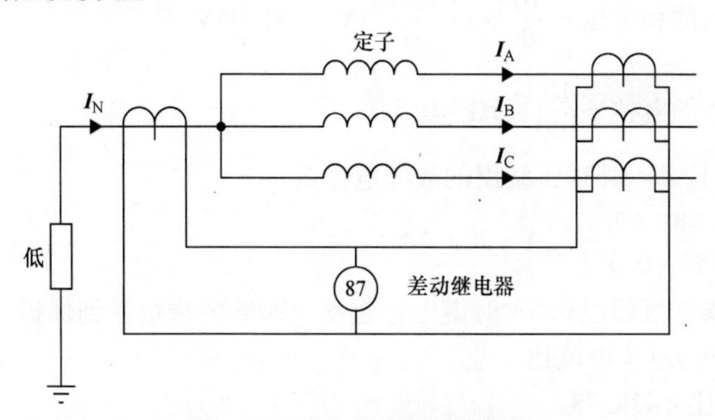

图 4.10　发电机接地故障保护

算例 4.1

一个 6.6kV 的三相交流电机通过一个 1.75Ω 的纯电阻接地。交流电机电抗为 j5Ω/相，并且电阻可忽略。如图 E4.1 所示，采用电流差动保护，继电器设定的工作电流为 0.5A。确定电流互感器电流比，确保能为 90% 的绕组提供保护。在计算所得的电流比下，若接地电阻器的值上升到 3Ω，绕组受保护部分所占的比例又是多少？假设发电机通过采用三角 - 星形联结的变压器连接到电网（发电机侧采用三角形联结）。

答：

采用三角 - 星形联结的变压器阻止了电网中的零序电流流入故障点，因而故障电流在发电机接地点与绕组故障部分之间流通（见图 E4.1）。

因为 90% 的绕组受到保护，则 10% 的定子绕组故障电流低于使继电器工作所需的电流。

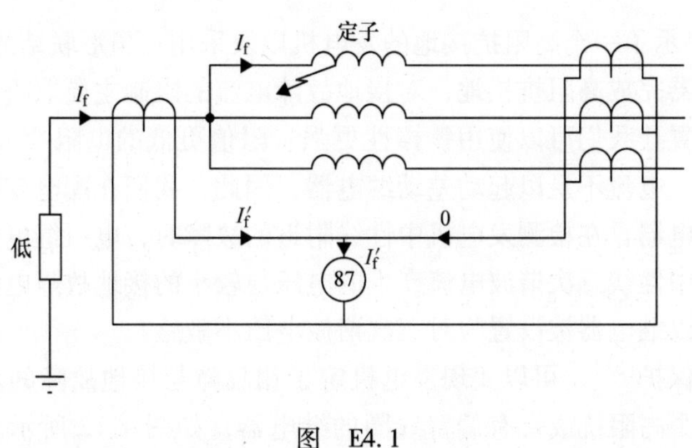

图　E4.1

假设交流电机的电抗及其内部电压是额定值的10%。

$$10\%\text{绕组的相电压} = \frac{10}{100} \times \frac{6.6 \times 10^3}{\sqrt{3}}\text{V} = 381.05\text{V}$$

$$10\%\text{绕组的电抗} = \frac{10}{100} \times 5\Omega = 0.5\Omega$$

由于 $I = V/Z$，则10%绕组的故障电流为

$$I_{\text{f}} = \frac{381.05}{[1.75^2 + 0.5^2]^{1/2}}\text{A} = 209.4\text{A}$$

当中性线电流超过0.5A时继电器起动，90%的绕组受到保护。

$0.5 < 209.4/\text{CT}$ 电流比

CT 电流比 < 418.73

因此选择400/1的CT电流比。

当接地电阻的值上升到3Ω时，假设 $x\%$ 的绕组受到保护，则至少 $(100-x)\%$ 的定子绕组的故障电流大于继电器工作电流。与之前的例子类似有

$$(100-x)\%\text{绕组的相电压} = \frac{(100-x)}{100} \times \frac{6.6 \times 10^3}{\sqrt{3}}\text{V}$$

$$(100-x)\%\text{绕组的电抗} = \frac{(100-x)}{100} \times 5$$

对继电器来说：

$$\frac{((100-x)/100) \times ((6.6 \times 10^3)/\sqrt{3})}{[3^2 + (((100-x)/100) \times 5)^2]^{1/2}} > 0.5 \times 400\text{A}$$

$$x < 83.7$$

这表示当接地阻抗上升到3Ω时只有83.7%的绕组受到保护。

图4.11显示了一个高阻抗接地的发电机以及采用三角形联结的升压变压器。通过配电变压器完成高阻抗接地，对接地故障电流的限制主要取决于负荷电阻的大小。这种配置让我们可以使用鲁棒性更强、阻值更低的电阻[32]。对于发电机的相对地故障，电流不足以起动差动继电器，因此，我们在配电变压器二次侧使用一个电压继电器，在检测发电机中性线附近的故障时，电压继电器采用较低的整定值。因为中性线三次谐波电流产生的电压与较小的接地故障电流产生的电压大小相当，所以继电器被设置为对三次谐波电压不敏感。

通过差动保护[32]，可以实现发电机定子相故障与接地故障的双重保护。差动保护使用一个高阻抗或带有偏置线圈的继电器，如图4.12所示。这两种情况下，继电器都会将输入电流与输出电流进行比较。如果保护范围内发生了两相相

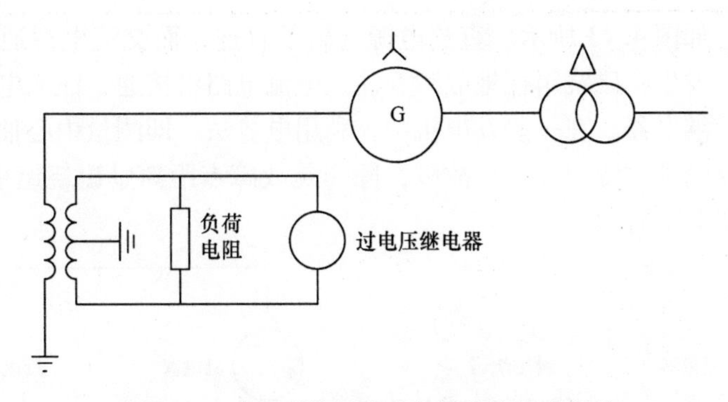

图4.11 高阻抗接地发电机的接地故障保护

间故障或单相对地故障，这两个电流值将不相同，其差值用来起动继电器。高阻抗继电器通常用一个稳定电阻来防止发生误动作。

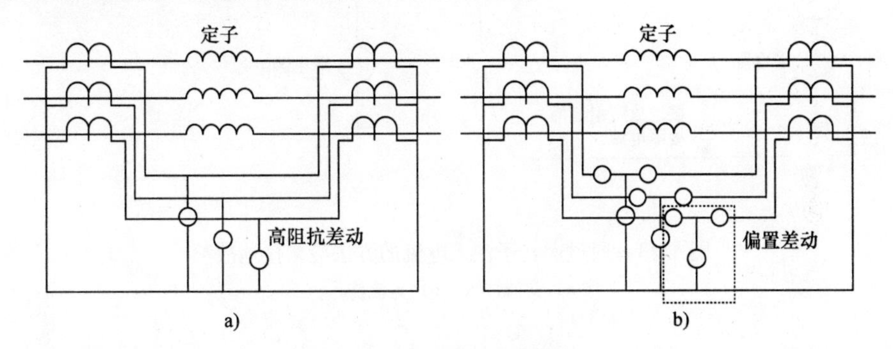

图4.12 发电机差动保护
a）高阻抗差动 b）偏置差动

分布式发电机定子通常都有过热保护机制。由于持续的过载电流或冷却系统的故障，绕组温度可能超过预设值（通常为120℃左右）。定子绕组中内嵌的热传感器可以发出警报或使电机跳闸。检测过热状态时同样会比较冷却液输入与输出温度的差值。对于小型发电机，常使用热继电器，它可以通过测量负荷电流来估测电机的实际温度。

4.4.1.2 发电机转子的保护

同步发电机转子携带不接地的直流励磁绕组，因此转子导体与转子铁心之间的单点故障可能不会被检测到，发电机保持正常运行。但是，第二个接地故障的发生会使转子部分绕组短路，从而使气隙中的磁场畸变。这会导致转子受力不平衡，以及励磁绕组振动或热损坏。防止发电机转子接地故障最好的方法是检测到第一次故障并切断发电机励磁和主断路器。

转子接地故障的检测方法有很多种，其中一种常用的方法是向转子中注入直流或交流电，如图 4. 13 所示。直流电源与转子直连，而交流电源通过电容器连接转子。一旦发生励磁绕组接地故障，注入电流电路将接通，注入电流将流过一个灵敏的电流继电器。在一些发电机中，利用电势法，即测量中心抽头电阻对地电压，可以检测励磁绕组的接地故障，除非是故障点距离励磁绕组中点非常近，否则这种方法会很有效。

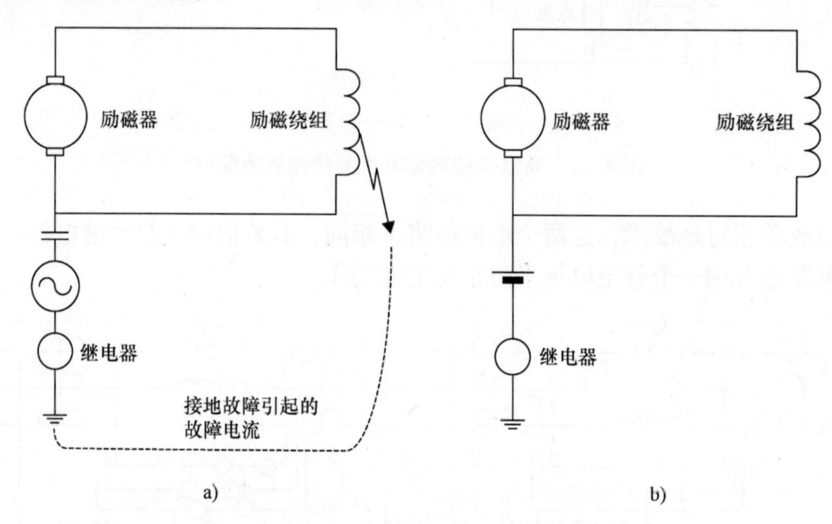

图 4. 13　通过向转子注入电流的方法检测接地故障

a）交流注入　b）直流注入

4. 4. 1. 3　发电机失磁保护

失去励磁会导致转子磁场消失。如果转子中有阻尼绕组，发电机会继续以异步发电机模式工作，其中阻尼绕组产生转子磁场的方式与异步发电机相同。据估计，50MV · A 以下的小型发电机可以以异步电机模式安全运行 3 ~ 5min[33]。根据发电机负载的情况，转子电路中可能流入较大的转差频率电流，这会导致转子过热。若进一步提高输出功率，发电机转差会增加，从而导致失去同步。异步发电机的另一缺点是，它在建立磁场时会吸收大量无功功率。在弱电网中，这会导致周围母线的电压降低，或者导致电压崩溃。

通常使用阻抗或导纳继电器作为失磁保护。考虑这种情况，发电机在机端电压为 $\boldsymbol{V}$ 时提供的视在功率为 $\boldsymbol{S} = P + \mathrm{j}Q$。流过定子绕组的电流为 $\boldsymbol{I} = (P - \mathrm{j}Q)/\boldsymbol{V}^*$。如果阻抗继电器与发电机机端相连，则继电器判定的阻抗为

$$Z = \frac{\boldsymbol{V}}{\boldsymbol{I}} = \frac{\boldsymbol{V}\boldsymbol{V}^*}{P - \mathrm{j}Q} = \frac{V^2(P + \mathrm{j}Q)}{P^2 + Q^2} = \frac{V^2(P + \mathrm{j}Q)}{S^2}$$

$$= \frac{V^2}{S}(\cos\phi + \mathrm{j}\sin\phi)$$

在正常运行状态下，$\cos\phi$ 从滞后 0.9 到超前 0.9 之间变化（这取决于发电机性能），因而 $\sin\phi$ 值很小。然而，当电机由于提供大量无功功率而失去励磁时，$\sin\phi$ 会增加，导致继电器判定的阻抗值改变。这种阻抗值的变化用于检测失磁现象。

4.4.1.4 原动机故障

当原动机发生故障时，发电机可以以电动机模式继续工作。在这种运行状态下，流过透平叶片的蒸汽量减少或冷却系统损坏都可能导致蒸汽透平过热。在发电机驱动系统中，原动机故障可能是机械损坏造成的，而发电机的持续旋转可能会加剧这种情况。在水头较低的水轮机中，持续旋转可能导致叶片出现气穴现象。

因此，通常使用逆功率继电器来保护发电机。然而，功率波动可能会导致继电器误动作，因此在使用灵敏的逆功率继电器时应引入一个延时。驱动发电机组所需的功率取决于其摩擦力，这个值在额定功率的 5% ~25% 之间变化。因此，必须考虑原动机类型及其所带的逆功率，从而确定继电器设定值以及时间延迟。

4.4.1.5 机械系统的保护

发电机保护系统针对的故障包括过速、振动、轴承故障、冷却损失、真空损失等。具体的保护措施包括上报告警、通知操作人员处理故障或手动关闭，以及提供后备保护。例如，若振动是由转子电路中多个接地故障造成的，则转子接地保护系统提供主保护，振动保护系统作为后备保护。

4.4.2 分布式发电机提供故障电流的配电网故障保护

通过一个过电流继电器来检测较大的故障电流从而检测出故障，这是一种常见的方法。然而，对于分布式发电机，故障电流不够大，过电流继电器检测不出。因此，电压的减少，频率的升高或降低以及中性点电压的移位，都被用来检测配电网中分布式发电机产生的故障电流。

4.4.2.1 过电流保护

图 4.14 给出了一种检测相故障的简单方法。大型发电机设计有不同的保护系统为其提供主保护，而这种保护只是发电机内部故障时的一个后备方案。对于小型发电机（低于 1MV · A[32]），这种过电流保护就是主保护方案，它通常用于检测与配电网连接处的故障。为保证该继电器与下游继电器的协同运行，应引入足够的延迟。另外，继电器的动作电流应设定为发电机额定电流的 175%，目的是躲开外部故障排除较慢时出现的暂态电流、大型电动机的起动以及再加速时的电流。

为了获得所需的延时和动作电流，我们通常指定使用 51 型反时限（IDMT）继电器。该继电器有两个调节装置[32]，即

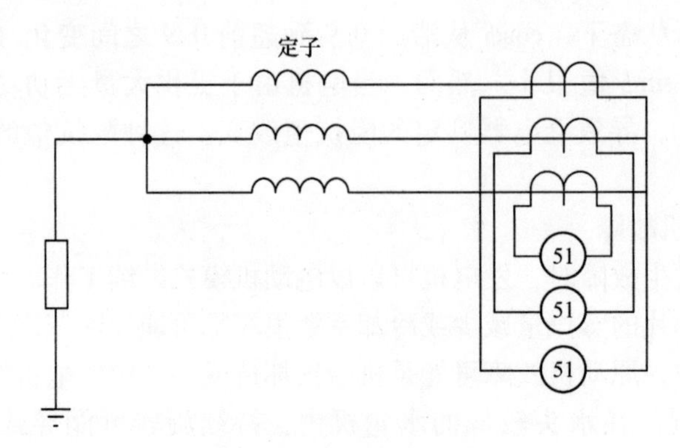

图 4.14 过电流保护

1）调节动作电流设定值，范围为 50% ~200% 之间，每档变化 25%。100% 档位通常对应的是继电器额定电流值。

2）调节设定时间倍数（TMS）以改变继电器动作时间，范围为 0.05 ~0.1s（大多数数字继电器可能有一个更小的值，如 0.025s）。

若继电器的动作电流值设定较高，对于配电网中的许多故障，可能无法起动过电流保护。对于图 4.8 中电网 F_1 处的三相故障，分布式发电系统的故障电流会在大约 500ms 内衰减到 51 型继电器动作值以下，如图 4.15 所示。由于 51 型继电器的时间延迟可能高达 500ms，因此该继电器无法防护三相故障。

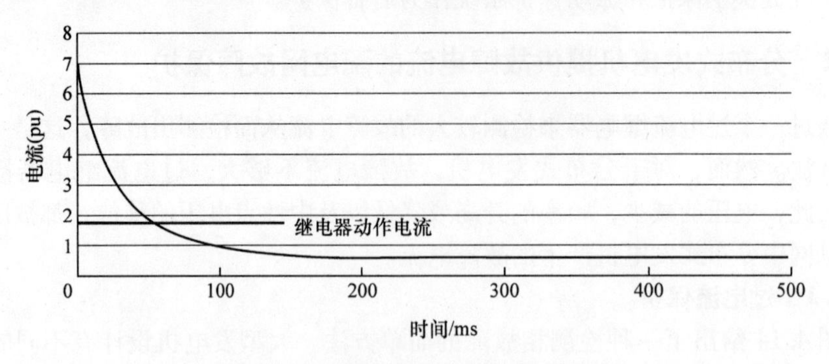

图 4.15 同步发电机故障电流的衰减

在分布式发电系统供电时，我们可以使用电压闭锁的过电流继电器（51VR，51VC 型）来提高过电流继电器的工作性能。电压闭锁过流继电器同时需要电压和电流信号才可正常工作。由于有电压的闭锁，因此允许动作电流低于额定电流。

电压闭锁方案中，动作电流会随电压下降而降低，如图 4.16a 所示。当电压在额定值时，继电器设定动作值较高（I_{pickup1}）。当电压由于故障降低时，继电器动作值也会成比例降低。举例来说，当电压为 25% 或更低时，动作值降低到 $I_{pickup2}$。在电压闭锁方案中，当电压高于预设电压为 60% ~80% 时，设定动作值较高（$I_{pickup3}$）；而低于预设电压时，动作值降低到 $I_{pickup4}$（见图 4.16b）。

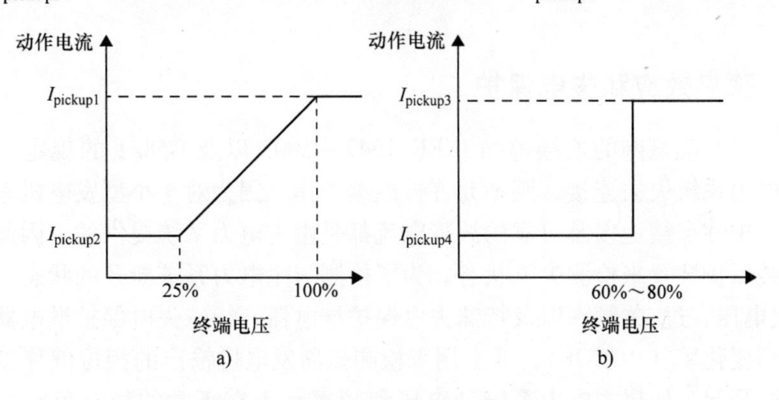

图 4.16 电压闭锁继电器的运行特性

a）抑制电压 b）控制电压

对于图 4.8 所示的电网，F_1 发生三相故障时，继电器 C 判定的电压降到几乎为零。如果使用电压闭锁过流继电器，设定的动作电流（$I_{pickup4}$）是额定值的 50%。正常状态时，由于电压约为 1 pu，$I_{pickup3}$ 可以设定为较高的值（如 175%）。

4.4.2.2 欠/过电压和欠/过频率

非正常工作状态下，例如电力系统故障，部分或全部电网与分布式发电系统（及其负荷）断开连接，还有发电机甩负荷都会导致频率和电压的偏移。在 IEEE 1547 和 G59/1 标准中，这些情况都被定义为非正常工作状态。这种情况下，就需要使用欠/过电压和欠/过频率继电器在这些标准规定的时间内断开分布式发电系统与电网的连接。

除非是自动电压调节器故障或本机孤岛运行，否则发电机持续处于欠/过电压状态很少见。如果分布式发电系统采用异步发电机，并且没有足够的功率因数补偿，就会发生欠电压。

孤岛系统中由于发电与负荷不匹配，会发生欠/过频率现象。发电机附近的电力系统故障会使电网发生电压崩溃，并使发电机停止对外输出功率。之后发电机超速（因输入机械功率保持不变），导致过频并起动继电器工作。这常用于检测孤岛效应。

4.4.2.3 中性点电压偏移

在一个使用阻抗接地或在发生孤岛效应时接地保护失效的 11kV 电网中，电网中单相接地故障会提高系统中性点电压。举例来说，如果系统不接地，则单相接地故障会使中性点电压（对地）升高到等于相对地的电压，接地故障电流为网络中的杂散电容电流，并且它不足以起动过电流接地故障保护。因此我们使用中性点电压偏移保护。中性点电压保护继电器通常接在变压器的开口三角绕组上，正常运行状态下它的电压为零。然而，当发生接地故障时，开口三角电压会上升[32]。

4.4.3 孤岛效应和失电保护

发电机与配电网的连接遵循 IEEE 1547－2003 以及 G58/1 的规定，如果它们与主电力系统失去连接，则不允许再继续工作，因为对于小型发电机来说，其稳定性、中性点接地以及可靠的故障电流都是由主电力系统提供的。因此，我们需要安装保护装置来检测失电状态。为了检测与主电力系统断开的状态，可以使用过/欠电压、过/欠频率以及特殊失电保护继电器。特殊失电保护继电器可用来检测频率变化率（ROCOF），或者用来检测孤岛发电机输出的相位偏移以及相连断路器的开起。如果主电力系统（电压和频率）不在正常的稳态范围内，这种保护机制会阻止分布式发电系统与电网建立连接。

失电保护可采用检测频率变化率的继电器。如果孤岛电网带有的负载超出了发电机的额定功率，则发电机会减速运行，这表现为频率下降。频率变化率是由发电机及其负荷的惯性决定的。通常频率变化率继电器设定值为 0.1～0.2Hz/s。然而，系统中大型发电机失电或接入大型负荷，也会导致类似的频率偏移，从而启动频率变化率继电器。

负荷的突然断开与连接，还有电网故障都会导致分布式发电系统机端电压相位偏离正常运行状态时的值。如图 3.1 所示，如果发电机由带阻抗的电压来描述，则电流变化（ΔI）会造成电压突变，表达式为：$\Delta I\times(R+jX_s)$。图 4.17 显示了高阻抗故障（图 4.8 中 F_1 处）时的相位偏移。

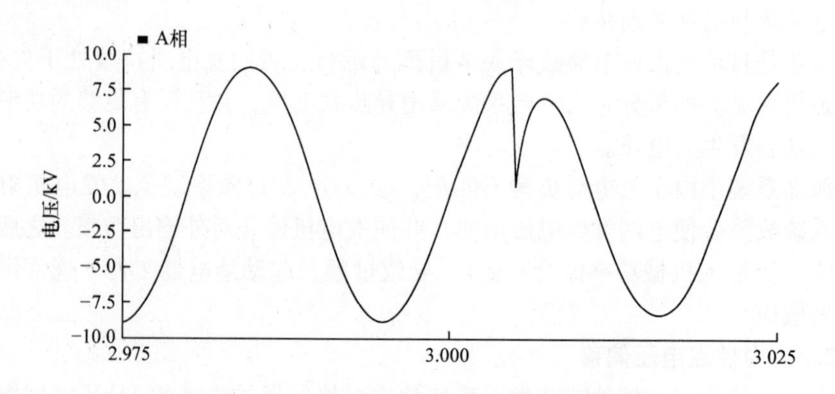

图 4.17　高阻抗故障导致的相位偏移

通常用于检测相位偏移的继电器，其动作设定值为 6°。然而在弱电网中，接入大型负荷或断开与大型发电机的连接都有可能导致超过 6°的相位角变化，此时我们需要调高设定值。

4.5　分布式发电对现有配电网保护装置的影响

4.5.1　相过电流保护

将发电机与配电网相连会影响现有过电流保护装置的工作。例如，分布式发电机额外产生的故障电流可能需要改变电网过电流保护继电器的整定以及电流互感器的电流比。图 4.18 所示系统解释了这种影响。线路、变压器、分布式发电

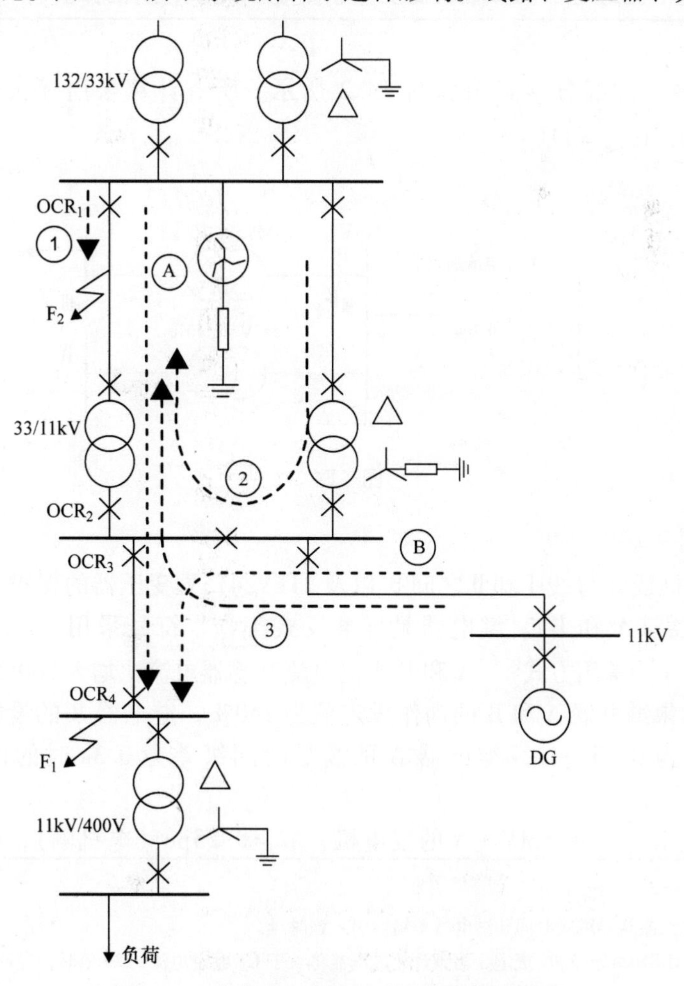

图 4.18　分布式发电机对过电流保护的影响

设备（DG）以及负荷的参数见本章附录。

图4.18中，反时限过电流保护（IDMT）继电器（OCR_1 ~ OCR_4）状态识别系统的初始设定中没有考虑分布式发电。实际应用中，最下游的继电器使用最小的设定时间倍率（TMS）。通过时间级差㊀来计算其他继电器的设定值。有关配电系统过电流继电器分级的详细信息见本章参考文献[32-34]。

对于低阻抗故障而言，在连接分布式发电机后，流过继电器OCR_1的电流保持不变。然而，通过OCR_3和OCR_4的故障电流会因为发电机对故障电流的贡献而增大（见F_1处故障电流通路A和B）。通过故障电流的计算我们可以发现，在连接分布式发电机后，流过OCR_3的最大故障电流从5569A升到6527A。这要求该继电器的电流互感器（CT）电流比从300∶5变为400∶5㊁。一旦电流互感器发生变化，过电流继电器的参数就需要重新整定以提供合适的保护。

算例4.2

配电系统的部分示意图如图E4.2所示。所有计算采用标幺值，S_{base} = 100MV·A，V_{base} = 11kV。

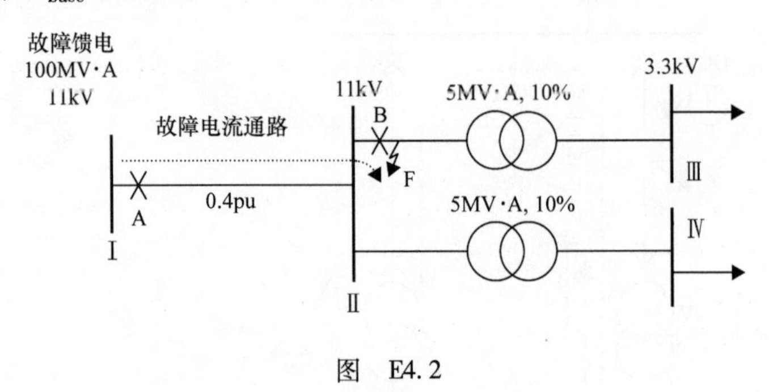

图 E4.2

11kV馈线（母线Ⅰ和Ⅱ之间）以及11kV/415V变压器的保护使用两个反时限继电器（A和B）。继电器是标准反式类型，符号采用$t = 0.14 \times TMS/[PSM^{0.02} - 1]$常用方式㊂。A和B中的电流互感器电流比均为200∶5。

1）如果继电器A和B的动作设定值为150%，继电器B的设定时间倍率（TMS）定为0.05，计算继电器A的满足时间级差为0.3s时的设定时间倍率值。

2）现有一个4.5MV·A的发电机，$X' = 0.25$pu（电机侧），与母线Ⅳ相

㊀ 考虑到断路器跳闸时间和继电器差错而引入该时延。

㊁ 根据IEEE 242-2001规定，当预计故障电流将大于CT额定电流的20倍时，应调整CT电流比。

㊂ PSM为故障电流与动作设定值之比。

连[㊀]。如何制定正确的电流分级保护方案？

1. $S_{\text{base}}=10\text{MV}\cdot\text{A}$，$V_{\text{base}}=11\text{kV}$，因此 $I_{\text{base}}=\dfrac{100\times10^6}{\sqrt{3}\times11\times10^3}\text{A}=5249\text{A}$。

母线Ⅱ的短路电流为 $1/(1+0.4)=0.708\text{pu}=3749\text{A}$

继电器	A	B
F点[㊁]故障时的故障电流	3749A	3749A
CT电流比	200:5	200:5
动作设定值	$1.5\times200\text{A}=300\text{A}$	$1.5\times200\text{A}=300\text{A}$
PSM（故障电流/PS）	$3749/300=12.5$	$3749/300=12.5$
运行时间（TMS=1）	$t=0.14\times1/[12:5^{0:02}-1]2.7\text{s}$	$t=0.14\times1/[12:5^{0:02}-1]2.7\text{s}$

由于继电器B的TMS是0.05，该继电器在F处故障时的实际运行时间为 $0.05\times2.7\text{s}=0.135\text{s}$。

正确分级时，F点故障时继电器B比A至少要早3s起动。

因此，继电器A实际的运行时间 $\geqslant0.3\text{s}+0.135\text{s}=0.435\text{s}$。

由于选择TMS为1时继电器运行时间为2.7s。为了获得更长的运行时间，继电器A的TMS应当不小于 $0.435/2.7=0.16$。

于是，继电器A的TMS值应设定为0.175[㊂]。

2. 当发电机与母线Ⅳ相连时，继电器B判定的故障电流会增加。

变压器电抗为 $0.1\times100/5=2\text{pu}$。

发电机电抗为 $0.25\times100/4.5=5.6\text{pu}$。

发电机的标幺制等效电路如图E4.3所示。

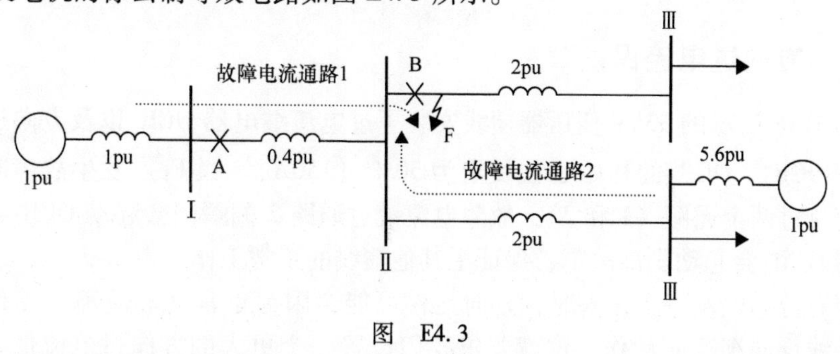

图　E4.3

㊀ 由于IDMT继电器存在时延，因此引入了瞬时电抗 X_0。

㊁ F点与母线Ⅱ处于同一个变电站，因此两者的故障电流相等。

㊂ 对于数字继电器，TMS值的步进为0.025，那么0.175便是最接近0.16的值。如果TMS值设置为0.15，便无法达到所需的分级裕度。

由于F点的故障，短路电流流过的两个通路阻抗分别为1.4pu(1+0.4)和7.6pu(2+5.6)。在计算短路电流时，它们的并联等效阻抗为1.18pu。因此，短路电流为1/1.18=0.85pu=4440A。

由于短路电流除以20大于B中电流互感器的额定值，因此我们需要选择更高额定值的电流互感器（IEEE242—2001）。

现在B中选择电流比为300:5的电流互感器。F处新的故障电流以及电流互感器电流比的改变要求我们重新计算继电器A的TMS值以满足时间级差为0.3s。

继电器	A	B
F故障时的故障电流	3749A	4450A
CT电流比	200:5	300:5
动作设定值	1.5×200A=300A	1.0×300A=300A[⊖]
PSM（故障电流/PS）	3749/300=12.5	4450300=14.8
运行时间（TMS=1）	$t=0.14\times1/[12:5^{0:02}-1]2.7s$	$t=0.14\times1/[14:8^{0:02}-1]2.5s$

对F点故障继电器B的实际运行时间为0.05×2.5s=0.125s。

A的实际运行时间≥0.3s+0.125s=0.425s。

由于选择TMS=1时继电器运行时间为2.7s。为了获得更长的运行时间，继电器A的TMS应当不小于(0.425/2.7)s=0.157s。

继电器B的设定时间倍率不需要改变。

4.5.2 方向过电流保护

图4.18所示的33kV变压器馈线安装了过电流继电器OCR_1以及方向过电流继电器OCR_2。OCR_2的初始参数设定为50%（150A）。当F_1点发生故障时，故障电流流过两个通路（1和2）。故障电流流过通路2的瞬间会起动OCR_2，之后继电器OCR_1会起动隔离故障，保证了其他馈线的正常工作。

当有分布式发电机接入时，方向元件可能会因为正常（非故障）工作状态下的馈线反向潮流而动作。这就要求我们设置一个更大的方向过电流值。例如7MW发电机在轻负荷状态（满负荷的10%）下，通过OCR_2的反向电流大约为180A。这要求我们增大继电器的电流设定值，这会降低继电器对反向故障电流的检测灵敏度（由于F_2点故障）。

⊖ 当CT电流比增大时，可通过将动作设定值降为1.0来达到前例所述的敏感度。

4.5.3　阻抗继电器

阻抗继电器通常用于 132kV 或 33kV 架空线路，在这些继电器的保护区内连接分布式发电机可能会缩小继电器的作用范围。分布式发电机用于维持网络电压，因此对继电器而言是增加了到故障点的阻抗，这会使继电器判断故障较远，超出了其保护范围，因而不会被起动。这个原理如图 4.19 所示。

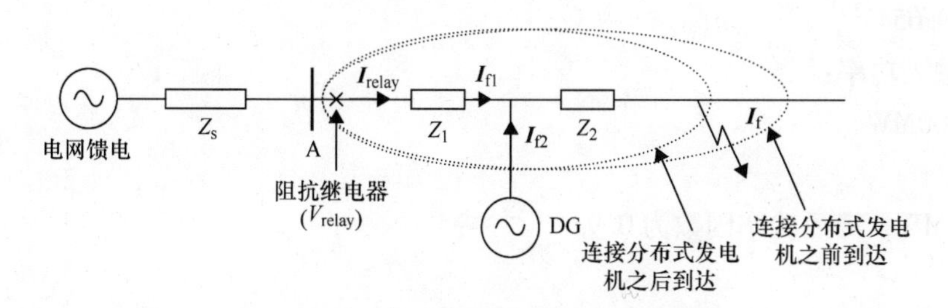

图 4.19　分布式发电机对阻抗继电器的影响

假设在连接分布式发电机之前，阻抗继电器的设定值为（Z_1+Z_2），则连接分布式发电机之后，继电器判定的电压及其保护区内故障所产生的流过继电器的故障电流可分别表示为

$$V_{relay}=I_{f1}Z_1+(I_{f1}+I_{f2})Z_2 \tag{4.10}$$

$$I_{relay}=I_{f1} \tag{4.11}$$

因此，继电器判定的阻抗为

$$\frac{V_{relay}}{I_{relay}}=Z_1+\left(1+\frac{I_{f2}}{I_{f1}}\right)Z_2=(Z_1+Z_2)+\left(\frac{I_{f2}}{I_{f1}}\right)Z_2 \tag{4.12}$$

由于在继电器初始保护区（区域 1）中，继电器判定结果为阻抗高于其设定值，因此阻抗继电器判定故障处不在其保护范围内，从而不能为整个区域提供保护。

A4.1　附录

变压器：

25MV · A，132/33kV 变压器，电抗 = 10%

10MV · A，33/11kV 变压器，电抗 = 12.5%

2.5MV·A，11/0.4kV 变压器，电抗 =5.0%

电线：

33kV 电线，长 5km，电抗为（0.011 + j0.03）Ω/km

11kV 电线，长 2km，电抗为（0.242 + j0.327）Ω/km

分布式发电机的电源连接线，长 4km，电抗为（0.242 + j0.327）Ω/km

分布式发电：

4.51MV·A，X_s = 2.95pu，X'_d = 0.25，X''_d = 0.17，T'_d = 0.47，T''_d = 0.054[30]

故障输入功率：

900MW

负荷：

1MW，滞后功率因数为 0.9

参考文献

1. Kimbark E.W. *Power System Stability – Synchronous Machines*. IEEE press; 1995.
2. Tleis N. *Power Systems Modelling and Fault Analysis*. Elsevier Press; 2008.
3. Kundur P. *Power System Stability and Control.* McGraw-Hill; 1994.
4. Hindmarsh J. *Electrical Machines and Their Applications*. Pergamon Press; 1970.
5. Krause P.C., Wasynczuk O., Shudhoff S.D. *Analysis of Electric Machinery and Drive System.* John Wiley Press; 2002.
6. IEC 60909-0:2001 (or BS EN 60909-0:2001). 'Short circuit current calculation in three-phase a.c. systems'. International Electromechanical Commission and/or British Standards Institution; 2001.
7. Electricity Association. 'Procedure to meet the requirements of IEC 60909 for the calculation of short circuit currents in three-phase AC power systems'. Engineering Recommendation G74; 1992.
8. Griffith Shan M. 'Modern AC generator control systems, some plain and painless facts'. *IEEE Transactions on Industry Applications*. 1976;12(6):481–491.
9. Grantham C., Tabatabaei-Yazdi H., Rahman M.F. 'Rotor parameter determination of three phase induction motors from a run up to speed test'. *International Conference on Power Electronics and Drive Systems*; 26–29 May 1997, pp. 675–678.
10. Ao-Yang H., Zhe Z., Xiang-Gen Y. 'The Research on the Characteristic of Fault Current of Doubly-Fed Induction Generator'. *Asia-Pacific Power and Energy Engineering Conference*; 27–31 March 2009, pp. 1–4.

11. Morren J. 'Short-circuit current of wind turbines with doubly-fed induction generator'. *IEEE Transaction on Energy Conversion*. 2007;22(1):174–180.
12. Lopez J., Sanchis P. 'Dynamic behaviour of the doubly fed induction generator during three-phase voltage dips'. *IEEE Transaction on Energy Conversion*. 2007;22(3):709–717.
13. Anaya-Lara O., Wu X., Cartwright P., Ekanayake J.B., Jenkins N. 'Performance of doubly fed induction generator (DFIG) during network faults'. *Wind Engineering*. 2005;29(1):49–66.
14. CIGRE Working Group WG 37-23. 'Impact of increasing contributions of dispersed generation on the power system'. 23 September 1998.
15. Wall S.R. 'Performance of inverter interfaced distributed generation'. *IEEE/PES Transmission and Distribution Conference and Exposition*; vol. 2, 28 Oct.–2 Nov. 2001, pp. 945–950.
16. Power A.J. 'An Overview of Transmission Fault Current Limiters'. Fault Current Limiters – A Look at Tomorrow, IEE Colloquium; June 1995, pp. 1/1–1/5.
17. Wu X., Mutale J., Jenkins N., Strbac G. 'An Investigation of Network Splitting for Fault Level Reduction'. Tyndall Centre for Climate Change Research Working Paper 25, January 2003.
18. Frank M. 'Superconducting Fault Current Limiters'. Fault Current Limiters – A Look at Tomorrow, IEE Colloquium; June 1995, pp. 6/1–6/7.
19. Yu J., Shi D., Duan X., Tang Y., Cheng S. 'Comparison of Superconducting Fault Current Limiter in Power System'. Power Engineering Society Summer Meeting; 1 July 2001, pp. 43–47.
20. Rasolonjanahary J.L., Sturgess J., Chong E. 'Design and Construction of a Magnetic Fault Current Limiter'. Ukmag Society Meeting; Stamford, UK, 12 October 2005.
21. Iwdiara M., Mukliopadhyay S.C., Yaniada S. 'Development of passive fault current limiter in parallel biasing mode'. *IEEE Transaction on Magnetics*. September 1999;35(5):3523–3525.
22. Putrus G.A., Jenkins N., Cooper C.B. 'A Static Fault Current Limiting and Interrupting Device'. Fault Current Limiters – A Look at Tomorrow, IEE Colloquium; June 1995, pp. 5/1–5/6.
23. Hojo M., Fujimura Y., Ohnishi T., Funabashi T. 'An Operating Mode of Voltage Source Inverter for Fault Current Limitation'. *Proceedings of the 41st International Universities Power Engineering Conference*; vol. 2, 6–8 Sept. 2006, pp. 598–602.
24. Chen M., Lakner M., Donzel L. Rhyner J., Paul W. 'Fault Current Limiter Based on High Temperature Superconductors'. ABB Corporate Research, Switzerland. Article downloaded from http://www.manep.ch/pdf/research_teams/sciabb.pdf on the 01 November 2009.
25. Rowley A.T. 'Superconducting fault current limiters'. *IEE Colloquium on High Tc Superconducting Materials as Magnets*; 7 December 1995, pp. 10/1–10/3.

26. Paul W., Rhyner J., Platter F. 'Superconducting fault current limiters based on high Tc superconductors'. *Fault Current Limiters – A Look at Tomorrow, IEE Colloquium*; June 1995, pp. 4/1–4/4.
27. IEEE 1547. 'IEEE standard for interconnecting distributed resources with electric power systems'. 2003.
28. Engineering Recommendation G59. 'Recommendations for the connection of embedded generation plant to the public electrical suppliers distribution systems'. 1991.
29. Engineering Recommendation G75/1. 'Recommendations for the connection of embedded generation plant to the public distribution systems above 20 V or outputs over 5 MW'. 2002.
30. Engineering Technical Report E113. 'Notes of the guidance for protection of embedded generation plant up to 5 MW for operation in parallel with public electrical suppliers distribution systems'. Revision 1, 1995.
31. IEEE 242-1968. IEEE recommended practice for protection and coordination of industrial and commercial power systems. *Color Book Series*. Green Book; 1986.
32. *Network Protection and Automation Guide*, 1st edn. Areva T&D Ltd; 2002.
33. Anderson P.M. *Power System Protection*. IEEE Press, McGraw-Hall; 1999.
34. Bayliss C. *Transmission and Distribution Electrical Engineering*. Butterworth-Heinemann; 1996.

第5章 电力系统规划中分布式发电的集成

北爱尔兰，斯特兰福德湾的SeaGen潮汐涡轮机原型（1.2MW）
世界上第一个并网潮汐涡轮机，从2008年开始投入运行，捕获潮汐能。[RWE新能源公司]

5.1 引言

对于分布式发电的全集成、量化与电力系统发展相关的成本及收益十分重要。如前所述，分布式发电将不仅替代集中式发电进行供电，而且还可替代集中式发电的装机容量，助力电网安全。在此背景下，本章将介绍评价分布式发电对电力系统发展的影响所需的概念和技术，主要包括以下两个方面：

1）分布式发电替代现有传统发电装机容量，保障发电容量充裕度的能力。

2）分布式发电替代配电网容量，增强网络安全的能力。

5.2 分布式发电及供电裕度

分布式发电高渗透的可持续能源系统需要整合不同发电技术来维持才可媲美传统热力系统的供电可靠性。通过提高分布式发电的渗透率可替代现有电厂的发电量，但并不一定能提供维持系统可靠性水平所需的相应发电装机容量。

一种发电技术对系统可靠性的影响可以通过容量值或容量可信度来评估。为了计算分布式发电技术的容量值，首先需确定维持给定供电可靠性水平的常规装机容量，然后在系统中引入分布式发电，评估确定维持系统安全性在原始水平上所能减少的常规发电装机容量。本节讨论如何确定分布式发电的容量值以及它产生的相应成本及收益。

5.2.1 常规热力发电系统的发电容量裕度

为了满足不断变化的电力需求，且考虑该需求目前在很大程度上不可控，供电中断又代价昂贵，因此发电装机容量必须能够满足峰值负荷需求。此外，还需要有足够的容量来应对发电机可用度的不确定性以及无法预期的需求增长。

发电系统规划包括在一定可靠性水平条件下对满足未来电力需求所需的发电容量进行评估。发电装机容量应始终高于系统峰值负荷需求，方可应对需求和发电可用率上的变化。热力发电厂的受迫运行中断会影响发电可用率，减少水力发电的水能可用率也会对发电可用率产生影响。发电装机容量与峰值需求之差被称为容量裕度。不同的容量裕度对应不同等级的发电系统可靠性。

如果一个电力系统的发电容量能在一个经济高效的可靠性水平上满足电力需求，我们就认为该容量是足够的。理论上，通过权衡发电投资成本和供电可靠性提高带来的效益（如减少用户供电损失），可以确定最优装机容量。不过发电系统规划者一般不进行这种成本效益分析，而是维持一定的容量裕度水平，表明系统的可靠性下限，可由各种可靠性指标计算得到。

在以热力发电为主的系统中，一个常用的指标是“失负荷概率（LOLP）”。它表示了系统峰值负荷需求大于可用发电容量的概率（风险），即峰值负荷需求无法满足的概率。LOLP 低于某一阈值则可以接受。根据英国中央电力局在 1990 年私有化之前所用的最新安全标准规定，峰值负荷需求超出可用供电容量的风险不超过 0.09，即 9%（平均来说，每 100 年发生供电中断的时间不应超过 9 个冬季）。考虑到包括电站及时开发的不确定性在内的电站故障概率对应 85% 的发电可用率，那么本标准要求发电容量裕度在 20% 左右。

为了确定发电系统各种可能的出力概率，通常采用两状态发电机组模型来模拟发电机组的行为。假设发电机组完全可用的概率为 0.85，完全不可用的概率为 0.15。进一步假设各常规机组的可用率互相独立，即一个机组的故障不会增加其他机组故障的风险。那么基于以上假设，可以建立一个发电系统的概率分布，将整个发电系统的出力可用水平与其对应的概率相关联。同时，我们还可通过其均值等于预期峰值负荷的概率分布来将需求的不确定性考虑进来，如图 5.1 所示。

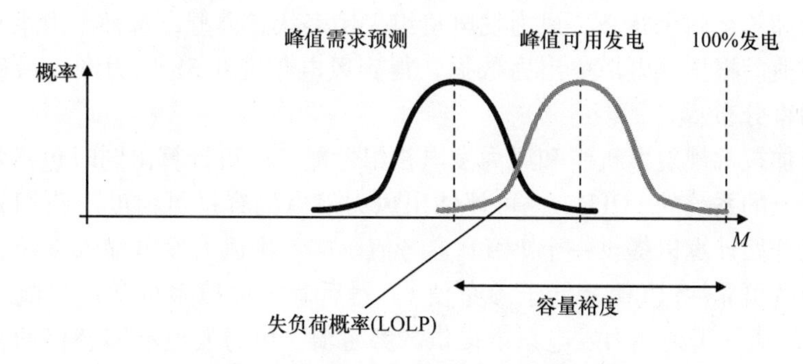

图 5.1　需求和可用发电量的概率分布

图 5.1 显示了总装机容量与系统 LOLP 之间的关系。显然，总装机容量越高（容量裕度越高），LOLP 就越低（发电可用率曲线右移，LOLP 减小）。如果系统或未来规划系统的 LOLP 估计值达到阈值水平，就可认为发电容量足够。

这种发电系统规划设计方法已成功运用了数十年，将各种可靠性指标应用在不同系统来评估发电容量充裕度。较常见的指标包括备用裕度、失负荷概率（LOLP）、电力不足期望值（LOLE）、电量不足期望值（EENS）。此外，还有一些不常用的指标，如电量不足概率、故障频率和持续时间、有效载荷能力和固定等效容量。值得一提的是，一个指标之所以被广泛使用未必在于它能更精确地评估系统可靠性，而通常在于它易用以及仅要求简单输入或数据即可进行评估。

可靠性指标应用实例如下：

1）北美电力可靠性委员会（NERC）公布了其采用 LOLP、LOLE 和备用容量裕度指标来评估区域发电的充裕度。下属许多区域可靠性委员会同样采用 LOLP（10 年 1 天）或 LOLE（0.1 日/年或 2.4h/年）指标[1]。

2）在澳大利亚，发电系统与整体供电的可靠性标准通过最大可允许的不足电量和最大可允许的停电风险来体现，其值为相关地区每个财政年度能源消耗的 0.002%。

3）法国和爱尔兰分别采用 3h/年和 8h/年的 LOLE 标准来规划各自的发电系统。

这些传统的规划方法已经实行了几十年，尤其对于以热力发电为主的集中式发电系统。

5.2.2 分布式发电的影响

5.2.1 节中描述的方法可进一步扩展以用于确定混合了风力发电和其他间歇性发电的发电系统的发电容量充裕度。虽然本小节重点讨论的对象是风力发电，但这些方法对其他类型的分布式发电来说也同样适用。不同于常规热力发电机组拥有运行和停运两个状态，风力发电机组采用多状态模型，每种出力水平具有不同的概率值。根据风电历史出力数据，得到风电年度 0.5h 出力图，最后获得风电累计频率分布[⊖]。

统计加权常规发电机组和风力发电机组性能，就可计算出同时包括常规发电和风力发电的系统的 LOLP，也可评估出风力发电的容量可信度。我们先从常规发电系统开始计算以提供一个 LOLP 参考值。接着将风力发电加入系统，这将提高该系统的可靠性（LOLP 低于参考值）。然后确定去掉多少常规发电装置可以保证 LOLP 值等于纯热力发电系统提供的参考值。风力发电能够替代的常规机组发电容量与风力发电总装机容量之比，即为风力发电的容量可信度。

容量可信度随着风电渗透率变化。假设风力发电容量因子为 40%，图 5.2 给出了不同渗透率下的风电容量可信度的典型变化。渗透率由装机容量占峰值负荷需求的百分比来表示。可得到以下结论：

1）容量可信度随风电渗透率增加而降低。

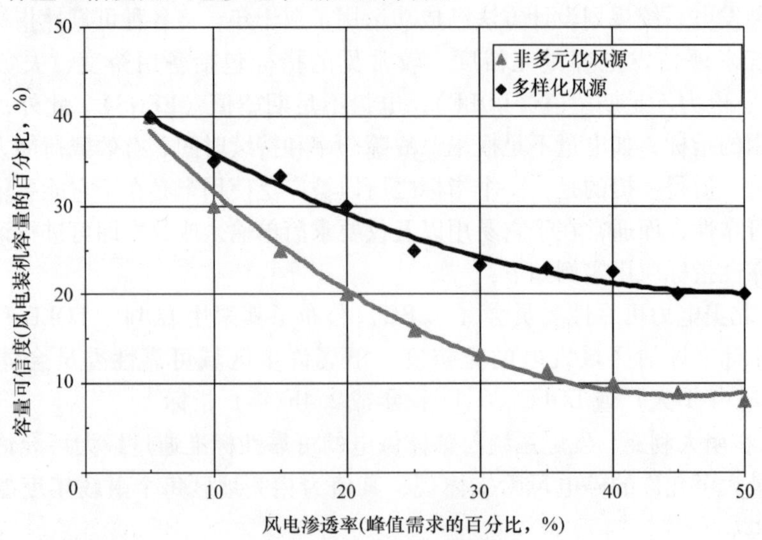

图 5.2 风电容量可信度随英国电力系统中风电渗透率的变化

⊖ 此处假设峰值需求与出力水平不存在相互关系。在欧洲，当风电场将用于冬季高峰时期输出更大电力时，出力水平的评定一般较为保守。

2）在渗透率较低的情况下，容量可信度接近于风电负荷系数。

3）相比于风电场集中于一隅的风电系统，地理跨度较大的风电系统的容量可信度更高。

4）尽管峰值负荷需求期间风电出力为零的概率很低，风电容量可信度仍大于零。

由于风电的容量可信度较低，它更多地用于替代常规发电的供电量，而不是常规发电容量。这导致了常规发电厂的利用率下降。通常，电量替代与容量替代之间的关系，及其对现有常规发电厂平均利用率的影响，是与发电容量相关的系统成本的基本驱动因素。

$$\Delta C_{\mathrm{DG}} = \left(1 - \frac{D_{\mathrm{g}}^{C}}{D_{\mathrm{g}}^{E}}\right) \cdot C_{\mathrm{g}}^{I_{\mathrm{o}}} \tag{5.1}$$

式中，ΔC_{DG}是分布式发电的额外系统成本（英镑/MW·h），需摊入分布式发电产生的每兆瓦时电量中（注意这些成本可正可负，由分布式发电和系统的实际技术情况决定）；D_{g}^{C} 是由于分布式发电注入替代常规发电容量的比例；D_{g}^{E} 是由于分布式发电注入替代常规发电（集中式发电）电量的比例，而 $C_{\mathrm{g}}^{I_{\mathrm{o}}}$ 是现有常规发电容量的成本，单位为英镑/MW·h。此成本可简单以现有常规发电设备年投资成本（英镑/年）除以年度总电量（MW·h/年）来计算。对于装机容量为84GW（可满足70GW峰值负荷），供电量为400TW·h/年的联合循环燃气透平（CCGT）系统，发电容量成本为14.07英镑/MW·h（其中CCGT的年容量成本为67英镑/kW/年）。

根据英国风力发电概况，不同特征的风力发电对应的额外成本值见表5.1。

表5.1　风力发电额外系统成本（英镑/MW·h）

负荷系数（%）	容量可信度（%）			
	0	10	20	30
20	14.07	10.24	6.42	2.60
30	14.07	11.52	8.97	6.42
40	14.07	12.16	10.25	8.33

可见，提高容量可信度可以大幅减少额外系统成本。保持容量可信度不变，增加负荷系数也将使额外系统成本增加，这是由于现有集中式常规发电技术的利用率降低造成的。极端情况下假设风力发电容量值为0，那么额外系统成本将达到14.07英镑/MW·h（这意味着14.07英镑/MW·h的成本必须计入系统每兆瓦时的发电量当中）。必须注意的是，系统中加入任何基荷电站（如CCGT和核电）都会产生额外成本。这些电站的负荷系数（85%）高于普通电站（55%），将更多替代主电站生产的电量，而不是容量，类似于风电，导致主电站平均利用

率减少。因此，基荷电站额外系统成本增加了大约5英镑/MW·h。

相反，微型热电联产系统典型出力时段与热力需求峰值时段一致，即与冬季需求高峰一致。微型热电联产系统将有效降低冬季用电高峰的电力需求，从而减少用于维持系统可靠性的常规发电装机容量。另一方面，微型热电联产系统的年负荷系数比普通常规发电低。因此，微型热电联产替代更多的是常规发电的容量而非电量，式（5.1）描述的额外系统成本值为负，表明微型热电联产为系统带来了容量效益。

不同于家用热电联产，北欧安装的光伏发电无法替代峰荷电站（峰值负荷需求时段出现在1、2月的晚上，无光照），不具备容量值。不过，由于南欧的峰值负荷出现在夏季的白天，光伏发电有助于替代常规发电减少峰值负荷需求，由此带来效益。

5.3 分布式发电对网络设计的影响

目前，配网设计时并不考虑分布式发电。图5.3列举了一个简单的例子来说明配电网规划者如何在一个典型的33/11kV变电站的设计中确保供电的安全性。可以看到，通过两个配电变压器中的任何一个都可以满足50MW电力需求，这样的话，即使某条线路发生故障，另一个变压器依然可以满足需求。在这个例子中，网络规划者忽略了分布式发电的存在，没有为其分配任何保障安全性的任务。

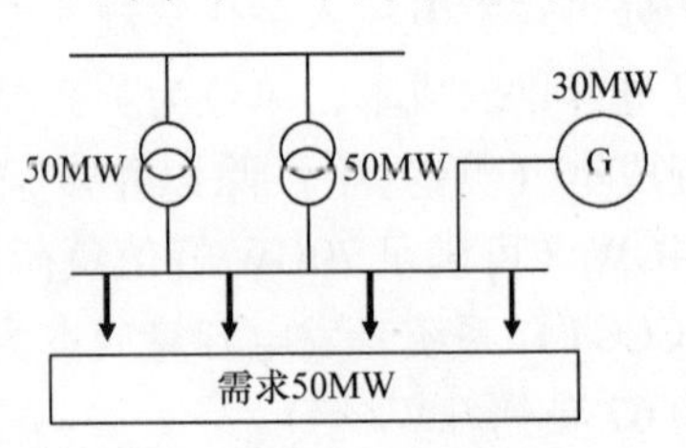

图5.3 不考虑分布式发电作用的安全网络设计实例

在上述例子中，如果用电需求增加到55MW，电网将无法满足需求，因此要求配电网规划者进行某种形式的电网增强。图5.4提供了两种供电保障方案。如果不考虑分布式发电，那么需要安装第三个变压器，以弥补安全性上的不足（见图5.4a）；或者，使用分布式发电代替电网增强（见图5.4b）。

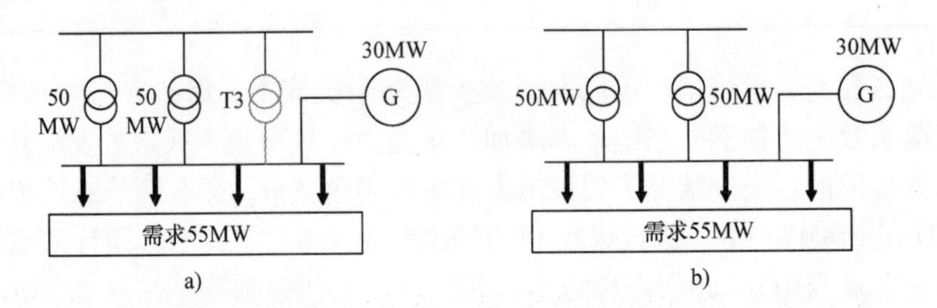

图5.4 供电不足的配电网安全性解决方案

a）电网方案 b）发电方案

由于缺少一个成熟的框架让配电网规划者引入分布式发电来保障网络安全，因而阻碍了分布式发电的接入。英国近期修改了配电网标准，让配电网规划者在设计中能够考虑分布式发电的作用。本节将介绍配电网规划中用于量化分布式发电的电网容量替代能力的一些概念和方法。

5.3.1　传统配电网规划原则

英国网络安全标准规定了电网的设计原则，遵循此原则是一个关键的网络成本动因。配电网安全等级是根据系统从停电到恢复供电所需的时间来定义的。与这个概念一致的是，配电系统安全级别的划分依据是允许损失的峰值功率总量。这种电网设计理念的简化示意图如图 5.5 所示。例如，峰值需求低于 1MW 的小群体，安全等级最低，不配备任何冗余（$n-0$ 安全准则）。这意味着，任何故障都有可能导致运行中断，并且只有在故障修复后才能恢复供电。整个恢复过程预计长达 24h。

对电力需求介于 1 ~ 100MW 的群体，尽管单个故障也能导致运行中断，但断开的负荷必须在 3h 内恢复供电。这就要求有一定的网络冗余度，因为 3h 对维修来说通常太短了，但对网络重构却是足够。这种电网设计通常称为 $n-1$ 安全准则。对于电力需求超过 100MW 的对象，电网必须能在单个线路运行中断的情况下保证持续供电（不发生缺电），而且还要提供较大的网络冗余度，以保证现有故障叠加其他线路故障的情况下可以恢复供电，即 $n-2$ 安全准则。

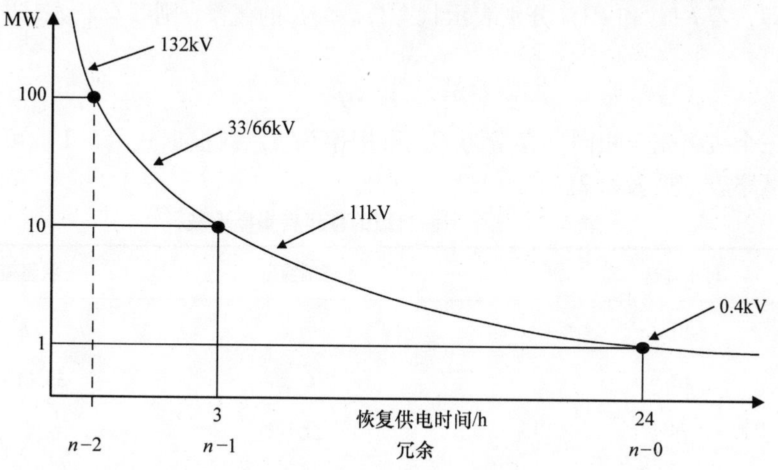

图 5.5　恢复供电时间与网络电力需求峰值之间的关系

5.3.2　分布式发电对网络安全贡献的评价方法

分布式发电对传统的配电网规划原则提出了挑战。本节中，我们将介绍一些英国应用于最新网络设计标准中的概念，目的是将分布式发电的影响考虑在内。如果采用传统的可靠性指标如电量不足期望（EENS）来衡量供电安全等级，那么可以通过比较一个完全可靠的电网和一个发电机或一组发电机供电时的 EENS 值来观察分布式发电对电网容量的替代能力。这个概念如图 5.6 所示。

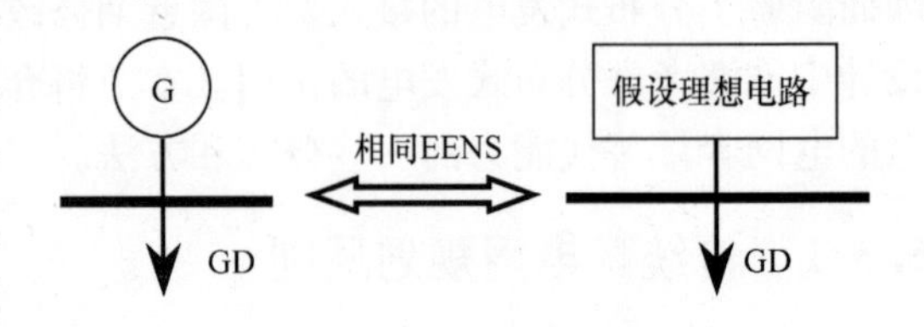

图 5.6 发电系统与理想线路的对比注：GD－需求

5.3.2.1 非间歇性分布式发电的处理

对于机组不受间歇式能源约束且运行互相独立的发电系统，最好采用一个停运容量概率表（COPT）来描述其基本可靠性评价模型。相关的详细理论数据可参见各种可靠性文献[7,8]，大概总结如下：

若在给定情况下，所有机组相同并互相独立运行，则停运容量概率表使用二项分布描述，状态 r 的概率用 $P\{r\}$ 表示为

$$P\{r\}=\frac{n!}{r!\ (n-r)!}p^r q^{n-r} \tag{5.2}$$

式中，n 是机组个数；r 是可用机组数；$n-r$ 为不可用机组数；p 和 q 分别是各机组的可用率和不可用率。

若所有机组各不相同，但仍互相独立运行，则停运容量概率表通过状态枚举给出。即，若 $P\{i\}$ 和 $P\{j\}$ 分别表示状态 $\{i\}$ 和 $\{j\}$ 的概率，则联合状态 $\{ij\}$ 概率由下式给出：

$$P_{ij} = P_i \cdot P_j \tag{5.3}$$

若三个机组完全相同，容量为 C，可用率为 p，则根据式（5.1）可得其停运容量概率表，见表 5.2。

表 5.2 三个相同机组的停运容量概率表

可用容量	不可用容量	状态概率
$3C$	0	p^3
$2C$	C	$3p^2(1-p)$
C	$2C$	$3p(1-p)^2$
0	$3C$	$(1-p)^3$
共计		1.0

若三个机组各不相同，容量分别为 C_1、C_2、C_3，可用率分别为 p_1、p_2、p_3，则所得停运容量概率分布表见表 5.3。

通常使用标准持续负荷曲线（LDC）来描述负荷变化，如图 5.7 所示。横轴上的指定时间段 T，可以是任何一个时间段，如一年、一季度、一个月等，单位通常是小时。LDC 表示在电力需求超过特定负荷水平的时间段内的负荷变化情况（电力需求超过负荷水平 L 的持续时间为 t）。

表 5.3　三个不同机组停运容量概率表

可用容量	不可用容量	状态概率
$C_1+C_2+C_3$	0	$p_1 \cdot p_2 \cdot p_3$
C_1+C_2	C_3	$p_1 \cdot p_2 \cdot (1-p_3)$
C_2+C_3	C_1	$(1-p_1) \cdot p_2 \cdot p_3$
C_3+C_1	C_2	$p_1 \cdot (1-p_2) \cdot p_3$
C_1	C_2+C_3	$p_1 \cdot (1-p_2) \cdot (1-p_3)$
C_2	C_3+C_1	$(1-p_1) \cdot p_2 \cdot (1-p_3)$
C_3	C_1+C_2	$(1-p_1) \cdot (1-p_2) \cdot p_3$
0	$C_1+C_2+C_3$	$(1-p_1) \cdot (1-p_2) \cdot (1-p_3)$
共计		1.0

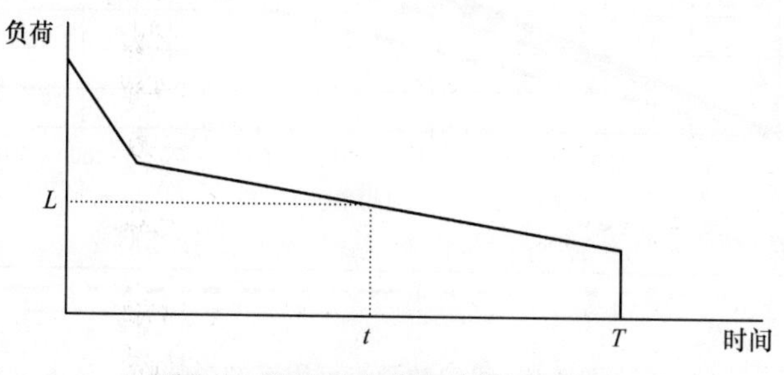

图 5.7　持续负荷曲线的简化示意图

现在，我们利用持续负荷曲线来评估一组发电机为负荷供电的 EENS 值：

- 停运容量概率表中的各个状态分别标注在 LDC 上，如图 5.8 中的状态 i。

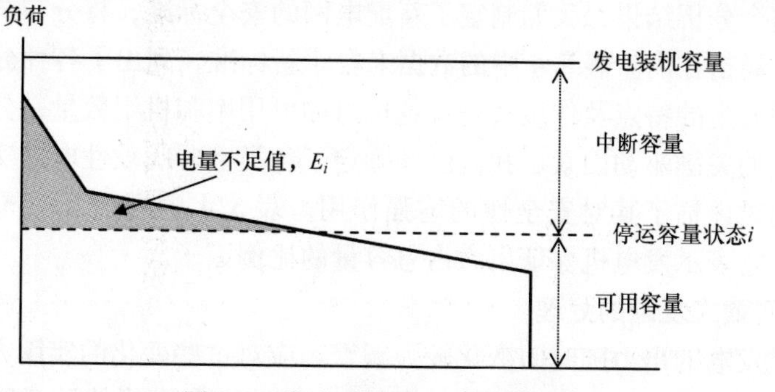

图 5.8　发电系统的 EENS 值评估

- 在此容量状态下，电量不足值 E_i 由位于 LDC 曲线下方和可用容量上方的面积决定。
- 电量值由该容量状态下的概率进行加权。
- 对所有容量状态的电量加权值进行求和。
- 根据期望的概念，$\mathrm{EENS} = \sum E_i \cdot P_i$。

最后，计算理想线路的容量，并假定该容量加于 LDC 上时是一个常数，持续存在，并且能够产生相同的电量不足期望值。这个容量被定义为发电系统的有效输出，而发电系统的有效贡献由有效输出占最大输出的比例来表示。

我们可以通过这种方法来确定不同的发电系统（系统总容量不变，机组数量和容量以及可用率不同）对电力系统安全的保障能力。其结果如图 5.9 所示。

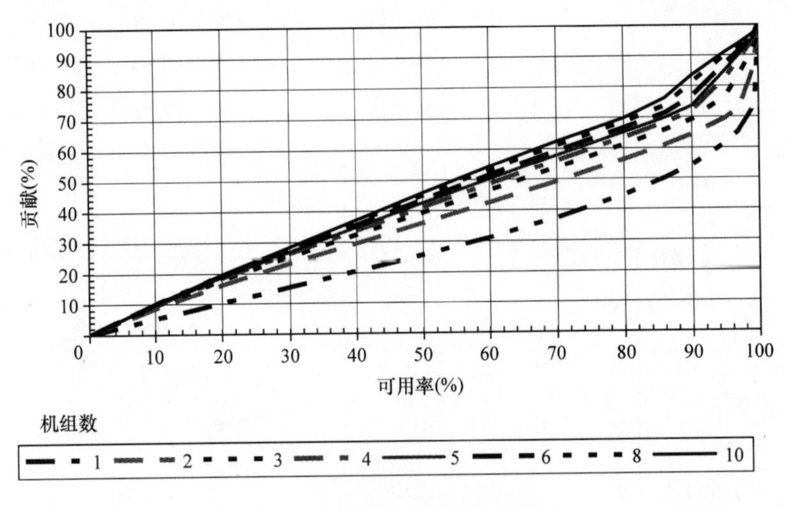

图 5.9　机组数量与可用率的影响

正如我们预期的那样，机组可用率越高，数量越多（同等容量）就越有利于保障系统安全。

基于这个分析结果，我们制定了新配电网的安全标准，将分布式发电对电网安全的增益囊括在内。表 5.4 中的数据来自于新标准，列出了各种分布式发电系统助力电网安全的特点及作用大小。各机组的可用率和机组数量是分布式发电助力电网安全的关键驱动因素。我们已经确定了各类型非间歇性电站实际可用率的平均值，同时评估了其对安全性的增强作用。表 5.4 中列出了不同发电技术的“F 因子”，它表示发电机保证出力占总容量的比例因子。

5.3.2.2　间歇式发电的处理

间歇式发电的出力随时间变化较为频繁。应对这些变化的实用方法是将它们作为时变参数，完整体现其时序性。图 5.10 是该发电模式的示意图。这种时序模式考虑了三类可用性：技术可用性、能源可用性和商业可用性，故适合作为基本模型来描述发电系统的容量状态，不需要各机组、容量、可用率等详细信息。当多个风电场连接到相同的电力需求对象时，各风电场的出力应该累计起来，并作为时序发电模式来使用，这有助于提高选址（位点）的多样性。

表 5.4　非间歇性发电系统的 *F* 因子百分数

发电类型（平均可用率,%）	发电机组数量									
	1	2	3	4	5	6	7	8	9	10 +
垃圾填埋气（90）	63	69	73	75	77	78	79	79	80	80
联合循环燃气轮机（90）	63	69	73	75	77	78	79	79	80	80
热电联产										
污水处理：火花点火（60）	40	48	51	52	53	54	55	55	56	56
污水处理：燃气轮机（80）	53	61	65	67	69	70	71	71	72	73
其他热电联产（80）	53	61	65	67	69	70	71	71	72	73
变废为能源（85）	58	64	69	71	73	74	75	75	76	77

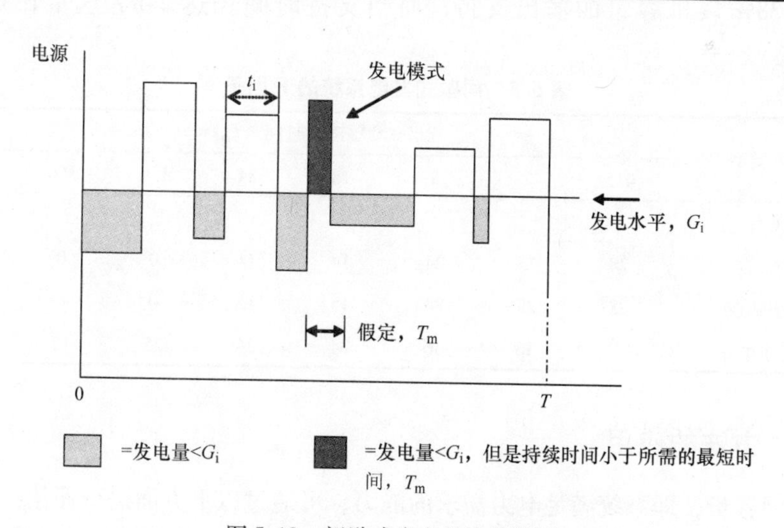

图 5.10　间歇式发电的决策模型

安全性要求之一是发电系统的预期输出应当在所要求时间段内维持在或高于某个输出水平。因此，非间歇式与间歇式发电建模的主要区别在于间歇式发电的发电周期若不能满足最低时间要求，便无须再进行评估。假设最小持续时间为 T_m。

评估过程如下：

1）确定时间相关的发电模式。

2）考虑发电水平 G_i。

3）确定发电水平至少为 G_i 以及持续时间超过最小时间 T'_m 的场合。

4）对于每一种场合，统计发生的次数 n_i 以及其持续的时间 t_i。

因此，若 T 为该发电模式的总时间周期，则发电水平大于等于 G_i 的概率可由下式给出：

$$CP_i = \sum_i n_i \frac{t_i}{T} \tag{5.4}$$

5）对发电模式中最低值和最高值之间的所有发电水平重复以上操作。每个容量状态用 G_i 表示，“累积”概率用 CP_i 表示，且各容量状态间相互独立。

6）各状态的概率由累积概率决定。采用与非间歇式发电一样的方法，将这些状态安排在 LDC 上。

通过这个过程可以确定间歇式发电（如风力和水力发电）对电网安全的预期贡献。如表 5.5 所示，某种输出的预期持续时间周期越长，间歇式发电对容量的贡献就越低。举例来说，如果所需的输出支持时间为 30min，那么可以获得风力发电 28% 装机容量的输出支持，而当支持时间长达 24h，这个比例将降为 11%。

表 5.5　间歇式发电系统的 F 因子

发电类型	最短持续时间，T_m/h							
	0.5	2	3	18	24	120	360	>360
风力								
单个站点	28	25	24	14	11	0	0	0
多个站点	28	25	24	15	12	0	—	—
小型水电站	37	36	36	34	34	25	13	0

5.3.3　方法的应用

电网容量，即系统满足电力需求的能力，可通过以下方面进行评估：

1）在最关键线路运行中断的情况下，余下的输配电线路能正常满足电力需求的容量。

2）加上从其他替代途径获得的输电容量。

3）加上含发电的需求侧中的发电系统对电网容量的有效贡献（见 5.2.2 小节中的评价方法）。

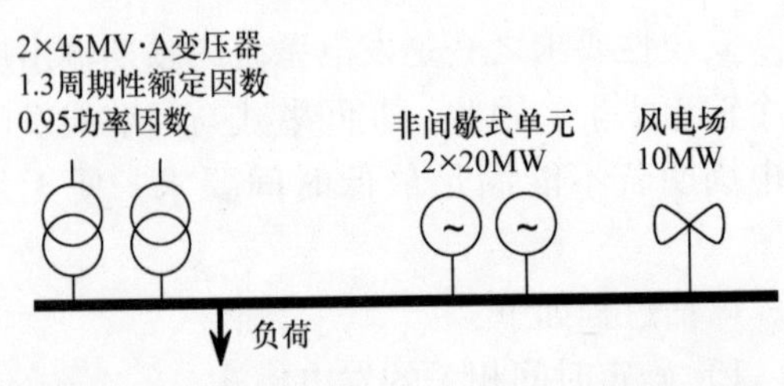

图 5.11　用于描述系统容量评价的系统

图 5.11 展示了一个用于安全

性评估的系统。除变压器外，该系统还包括两个非间歇式发电单元，每个单元的净容量为 20MW，可用率为 90%，以及一个 10MW 风电场。

从前述方法可知，每个非间歇式发电单元的有效容量因子为 69%，风电场在 $T_m = 3h$ 处的容量因子为 24%（见表 5.4 和表 5.5）。假设系统没有其他输电容量，而且最关键的第一个线路运行中断源于某 45MV・A 变压器的中断。因此，总的电网容量如下：

- 在最关键线路运行中断情况下，其余线路容量为 $1 \times 45 \times 1.3 \times 0.95$MW = 55.6MW。
- 有效发电容量为 $[0.69 \times (2 \times 20) + 0.24 \times 10]$MW = 30.0MW。

因此，加上分布式发电系统的容量，总容量为 $(55.6 + 30.0)$MW = 85.6MW。

这个原则可以延伸用于评估拥有任意数量线路、输电容量以及发电组合系统的容量。

参 考 文 献

1. Resource and Transmission Adequacy Recommendations. North American Electric Reliability Council (NERC); 2004.
2. Comprehensive Reliability Review, AEMC Reliability Panel. Australian Energy Market Commission; 2007.
3. Generation Adequacy Report on the Electricity Supply-Demand Balance in France. RTE; 2009.
4. Generation Adequacy Report 2009–2015, EirGrid, Republic of Ireland. 2009. Available from http://www.eirgrid.com/media/GAR%202009-2015.pdf
5. ER P2/6 Consultation. Available from http://www.greenchartreuse.com/dcode/consultations.asp
6. ER P2/6 Security of Supply. Available from http://www.ena-eng.org/ENA-Docs/EADocs.asp?WCI=DocumentDetail&DocumentID=793
7. Billinton R., Allan R.N. *Reliability of Engineering Systems: Concepts and Techniques*. 2nd edn. New York: Plenum Publishing; 1992.
8. Billinton R., Allan R.N. *Reliability of Power Systems*. 2nd edn. New York: Plenum Publishing; 1996.

第6章　含分布式发电的配电网定价

美国华盛顿艾伦斯堡的野马风电场（275MW）。
风叶传送，风力机为2MW变速双馈异步发电机组［RES］。

6.1　引言

分布式发电要在与集中式发电的竞争中胜出，电网定价至关重要。分布式发电可以减少对上游网络增援的需求，具体取决于技术、运行模式和确切的连接点。当距离负荷很近时，分布式发电还可以减少损失并可能有助于提高当地供电可靠性。为实现这些附加价值，最有效的途径就是电网定价。

一般来说，在管制较为宽松的电力系统中，电网定价向用户传达的信息应反映其带来的利益以及其导致的电网运行和发展成本。有效的定价会区分地点和使用时间，从而避免交叉补贴，促进分布式发电和集中式发电之间的公平竞争。

对于含分布式发电的配电网来说，考虑分布式发电对网络安全所起到的作用十分重要，即分布式发电替代电网容量的能力（见第5章），如果分布式发电在这方面的价值不被认可，将无法产生相应的效益。

6.2 竞争环境下电网定价的主要目标

配电网定价的主要目标如下：

经济效益：主要涉及网络运营成本和网络开发成本。目前，配电系统短期运营成本主要指配电损耗成本，以后还可能包括网络约束成本。网络开发成本包括网络扩容和增强的投入。

在电源和电网协调规划被定价所取代的竞争环境中，获得经济效益的方式是通过向网络用户传递价格信号，在以下方面影响他们的决定：①在网络中的位置；②网络的使用模式。这就是为什么效益型电网定价应该根据位置和使用时间来确定的根本原因。需要注意的是，因为定价中的经济效益是为了影响将来行为，所以与高效电网定价相关的投资成本指的是未来网络扩容成本[⊖]，而不是过去的网络开发成本。

未来投资需求信号：网络定价应该清楚地体现与新发电设施和负荷位置相关的成本信息，并明确新配电网投资的位置和必要性，即鼓励高效的网络投资和抑制过度投资。

体现收益需求：基于网络运营和开发成本的高效益定价可能不会体现所需的收益，此时则需要对价格进行调整便于配电网高效运营和及时开发。该需求可能会扭曲经济效益的目的。

提供稳定、可预测的价格：价格的稳定性和可预测性对用户的投资决策是非常重要的。然而，必须在价格稳定性和灵活性之间寻找适当的平衡点，从而方便根据情况变化调整价格。

定价必须透明、可审计且一致：网络成本分摊方法应该是透明的、可审计的且一致的，以便于用户和其他相关方理解网络资费的结构和产生原因。

定价系统必须实际可行：任何电网定价方法应该考虑到经济效益、复杂性和社会目标三者之间的平衡点。从实践角度来看，定价方法应该易懂且易实行。

定价的主要挑战之一是费用设定的各种目标之间的权衡，包括准确反映成本流的能力，应对不断变化的供需条件的效率，传达适当收益要求的力度以及收益和资费的稳定性和可预见性。我们可能很难同时满足这些条件。

6.3 网络投资成本推动因素综述

配电网定价的目标是将网络运营和开发成本信息传达给用户。为了计算高效

⊖ 未来成本量化过程中需要确定时间范围、假定用户位置、网络未来发展和使用模式等。

的网络投资相关价格，首先必须确定未来网络投资成本。未来网络投资及相关成本是网络规划的结果。因此，电网定价与网络规划密切相关。换句话说，电网定价的关键在于网络规划。网络价格则是反映各个用户对被规划网络成本的影响。

网络规划主要受规划标准（安全标准）和可以推动投资的规章制度内的激励机制影响（如供电质量、损耗和接入分布式电源的激励）。一般来说，配电网设计中推动投资的主要因素如下：

1）网络安全：需要通过投资足够的网络容量来满足网络安全要求。

2）系统故障级别：要求具备充足的开关设备和网络组件。

3）网络损耗：要求实现运营成本和网络投资之间的最佳平衡。

4）服务质量支出：要求改进网络性能指标，如英国的用户断电分钟数指标。

6.3.1 网络规划标准

配电网规划的基本原则是系统应该拥有足够的容量使得在预定停电情况时，用户供电不断或者系统能够在可接受的时间内恢复正常。另外，在所有网络负荷条件下，与分布式发电相连的网络应该能够吸收分布式发电的全部输出（这里我们假设的是通常的配电网）。因此，在以发电为主的地区，临界状态是以最大输出和最小负荷重合而定的。如果网络在这些方面没有运行约束，那么其他方面将更没有限制。总之，当确定网络容量是否足以履行其功能时，需要检查两个关键的负荷情况，即

1）最大负荷和最小（安全）发电出力。

2）最小负荷和最大发电出力。

在主动配电网管理中，为了不增加投资，发电机可能会削减其输出。

6.3.2 电压推动的网络支出

配电网运营商（DNO）有义务向用户提供规定范围内的电压，因此临界负荷条件下的电压评估是网络设计的重要部分。偶尔的电压跌落（或上升）是网络设计和增强的主要驱动因素。

为了保持电压在允许的范围内波动，配电网中的电压控制是由有载调压变压器或在关键位置的无功补偿来自动实现的。例如，众所周知 MV/LV 变压器的比率经常调整，以便在最大负荷时最偏远的用户能够接收到可接受的电压（略高于最小值）。另一方面，在最小负荷条件下，所有用户接收的电压刚好低于最大允许值。无源网络的鲁棒性设计，有效地减少了电压在各种操作条件下的变化，如从空负荷到满负荷。

电压因素可能会决定长配电馈线的容量（因此也决定了电阻），尤其是在低中压电网中。这是因为通常电路中阻抗比非常重要，并且电网中的有功传输对电

压也有着显著的影响。其是相对于无功潮流确定电压分布的高压输配电线路而言的。

因此，在设计中低压线路时，为了保证电压在限制范围内，需要选择更大容量的导线，即容量大于热负荷所需的最低要求。在这种情况下，电压降落是投资驱动因素而热负荷不是。然而需要注意的是，线路最大负荷时将伴随出现最大电压降。因此，这意味着考虑到电压降限制，最大负荷是投资驱动因素。在电网定价部分，我们可以将负荷作为此类线路的最主要的投资驱动因素（记住，选择的实际容量要大于最大潮流以保持电压降落发生在可允许的范围内）。

如果发电机与以需求为主的电网相连，则其输出补偿了电网潮流并改善了电压分布，进而降低对配电网容量的需求，缓解电网增容压力。这与发电机的安全作用很相似（如第5章所述），并且在某种程度上发电机抵消了下行功率潮流（从而改善了电压分布）。

6.3.3　故障水平推动的网络支出

所有配电厂主变压器、电缆、母线，特别是断路器和其他开关设备都对应了一个故障水平等级。其由该设备能够中断或通过的最大故障电流决定的，而非设备的正常功率。断路器的通断能力一般是固定的，而故障电流却可能远大于正常工作电流。

在成本定价中，我们可以将支撑正常负荷的主发电厂成本与受故障水平驱动的成本分离开来。

许多大型的分布式发电系统会用到旋转电机，而旋转电机与电网直连会提高网络故障水平。同步和异步电动机也会提高配电系统的故障水平。在现有故障水平接近开关额定值的城市地区，故障水平的提高对分布式发电的发展来说是个严重障碍，因为提高配电网开关和其他设备故障水平的花费不菲。

故障水平分析可以用于确定各个发电机对不同母线的故障水平所起到的作用，从而可以向网络用户分摊故障容量的成本[㊀]。连接到配电网的分布式发电机不仅会提高故障水平而且还增加电网供电点进入配电网的连接点（因为大多数故障电流来自于输电网连接的大型传统发电厂），如图6.1所示。

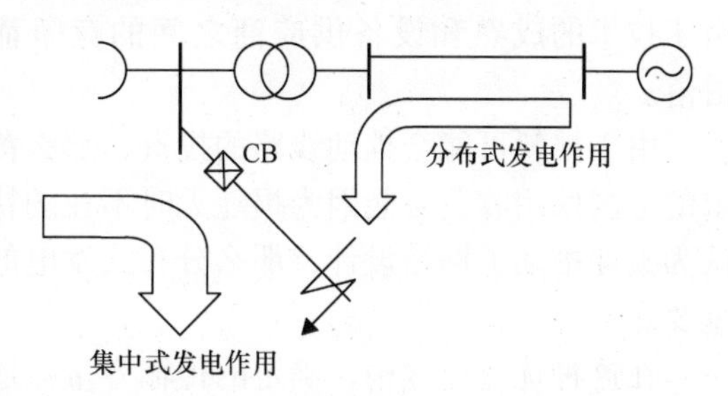

图6.1　集中式和分布式发电对故障水平的作用

㊀　故障水平分析通常在网络设计过程中进行，并且可在试行定价中轻松完成。

6.3.4 损耗推动的网络设计支出

损耗对配电电缆和架空电网设计的影响很大。最小生命周期成本法，用以平衡线路预计生命周期内系统损耗成本和资本投资，会导致系统容量与通过基于峰值负荷的网络设计而确定的容量截然不同。

在最小生命周期成本法中，电力传输的最优电网容量通过优化过程来确定，该过程权衡年化网络投资成本和年度网络运营成本（以网络可变损耗为主）。这种优化需要计算每年网络损耗成本，涉及负荷和发电年度变化的建模，以及包括这些量之间相互关系的电价建模。然后平衡网络损耗成本和年化网络投资成本以确定可保证电力经济输送的最佳容量。

结果以峰值条件下最优线路利用率（通过线路最大潮流和最优线路容量的比值）的形式给出，见表6.1。对不同的电压等级，假设贴现率为5%，资产生命周期为30年。

表6.1　典型的配电网中电缆和架空线的优化利用率（表示为满负荷条件下的分数）

电压等级/kV	导体类型	
	电缆	架空线
11	0.2 ~ 0.35	0.13 ~ 0.2
33	0.3 ~ 0.5	0.17 ~ 0.25
132	0.75 ~ 1	0.3 ~ 0.5

这些数据表明配电线路的最优利用率是很低的，尤其在电压等级较低时。此外，对于电压高达33kV及架空线遍布配电系统的电缆网络，将损耗成本考虑在内的最优电路设计可在不产生额外成本的前提下满足绝大多数的安全性要求。这是两个作用组合的结果：一是高电价与高需求共生导致损耗成本相对提高；二是由于技术的成熟和设备供应商之间的竞争而引起的电缆和架空线价格的相对滑落。

由于损耗可能会推动线路的投资，那么截至目前一直采用的基于峰值用电需求的电网使用收费可能因为损耗无时不在的特性而不再适合当前环境。如果我们认为损耗推动了网络设计，那么分布式发电的可用性问题也许没有想象中的那么重要。

在这种优化过程中，确定的传输容量只适用于电缆和架空线。发电厂其他设备如变压器和断路器的评级则由其他因素来确定。

6.4 配电系统使用费用评估（DUoS费用）

在本节中，我们讨论含有分布式发电的配电网使用费用定价的基本原则。首先分析网络规划和电网定价之间的关系，然后介绍两种主要的网络成本评估方法。这也论证了在含分布式发电的配电网中，高效的网络定价将利用分时电价来反映不同的运行条件对各个线路设计有着不同影响的事实。最后研究网络成本分摊方法，结果显示：鉴于运行模式和位置，用户可能会选择提高单个网络电路的利用率而为此支付该电路的使用费用，或者选择降低该网络电路的利用率来收取该电路的使用费用。

6.4.1　静态和动态网络定价的概念

参考网络（或称“经济适应性网络”）的概念从经济理论衍生而来，尽管这个术语未必被所有的作者所熟知，但它有着悠久的历史[2-4]。不管怎样，我们之前已经间接讨论过运用“全局经济最优”为电网定价的理念。Farmer[3] 率先将其应用于竞争环境下的输电定价中。Strbac 和 Allen 研究了参考网络概念在配电网管理中的应用[5]。这种方法也已经用来判断短期节点边际价格（与相应的金融或者物理输电权相关）和输电投资之间的关系[6-8]。

确定输配电网的“全局经济最优性”所需细节和复杂程度可能会相差很大。不过，最简单的参考网络在拓扑结构上与现有网络相同，如实际网络中的发电和负荷布局，并且运行在与实际电网相同的电压等级上，但个别输配电线路由于考虑到所有连接负荷和发电机的负荷特征会达到最佳容量。对 6.3 节中讨论过的所有网络投资推动因素来讲，有两种网络规划和相应计费方法可供选择。

1）静态网络：此类网络的容量评估不考虑现有网络的容量，仅将其视作一个全新的网络。静态网络设计基于单一的、静态的发电场景以及特定的需求框架，且假定系统的运行状况一成不变。之后对最优网络按照当前等价资产值进行估价，最终得出的费用可以解释为反映每个特定用户强加于网络的长期成本。

2）动态网络发展模式：该模式下，网络以当前容量为起点在特定时间范围内演进。网络强化则取决于对未来数年发电背景的不断发展（包括新发电厂的试运行和老电厂的关闭）以及需求的日新月异（负荷增长）。在仿真过程中，将记录各个网络线路强化的时间点，然后计算所有单个线路强化的年度净现值。未来强化成本则分摊在将按照影响程度分配给不同位置用户的相应线路。这是基于定价应反映未来强化费用的观点，这会导致如果需求/发电终止时，它将会是唯一可节省出来的未来网络费用。在确定未来网络强化时间时，单个线路的未使用容量或者裕量很重要，裕量越大，需要的未来强化时间就越远。由此产生的费用则会反映每个特定用户强加于网络的所有未来网络强化费用的净现值。

6.4.2　分布式发电网络 DUoS 费用的分时电价特征

在分布式发电网络中，除了最大需求和最小发电场景以外，还需考虑最小负荷和最大发电场景。通过采用这种方法，我们可以使计时电价反映出各个线路的网络设计受不同场景的推动情况。因此，在高峰需求时段（北欧典型的冬季用电高峰期）临界潮流流经的配电网线路的使用费将只在高峰需求时段支付，而在最小需求时段（通常为夏天晚上）临界潮流流经的线路使用费只在最低需求时段支付。这必然会促成与位置相关的分时计价机制的出台。

6.4.3 网络成本在用户中的分摊

一旦确定了临界潮流，所有网络线路的优化额定值（以及动态定价下的强化时间点）也可相应确定下来。配电网的费用可以按照对各线路设计的推动程度分摊给所有用户。普通的潮流计算可采用灵敏度分析。利用运行方式和位置来提高单个线路的额定值（即其运行有助于增加临界潮流）的用户将支付线路的使用费用，然而减少线路额定值（即其运行降低了临界潮流）的用户将收取该线路的使用费用。那么网络收费可能是把双刃剑，这取决于用户是费用支付方还是接收方。

由于典型的配电网是径向的拓扑结构，因此费用分摊非常简单。如果通过配电网线路的临界潮流流向电网供电点（即通向传输网络），该线路被归类为由发电机控制的线路，这意味着当产生临界潮流时所有下游发电机侧应该支付该时段的线路使用费用。下游需求收取此费用，因为增加的需求会减少该线路上的临界潮流。另一方面，当某线路的临界潮流向下时，该线路则被归类为以需求为主导的线路，此时需求方支付而下游发电机收取对该线路的使用费用。

6.5 含分布式发电的网络 DUoS 收费评估实例

本节中含分布式发电的配电网系统使用费评估原则将由两个例子来说明。首先介绍分时电价和位置相关的配电网收费概念是如何应用于简单的由两条母线组成的单一电压等级网络上。然后再延伸到多电压等级辐射状网络（这里部分线路的费用由需求推动，部分由发电来推动），并演示了高效网络定价是如何应用到更复杂的配电网中。

6.5.1 简单双母线例子

采用边际定价来分摊未来网络费用的基本概念借助两个简单的基于双母线系统（见图 6.2 和图 6.4）的例子来说明。图 6.2 中一个小型发电机位于母线 2 上，而图 6.4 中该发电机功率增大。这两个系统具有相同的冬季和夏季需求曲线。年度需求曲线通过夏季和冬季日需求曲线描述，如图 6.3 所示。为了简单起见，假设夏季的持续时间和冬季的相等，各占 50%。

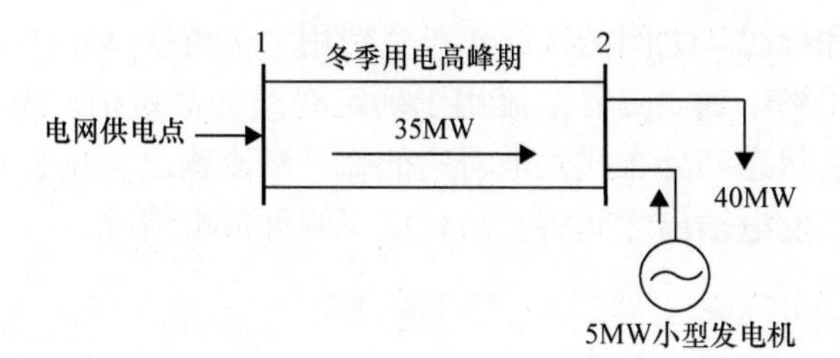

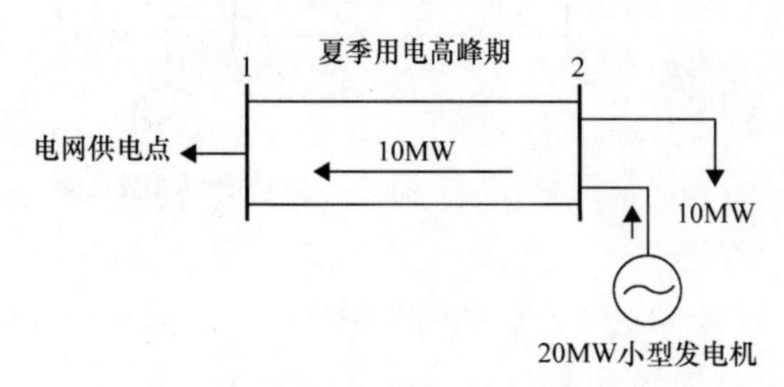

图6.2　含小型发电机的双母线系统

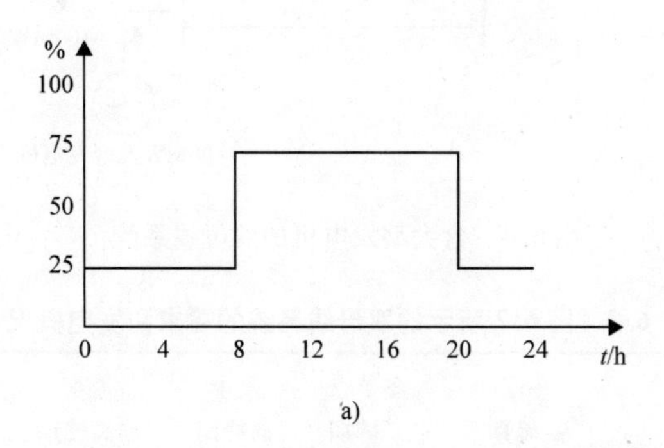

a)

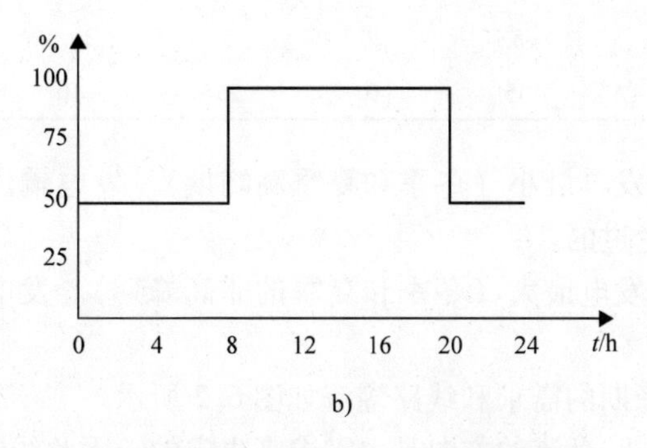

b)

图6.3　图6.2和图6.4的需求曲线

a）夏季需求　b）冬季需求

假设母线 1 和母线 2 之间的线路年投资费用为 7 英镑/kW/年。

首先需要在网络中确立临界潮流用于确定线路的额定值。鉴于该需求分布，需要考虑四种需求状态和分布式发电对应的临界潮流输出，见表 6.2。

负荷和分布式发电输出之间将会出现以下两种极端情况：

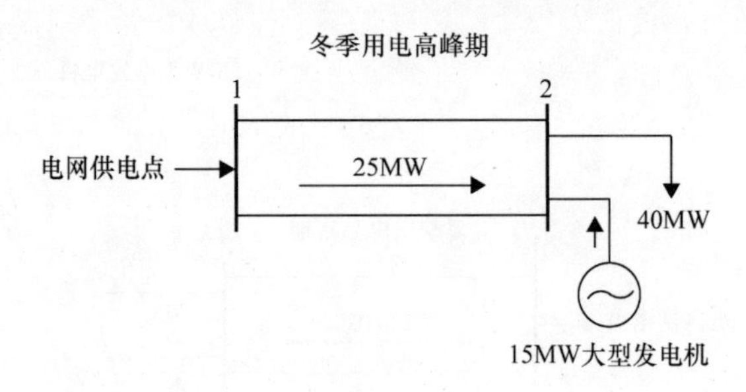

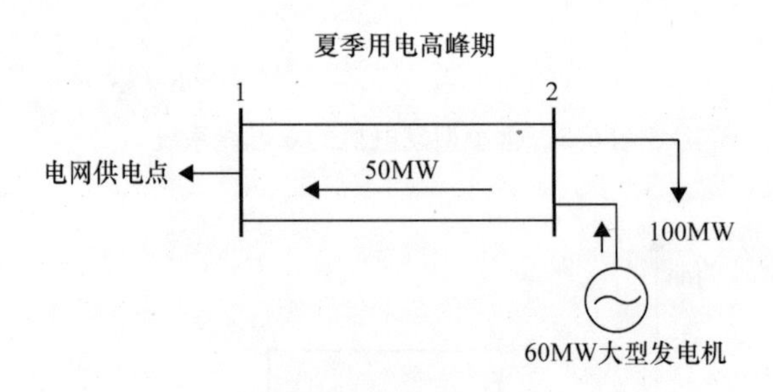

图 6.4　含大型发电机的双母线系统

表 6.2　图 6.2 所示的双母线系统的需求和发电概况

		冬季高峰期	冬季非高峰期	夏季高峰期	夏季非高峰期	临界潮流	资产的分类
需求/MW	A	40	20	30	10	—	—
发电/MW	B	5	20	5	20	—	—
支路潮流/MW	C = B − A	35	0	25	−10	35	DD

1）需求最大和发电最小（冬季和夏季高峰期）。发电输出等于网络安全发电量，如第 5 章讨论过的。

2）需求最小和发电最大（冬季和夏季的非高峰期）。发电输出等于发电机的容量。

高峰期和非高峰期的需求和线路潮流如图 6.2 所示。

在图 6.2 中，线路潮流的方向是由需求来决定的，因此线路描述为需求主导型（DD）。按照成本最优概念，母线 1 和母线 2 之间的线路只在最大负荷时段收取使用费。显然，如果在最大负荷期（如冬季高峰期）有额外的潮流经过该线路，那么需要对该线路进行强化。当线路负荷低于其最大容量（剩余的三个时段），额外的电力将不会要求强化线路，因此电厂容量电费为零。在临界负荷时段母线2上不断增加的需求将要求强化线路，因此需求方应为使用该资产而付费。另一方面，在临界负荷条件下（冬季高峰期）不断增加发电输出将降低临界潮流，对系统有益，因此发电方应收取线路使用费。

图6.2中的双母线系统的总体付费概要见表6.3。

表6.3 图6.2系统的节点、分时网络定价和用户支付费用一览

		冬季用电高峰期	冬季用电非高峰期	夏季用电高峰期	夏季用电非高峰期	总计
母线2的节点DUoS/（英镑/kW）	A	7	0	0	0	
需求水平/MW	B	40	20	30	10	
发电机输出/MW	C	5	20	5	20	
需求支出/千英镑	D = A × B	280	0	0	0	280
发电机支出/千英镑	E = A × C	-35	0	0	0	-35
净支出/千英镑	F = D + E	245	0	0	0	245

注意这里的发电机支出为负，表示收益流。

假设我们使用相同的系统，但是分布式发电机的容量更大。重复相同计算过程，可得出分布式发电机的临界潮流、节点价格和用户费用。

潮流计算结果显示，临界潮流由发电机决定而非如图6.2所示由需求决定。因此线路被归类为发电机主导型（GD），见表6.4。

表6.4 图6.4所示的双母线系统的发电量和需求概况

		冬季用电高峰期	冬季非用电高峰期	夏季用电高峰期	夏季非用电高峰期	临界潮流	资产的分类
需求量/MW	A	40	20	30	10	—	—
发电量/MW	B	15	60	15	60	—	—
支路潮流/MW	C = B - A	25	-40	15	-50	-50	GD

计算的节点，分时DUoS价格和用户支出见表6.5。注意为了保持多方收入和支出计算的一致性，我们假设需求费用为正，而发电机费用为负。

表6.5 节点、分时网络定价和年度用户费用表

		冬季用电高峰期	冬季非用电高峰期	夏季用电高峰期	夏季非用电高峰期	总计
母线2的节点DUoS/（英镑/kW）	A	0	0	0	-7	
需求量等级/MW	B	40	20	30	10	

（续）

		冬季用电高峰期	冬季非用电高峰期	夏季用电高峰期	夏季非用电高峰期	总计
发电机输出/MW	C	15	60	15	60	
需求量费用/千英镑	D = A × B	0	0	0	-70	-70
发电机费用/千英镑	E = A × C	0	0	0	420	420
净支出/千英镑	F = D + E	0	0	0	350	350

表6.6给出了图6.2和图6.4所示案例的最终比较结果。

从表6.6中可以清楚地知道，系统使用费与位置和使用时间相关。

1）当接入的分布式发电系统规模较小时，线路以需求为主导，临界潮流的方向和大小由最大需求决定。节点系统使用费为正值，需求方支付该线路的使用费。需求方支付适用于冬季用电高峰期，并与高峰需求相关。发电方根据其对网络安全的贡献（在最大需求时段）收取费用，而在其他所有时段DUoS收费为零。

2）当接入的分布式发电系统规模较大时，情况相反。系统由发电主导，临界潮流的大小和方向由最大发电输出和最小需求决定。节点系统使用费为负值，因为线路是由发电机主导的，因此发电机根据装机容量（最大发电）为使用该资产付费。同时，需求方则根据发电高峰期（即夏季晚上）的最小需求量收取费用，而在其他所有时段DUoS收费为零。

6.5.2 多电压等级的例子

现在我们来考察一个辐射状配电网。该配电网组成如下：一个配有两台变压器的132kV/33kV变电站，两条33kV外送线路（33kV电网的其余部分由最大需求为50MW的集中负荷表示），以及一个配有两个变压器的33kV/11kV变电站，两条11kV馈线（11kV电网的其他部分由最大需求为10MW的集中负荷表示），且每条馈线负责为4个11kV/0.4kV变压器提供最大需求为400kW的电力。

变电站的33kV母线上连接了一个15MW的热电联产电厂，并且其中一条11kV的线路与一个1MW风电场相连（见图6.5）。

表6.6　网络节点、分时系统使用费和年度用户支出

	母线2冬季用电高峰期节点价格/(英镑/kW)	母线2夏季非用电高峰期节点价格/(英镑/kW)	发电机费用（价格×周期发电量）/千英镑	需求量费用（价格×周期需求量）/千英镑	年度净支付（资产使用费）/千英镑
图6.2所示的系统	7	0	-35	280	245
图6.4所示的系统	0	-7	420	-70	350

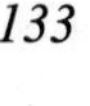

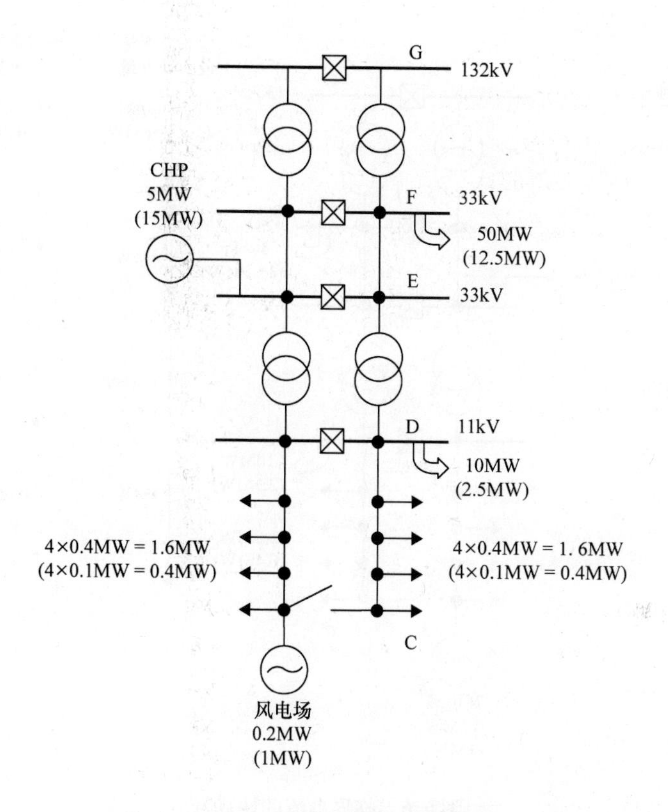

图 6.5　132/33kV 辐射状配电系统

配电网通常用来处理可能发生在当地发电最小而需求最大时的预期最大负荷。而对于分布式发电，另一个极端情况，即发电机出力最大而需求最小同样需要关注。因此本例中需要考虑两种临界负荷情况。第一个数字（不带括号）是需求最大而发电最小期间（如冬季白天）的负荷或发电，而第二个数字（括号内）是需求最小而发电最大期间（如夏季晚上）的负荷或发电。

配电网设计应该考虑分布式发电对电网容量的分摊，在第 5 章已经讨论过。本例中，热电联产发电机贡献 5MW（装机容量的 30%），风力发电机贡献 200kW（装机容量的 20%）。在 DUoS 定价背景下，可以简单地解释为热电联产和风力发电能够分别取代 5MW 和 200kW 的配电线路容量。

假定最小需求为最大需求的 25%。

这两种负荷情况下的潮流可以通过简单的检测来确定。临界潮流概况如图 6.6 所示。箭头的方向表示潮流的方向。发电厂的临界负荷可以视作两个负荷时段的最大功率流[⊖]。

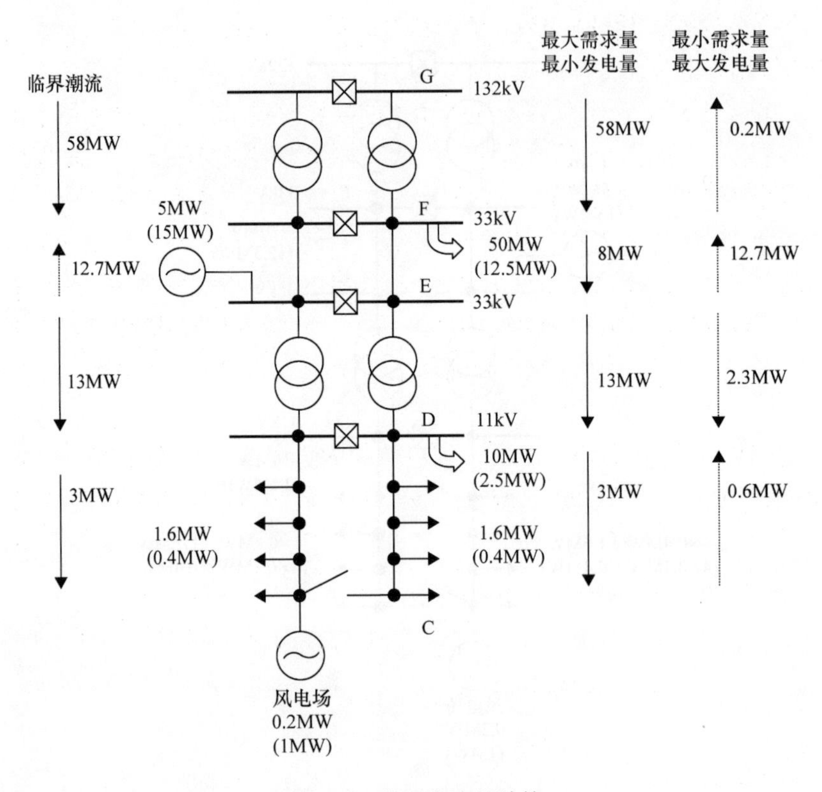

图 6.6　临界潮流的计算

可以看出，11kV 馈线、33kV/11kV 及 132kV/33kV 变压器的临界负荷是由最大需求决定的，而 33kV 线路的临界负荷是由最大发电决定的，这些发生在不同的阶段（使用时段）。容量由需求最大而发电最小情况（冬季白天）约束的资产，如 11kV 馈线，33kV/11kV 和 132kV/33kV 变压器，则被划分为需求主导型（DD），而 33kV 馈线的容量是由需求最小而发电最大情况（夏季晚上）约束，因此被归类为发电主导型（GD）。

已知临界潮流方向以及需求和发电驱动的潮流方向（见图 6.6），可很容易看出各种电压等级上的需求方和发电方是如何为使用各个网络线路支付或收取费

⊖ 注意，临界潮流决定了相关发电厂的参考（最佳）额定值。11kV 和 33kV 线路的参考额定值分别为 2×3MW 和 2×12.7MW。由于 11kV 电路的拓扑结构，当 11kV 馈线的其中一条从 33kV/11kV 变电站失去供电且常开触点闭合时，另一条馈线必须处理所有 11kV 馈线的负荷。132kV/33kV 变电站的最佳额定值是 2×58MW。各个网络部件（各个电压等级变压器和线路）的参考额定值可以与现有网络设备额定值相比较。

用的。例如，在需求最大期间，与 11kV 馈线相连的需求负荷上升将增加 11kV 馈线，33kV/11kV 和 132kV/33kV 变压器上的负荷。因此，该需求方支付使用这些线路的费用，并且总费用基于 3.2MW 的最大需求量。

对于发电主导的 33kV 线路来说，相关的临界时段由最大发电和最小需求的一致性来决定。因此，连接到 11kV 上的需求将基于 0.8MW 最小需求期的负荷从 33kV 线路使用中收取费用，并且相应的需求费用将在夏季晚上获得。

现在讨论风电场的费用。该风电场将从 11kV 电网、33kV/11kV 和 132kV/33kV 变压器的使用中得到报酬，也将会支付使用 33kV 线路的费用。从这些线路使用获取的报酬是基于发电机对电网容量的有效分担，如 0.2MW 适用于冬季白天。另一方面，33kV 线路的使用费用将基于最大发电输出（1MW），适用于夏季晚上。

为了评估每个用户的电网费用，每单位年化容量成本（英镑/kW/年）分摊到电网中各个发电厂。例如，在英国典型城市电网中常用 132kV 线路和 132kV/33kV 变压器，33kV 线路和 33kV/11kV 变压器的年度估计费用。

图 6.7 再次给出了该系统，并且突出显示了所有关键负荷。

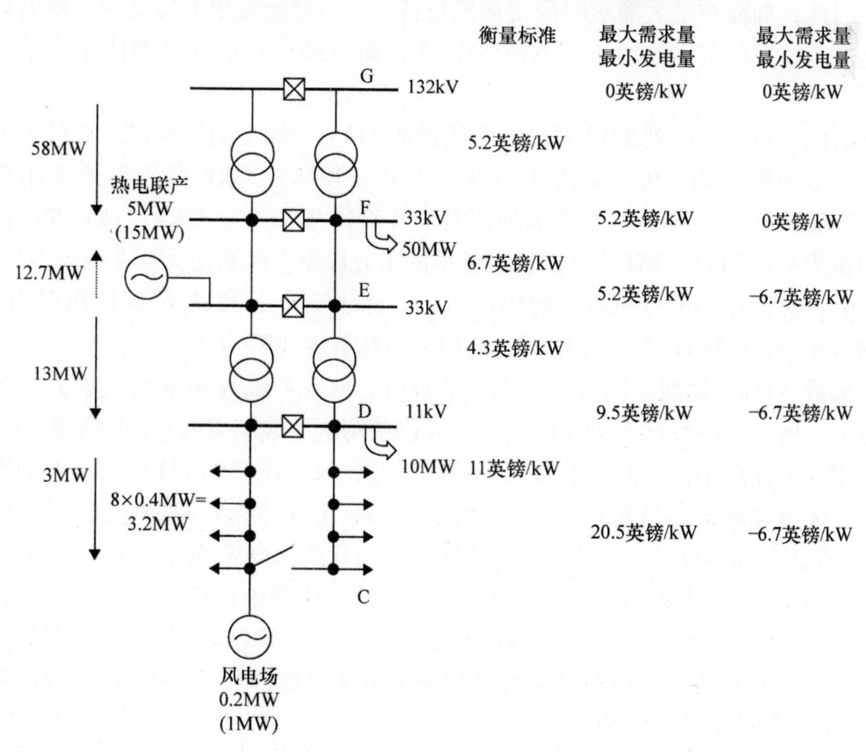

图 6.7　DUoS 离网费用的评估

各个线路的一般年度费用在图6.7所示的网络模型旁边已标示。网络中各节点上的需求用户的DUoS离网费用也已标注。顺流潮流费用为正，逆流潮流费用为负。

对于132kV/33kV变电站，这是以需求为主导的设备，因其功率潮流方向为顺流。因此，所有顺流需求方和发电方因在最大需求条件下使用该设备分别支付或收取5.2英镑/kW/年的费用，而在最小需求条件下费用为零。

接下来讨论33kV线路。这是以发电为主导的设备，因其临界功率潮流方向为逆流。因此，所有顺流发电方和需求方因在最大发电条件下使用该设备分别支付或收取6.7英镑/kW/年的费用，而在最大需求条件下的费用为零。

如图6.7所示，对于连接到33kV/11kV变压器的33kV母线上的需求方，在最大需求时段总DUoS离网费用为5.2英镑/kW/年（其中，132kV/33kV变压器使用费为5.2英镑/kW/年，33kV线路使用费为零），在最小需求时段DUoS上网费用为6.7英镑/kW/年（其中，132kV/33kV变压器使用费为0英镑/kW/年，33kV线路使用费为6.7英镑/kW/年）。

33kV/11kV变压器是以需求为主导的设备，其临界功率潮流方向为顺流方向。因此，如需在最大需求时段使用该设备，所有顺流需求方应支付和所有顺流发电方应收取的费用均为4.3英镑/kW/年，而在最小需求时段中使用将不产生费用。

因此，对于连接到33kV/11kV变压器的11kV母线上的发电机，在最大需求时段总上网费用为-9.5英镑/kW/年（其中，132kV/33kV变压器的使用费为-5.2英镑/kW/年，33kV线路的使用费为0英镑/kW/年，33kV/11kV变压器的使用费为-4.3英镑/kW/年），且在最小需求时段总上网费用为6.7英镑/kW/年（其中，132kV/33kV变压器的使用费为0英镑/kW/年，33kV线路使用费为6.7英镑/kW/年，33kV/11kV变压器的使用费为0英镑/kW/年）。

最后，11kV馈线是以需求为主导的设备，因此其临界功率潮流的方向为顺流方向。所有顺流发电方为在最大需求时段使用这一线路可收取11英镑/kW/年的费用，而在最小需求时段的费用为零。因此，对于连接到11kV线路上的发电方，在用电高峰期间总费用为-20.5英镑/kW/年（132kV/33kV变压器的使用费为-5.2英镑/kW/年，33kV线路的使用费为0英镑/kW/年，33kV/11kV变压器的使用费为-4.3英镑/kW/年，11kV线路的使用费为-11英镑/kW/年），且在最小需求时段DUoS上网费用为6.7英镑/kW/年（132kV/33kV变压器的使用费为0英镑/kW/年，33kV线路的使用费为6.7英镑/kW/年，33kV/11kV变压器和11kV线路的使用费为零）。

高峰和非高峰需求时段从各种用户采集到的DUoS费用（假设需求用户为正）和收入见表6.7和表6.8。连接点G对应平衡点。注意，58MW是在高峰需求条件下的输入量，而0.2MW是在最小需求条件下供电点（G点）的输出量。

在高峰负荷期，年度收入来自需求主导型设备，而在高峰发电期，年度收入来自发电主导型设备。各个设备的参考成本见表6.9。

表6.7　高峰需求期DUoS定价和需求方及发电方的收入明细

连接点	价格/(英镑/kW)	需求量/MW	发电量/MW	需求方收入/英镑	发电方收入/英镑	总计/英镑
G	0	0	58	0	0	0
F	5.2	50	0	260000	0	260000
E	5.2	0	5	0	-26000	-26000
D	9.5	10	0	95000	0	95000
C	20.5	3.2	0.2	65600	-4100	61500
总计				420600	-30100	390500

表6.8　非高峰需求（峰值发电）期DUoS定价和需求方及发电方的收入明细

连接点	价格/(英镑/kW)	需求量/MW	发电量/MW	需求方收入/英镑	发电方收入/英镑	总计/英镑
G	0	0	0.2	0	0	0
F	0	12.5	0	0	0	0
E	-6.7	0	15	0	100500	100500
D	-6.7	2.5	0	-167500	0	-16750
C	-6.7	0.8	1	-5360	6700	1340
总计				-22110	107200	85090

在此特例中，需求型设备的总年收入为390500英镑/年，见表6.7。（这恰好等于各个设备项的总费用，见表6.9，即390500英镑=301600+55900+33000英镑）。另一方面，在非高峰需求期，从DUoS费用中得到的总年度收入是85090英镑，见表6.8。这恰好等于发电主导型线路的总费用。

与各用户开支相关的高峰和非高峰需求期DUoS收入见表6.10。总的年度DUoS收入等于所涉网络的年度成本。

表6.9　各个设备项的年度成本

发电厂	单位成本/(英镑/kW)	最大潮流/MW	成本/英镑
132kV/33kV 变压器	5.2	58	301600
33kV 线路	6.7	12.7	85090
33kV/11kV 变压器	4.3	13	55900
11kV 线路	11	3	33000
总计			475590

表 6.10 各个网络用户的年度 DUoS 费用

用户	峰值费用/英镑	非峰值费用/英镑	总费用/英镑
F 点需求	260000	0	260000
E 点发电	-26000	100500	74500
D 点需求	95000	-16750	78250
C 点需求	65000	-5360	60240
C 点发电	-4100	6700	2600
总计			475590

参考文献

1. Curcic S., Strbac G., Zhang X.-P. 'Effect of losses in design of distribution circuits'. *Generation, Transmission and Distribution, IEE Proceedings*. 2001;148(4):343–349.
2. Boiteux M. 'La tarification des demandes en pointe: applicationde la theorir de la vente au cout marginal'. *Revue General de Electricite*. 1949; 58:321–340.
3. Farmer E.D., Cory B.J., Perera B.L.P.P. 'Optimal pricing of transmission and distribution services in electricity supply'. *Generation, Transmission and Distribution, IEE Proceedings*. 1995;142(1):1–8.
4. Nelson J.R. *Marginal Cost Pricing in Practice.* Prentice-Hall; 1967.
5. Strbac G., Allan R.N. 'Performance regulation of distribution systems using reference networks'. *Power Engineering Journal*. 2001;15(6):295–303.
6. Mutale J., Jayantilal A., Strbac G. 'Framework for allocation of loss and security driven network capital costs in distribution systems'. *IEEE Power-Tech International Conference on Electric Power Engineering*; Budapest 29 Aug–2 Sept 1999.
7. Mutale J., et al. *A Framework for Development of Tariffs for Distribution Systems with Embedded Generation CIRED'99*. 1999; NICE, France.
8. Mutale J., Strbac G. *Business Models in a World Characterised by Distributed Generation*. EC funded project number NNE5/2001/256 (April 2002 to March 2004).

第 7 章　分布式发电和未来电网架构

Rhyl Flats 海上风电场（90MW）

位于利物浦湾北威尔士海岸 5mile[㊀]外［RWE npower 新能源公司］

7.1　引言

随着能源系统去碳化在许多国家逐渐兴起，分布式发电的重要性将日益凸显。许多可再生能源以及热电联产电厂的位置和规模要求它们必须接入配电网，而且必须有效利用现有线路。唯一一种经济有效的实现方式为将分布式发电系统紧密融合到电力系统的运行中，使配电网的运行从被动变为主动[1-5]。

传统电网采用大型同步发电机供电。这些同步电机充当恒定频率和电压源。因此，电力系统运行整套理论的基础在于维持系统电压基本恒定，并且在短路情

㊀　1mile = 1609.344m，后同。

况下提供故障电流来启动保护继电器。小部分的大型旋转发电机（英国有几百台）都配有频率、电压和无功控制，为系统提供阻尼，以确保系统稳定性。

大多分布式发电无论采用静态或者是旋转电机，均由直流母线通过电力电子变换器连接到电网中。以结构最简单的分布式发电系统为例，电力电子变换器运行在单位功率因数下，只输出有功功率，从而最大限度提高发电机的输出。它们只能提供接近负荷电流大小的故障电流，并且直流回路解耦断开发电机，因此旋转惯性较小或无惯性。

较之于与电网直连的发电机，通过电力电子变换器连接的发电机具备更大的灵活性和可控性。因此，这种接入形式的分布式发电系统拥有不同于传统电源的运行特性，为推出新的发电控制理论以及新的系统运行方法创造了可能。传统电力系统的投资很大，以至于维持恒定电压和频率的基本运行理念不可能迅速改变，但是使用变速发电机在系统频率偏移时利用其存储的动能和更高的系统阻尼来注入功率的做法已经引起人们的关注[6]。

目前分布式发电的渗透率较低，其运行功率输出几乎不考虑电力系统的状态，这已经对可再生能源和热电联产数量接入电网的容量造成了限制，同时也为一些欧洲国家的发电系统和输电网的运行带来了难题，如高风电输出功率时负荷低或者在电网扰动期间。因此现有的免维护策略中分布式发电被视为功率为负的负荷，并且配电系统运行于传统方式。这种策略将被淘汰，转而通过主动电网管理实现分布式发电的主动式接入。这会导致输配电网之间传统的区别变得模糊因为分布式发电由配电系统运营商从整个电力系统的角度来进行控制。在英国，这给电力供应商和配电网运营商之间原本明确的监管区分带来了挑战。已有建议可以将这些大量的小型发电单元和负荷（也许多达 10^5 个）接入虚拟发电厂进行管理，但协调和控制这些单元最有效的方法还有待明确。

要吸引个体用户更密切地参与能源供应行业，分布式发电的魅力不容忽视[7]。这是个根本问题，并且随着分布式发电在气候变化和能源安全中扮演着越来越重的角色而变得更加紧迫。这就好比使用个人计算机来存储自己的软件还是只在有需要时从软件中心下载之间的抉择。因此，尽管人们普遍认为分布式发电必须更有效地集成到电力系统中，并且应该将智能电网的概念投入实际应用，但实际效果仍存在很多的未知情况。最后一章将介绍当代分布式发电的三个发展方向，即

1）主动电网管理——允许更多的分布式发电系统接入配电网中有效运行。

2）虚拟发电厂——聚合大量小型发电机和促进市场准入。

3）微电网——打造含微电源和可控负荷的小型电网单元。

主动电网管理技术在许多国家的公共电力系统中已有示范，虚拟电厂和微电网仍处于研究和示范阶段。

7.2　主动电网管理

配电网通过使用主动电网管理从被动运行到主动运行的转型已经进入论证阶段并且已有早期案例。虽然其中一些技术看起来非常浅显，但是它让更多的分布式发电接入了电网。代价也仅是增加了配电网控制的复杂程度，而这对单个方案来说仍处于可控范围。有个更严重的问题是，当许多这样的主动电网管理架构安装在同一片电网时将大幅增加其复杂性。各专用主动电网管理解决方案之间缺乏协同，混合使用时将使电网行为变得难以预测，因此有必要采用系统级的解决方案。目前有一些全网解决方案的开发处于试验和论证阶段[8-10]，尚未推出普遍认同的全系统主动电网管理方案。

7.2.1　发电机输出减少和特殊保护方案

图7.1显示了一个简单的电网主动管理方案给电网带来的巨大优势。如图中所示，两条10MW容量的线路用于将分布式发电接入电力系统㊀。发电机接入的母线的负荷在2～10MW之间。

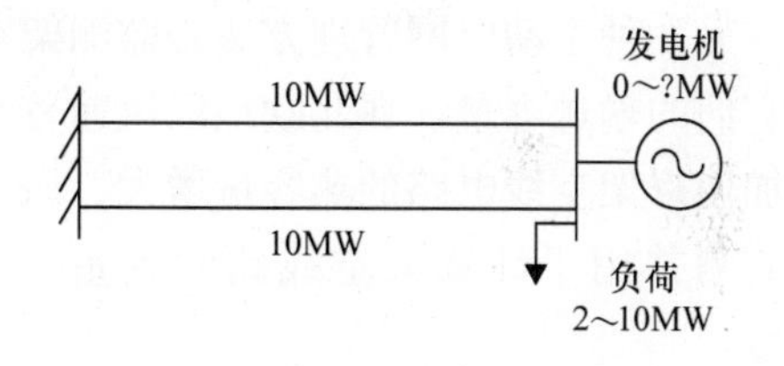

图7.1　简单的主动电网管理图

在免维护模式下，发电机必须在任何时候都能够全功率输出。因此，假设一条线路可在任何时候停止服务，那么允许接入的发电机最大额定值为12MW（10MW输出到电网加上2MW最小负荷）。

如果发电单元是一个风电场，那么它以额定功率输出的时间少于整个运行时长的30%，具体取决于风速。全功率输出时间段不太可能总出现在电网负荷最小的时候，所以风电场可安装容量超过12MW，最高20MW，并且参与电网主动管理。这些电源根据所接入的线路功率潮流或者监控的负荷来运行。如果接入线路中被检测出功率流过大（超过10MW稳定容量），则风电场输出会减少。风电场规模的大小基于成本效益，综合考虑风资源和负荷，以确定风电场最具成本效益的容量，其中风资源和负荷可以在长置信期间估算。

发电输出控制概念的进一步发展是监测接入线路状态以及利用更大的线路热容量。这里假设两条线路都正常运行，可以输送20MW的容量。这意味着可支持20～30MW风电场的接入，具体功率取决于允许的发电机输出下限。如果其

㊀　此图仅根据兆瓦流量，并未考虑电压或功率因数。

中一条线路跳闸或者停止服务，则风电场的输出减少到最多 10MW 加负荷量。在特殊保护方案下，当出现故障时，线路跳闸并立即减少风电场的输出。

在前面这些简单的例子中，分布式发电可并网的容量增加是显著的。当然，如电压、稳定性和保护问题需要详细地研究并且也可能成为分布式发电接入的限制因素。然而经验表明，如果使用这种类型的主动管理，允许接入的发电机容量可能会显著增加，特别是在 33kV 中压及以上电压等级的线路中。

一个关键的管理上的障碍是拿什么来说服发电方案开发商接受并网要求。一旦抛弃了“免维护”理念，发电机再也无法对电网输出所有功率。对于更大型发电机的接入，虽然存在运行上的限制，可能比较符合开发商的利益，不过在这些发电机能够输出多少电能方面引入了一定的风险，这多少会对项目的融资造成一定的困难。此外，当接入线路负荷增大时，线路的电损耗也会增加。

7.2.2 动态线路输送容量

另一种主动电网管理方法是监测架空路线的环境条件，并在可能的情况下增加它们的输送容量。在北欧地区风速较高，因此往往在冬季由于低温环境和风速增加使得架空线电路的热容量增大，风电场可以满负荷输出。对这些环境条件进行监测并用于计算架空线路的容量（尤其是导体弧垂），以便增加流过的电流量。

7.2.3 主动电网电压控制

在中压架空电网中，尤其是英国的 11kV 电网，稳态电压升高经常成为遏制分布式发电接入的罪魁祸首。这是由有功功率作用于电路中的电阻造成的，而其低电抗意味着吸收无功功率无法有效控制电压上升。因此，我们研究了通过调节 33kV/11kV 变压器的变压器分接头来提高分布式发电接入数量。

图 7.2 所示为一种电压控制方法[11]。测得电网运行参数值（电压幅值和功率值）后将测得值提供给配电管理系统控制器（DMSC），依此确定变压器分接头位置和发电单元输出值两者的最佳运行点。同时，在该 33kV/11kV 变电站例子中，各发电单元的输出电能也发送给 DMSC。虽然可以通过改变发电单元的功率因数或者减少其有功功率输出来控制发电单元，但是最具成本效益的控制方式仍可能是改变变压器分接头位置。与改变变压器分接头相比，切负荷的成本要大得多，因此只在极端情况下才会使用。

图 7.3 显示了在欠定配电状态估计下如何结合历史负荷数据进行实时测量，并计算出电网内电压幅值。然后控制器利用这些电压和功率流测量值，使用简单的表决系统或是最优潮流计算来确定最佳控制方案[11,12]。

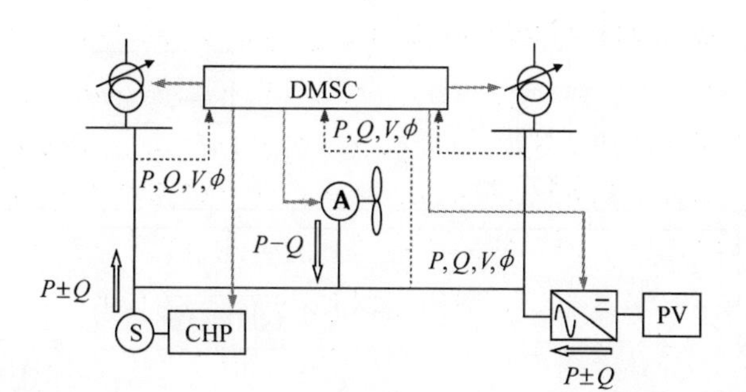

图 7.2　主动配电管理

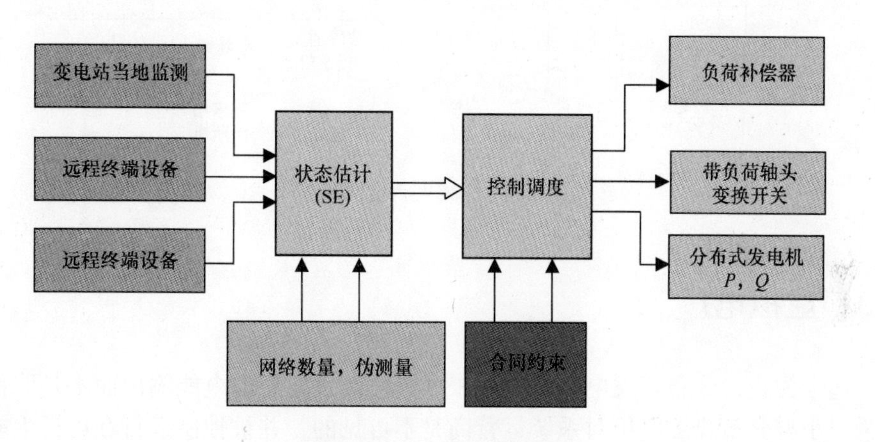

图 7.3　配电管理控制器

7.2.4　集成广域主动电网管理

一些研发项目已完成了更全面的主动电网管理的研究[13]。图 7.4 给出了广域主动电网管理示例。如图所示，每一个 33kV/11kV 变电站都有一个控制器，不仅控制 11kV 电网而且还能与相邻变电站和较高电压等级电网进行通信。

7.2.5　智能电表

智能电表的引入可给所有用户负荷提供实时数据，有可能大幅增加配电系统电压和潮流的可见性。目前，配电网的实时测量设备非常有限，所以其状态只能用历史负荷数据和当前有限的测量设备来估计。一旦智能电表的数据可用，原则上它可以用输电网上的那种状态估计器（超定的，测量对象不仅限于状态）来估算一个鲁棒性更强和准确度更高的配电系统。

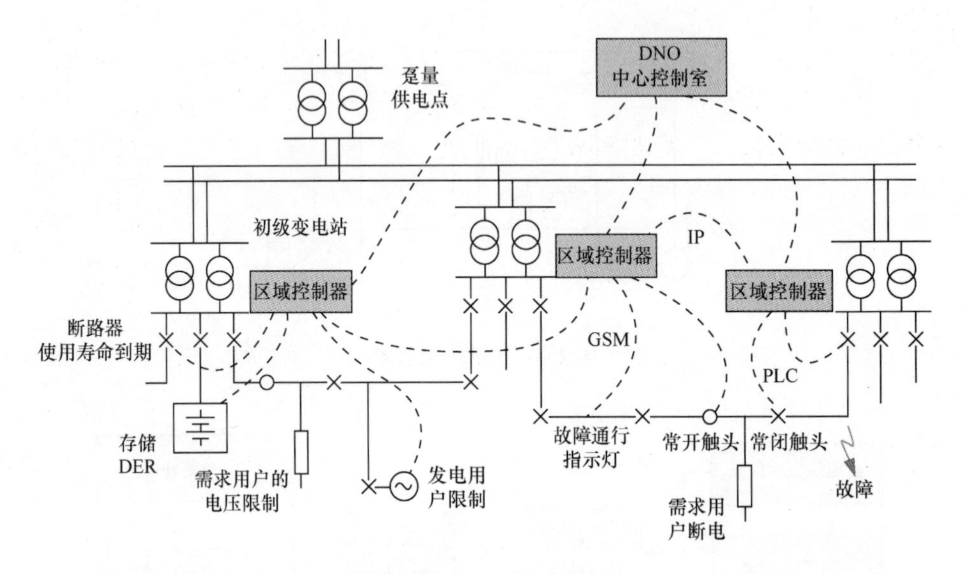

图 7.4 广域主动电网管理

7.3 虚拟电厂

迄今为止，分布式发电已普遍用来取代常规发电厂的电能输出而不是取代其容量。小型分布式发电机对系统运营商是不可见的，并被控制运行在可再生能源最大功率输出，或者响应当地的热量需要而不是为电力系统提供其需要的电量。电力系统这种运行方式的延续会导致分布式发电的利润较高，资产使用率偏低和工作效率低。因此虚拟电厂的概念被提出，以提高分布式发电的可视性和可控性，并允许大量这些小发电单元的汇集，使其能够参与到能源及配套服务市场中来[14]。

在虚拟电厂（VPP）中，分布式发电与响应负荷汇总到控制单元。这种发电群组对电力系统运营商是可见且可控的，可以用来支持系统运行并在能源市场有效交易。总之，它们在电力系统中的运行与接入输电网的大型分布式发电相似。

通过聚集成虚拟电厂，可以实现以下两点：

1）独立的分布式发电变得可见，获准进入能源市场，而因此获得了利益最大化的可能性。

2）系统运行得益于分布式发电机容量的有效利用和运行效率的提高。

7.3.1 虚拟的电厂

单独运行时，许多分布式发电不具有足够的容量，但其所具备的灵活性和可控性让它们能够有效地参与系统管理和能源市场活动。虚拟电厂（VPP）是分布式发电和电动汽车的组合，通过小型发电机可以参与电力系统的运行。虚拟发电厂不仅整合了不同分布式发电的容量，而且从众多小型发电机特性参数中提取出一种单一的运行模式。虚拟发电厂的特征通常由与接入输电网的传统发电机相关联的一系列参数来表示，即预定输出、爬坡率、电压调节能力、存储等。此外，虚拟电厂还包括可控负荷，因此一些参数如需求价格弹性和负荷恢复模式也用来表征虚拟电厂。虚拟电厂在运行方式上与接入输电网的大型发电机机组相似(见图7.5)。

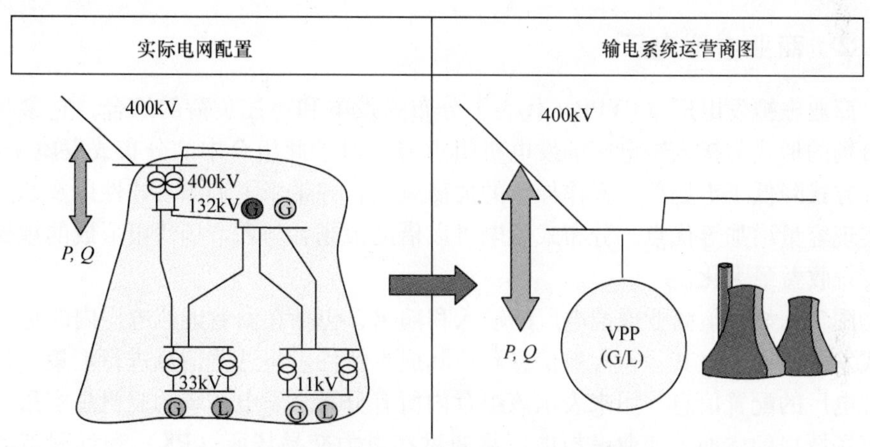

图7.5　汇集了发电（G）和负荷（L）的虚拟电厂[14]

表7.1列出了可以整合起来表征虚拟电厂的发电机和可控负荷参数的一些例子。

表7.1　表征虚拟发电厂的发电厂和可控负荷参数的例子

发电机参数	可控负荷参数
• 发电计划或发电值	• 负荷计划或负荷值
• 发电限制	• 负荷的能源价格弹性
• 最小稳定发电输出量	• 可重组的最大和最小负荷
• 固定容量和最大容量	• 负荷恢复模式
• 存储容量	
• 有功和无功功率负载能力	
• 爬坡率	
• 频率响应能力	
• 电压调节能力	
• 故障电流贡献值	
• 故障穿越特性	
• 燃料特性	
• 效率	
• 运行成本	

由于虚拟电厂由若干个分布式发电单元组成，且采用各种不同的技术运行模式和可用性设计，所以虚拟电厂的特性可能随时间而显著变化。此外，由于虚拟发电中的发电单元接入配电网的各个点，电网特性（网络拓扑，阻抗和约束）也将影响虚拟电厂的整体特性。

虚拟电厂可用于促进能源批发市场的交易，同时也可提供如各种类型的储能、频率和电压调节等服务来支持输电系统的管理。在虚拟电厂概念的发展中，市场参与活动以及系统管理与支持被分别描述为“商业”和“技术”活动，其被定义为商业虚拟电厂（CVPP）和技术虚拟电厂（TVPP）。

7.3.2 商业虚拟电厂

商业虚拟发电厂（CVPP）代表了分布式发电和可控负荷的组合，它参与能源市场的形式与接入输电网的发电机组类似。对于此组合中的分布式发电来说，这种方式降低了市场单一操作导致的失衡风险，并带来了资源多样性以及通过汇集实现容量增加等优点。分布式发电可以借助市场参与和市场情报形成的规模经济实现收益最大化。

图7.6显示了商业虚拟电厂的输入和输出，包括在商业虚拟电厂内的每个分布式发电系统上报其运行参数信息和边际成本特性。将这些信息进行汇集，创建虚拟电厂的配置信息，用来表示该组合内所有分布式发电系统的装机总容量。随着市场情报的增加，商业虚拟电厂将通过在电力交易场所（PX）和远程市场制订合同，向系统运营商提交分布式发电调度信息以及运营成本来优化该组合的收入。

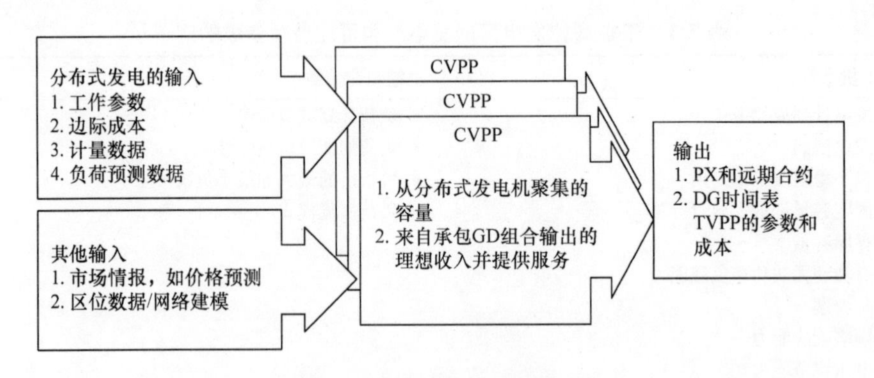

图7.6 CVPP的输入和输出

在对能源市场准入无限制的系统中，即没有电网约束，商业虚拟电厂可以聚集来自任何地理位置的分布式发电。然而，在能源位置至关重要的市场中，商业虚拟电厂的组合受限，仅包括同一位置的发电单元和负荷（如配电网区域或输电网节点）。在这些实例中，虚拟电厂仍然可指来自不同地方的分布式发电单元，但资源的聚合必须由位置来决定，这导致了一系列由地理位置定义的发电和负荷组合。这刚好符合某些市场的期望，例如，输电系统基于节点边际定价的市场及分区市场。

一个商业虚拟电厂可以包括任意数量的分布式发电单元和个人发电单元，同时负荷可以自由选择一个虚拟电厂来代表自身。商业虚拟电厂的角色可由多个市场参与者包括现任的能源供应商、第三方独立机构或新市场的新进单位来承担。

7.3.3　技术虚拟电厂

技术虚拟电厂让分布式发电对系统运营商可见。它使分布式发电有助于系统管理和可控负荷的使用，从而以最低的成本来实现系统功率平衡。

技术虚拟电厂聚集了单个电气地理区域内的可控负荷、发电机和电网，并规定其响应。技术虚拟电厂可采用分层结构来系统地表征连接到当地电网的低、中、高电压等级区域的分布式发电的运行，但在配电网与输电网的接口，技术虚拟电厂代表了整个本地电网的配置概况。

图 7.7 介绍了技术虚拟电厂的输入和输出以及当地电网的分布式发电信息怎样由各个商业虚拟电厂传入技术虚拟电厂。在当地配电网中，分布式发电运行位置、参数以及从商业虚拟电厂收集来的出价、要价可用来提高分布式发电之于配电运营商的能见度，并促进实时电网管理和提供配套服务。

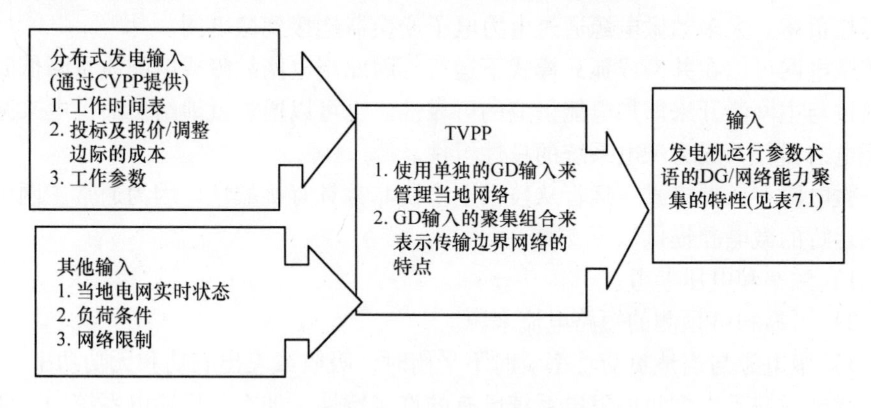

图 7.7　技术虚拟电厂的输入和输出

为了促进分布式发电对输电层运行所起到的作用，技术虚拟电厂运营商（通常是配电系统运营商）汇总来自各分布式发电的运行位置、参数和成本等数据，同时结合详细的电网信息（拓扑结构，约束信息等）形成技术虚拟电厂的特性。技术虚拟电厂通过其与输电系统的连接点来定义，与接入输电网的发电装置采用相同的参数（见表 7.1）。该技术虚拟电厂的配置信息和边际成本计算

（反映整个本地电网的容量）可以由输电系统运营商根据接入输电系统的发电装置的出价报价来估计，以实现系统实时平衡。

经营技术虚拟电厂需要具备本地电网知识和电网控制能力。因此，配电系统运营商（DSO）可能最适合这个角色。有了技术虚拟电厂，DSO 的角色可以演变为主动配网管理，类似于输电系统运营商。DSO 可能会继续成为局部垄断角色，任何额外的主动管理职责都将是受监管的业务。

需要重点认识到的是，围绕配电网运营和发展的市场与监管框架仍然在不断发展，并且提高分布式发电的渗透率将导致系统管理功能进一步分拆和分权。这也会影响商业虚拟电厂和技术虚拟电厂概念的实现方式。

7.4 微电网

在微电网设计和运行技术的研究和工程示范方面，目前国内外许多国家都已开展了大量工作，作为智能电网的组成部分，微电网研究已经取得了很多有价值的成果。尽管如此，迄今为止无论是微电网的最优构架还是控制技术都尚未形成统一的认识。微电网至今尚未在电力系统中得到广泛应用，它是否具有很高的商业可行性还有待论证，再者，目前尚无成功商用案例可供参考[15-18]。

微电网可被定义为小型分布式发电（微电源）组成的电网，电源主要包括光伏发电系统、燃料电池、微型涡轮机或小型风力发电。微电网还包括储能装置和可控负荷。大多数微电源通过电力电子变换器连接到微电网。

微电网可以在并网或孤岛模式下运行，因此当电网故障或电能质量降低时可以通过与主网断开来增加电能供应的可靠性。也可以通过就地给负荷供电来减少输配电的损耗并成为配电系统的良性组件。

微电网在孤岛模式下运行从技术上来说非常具有挑战性，因为通常主网可为并网运行的微电源提供以下支撑：

1）频率和电压参考。

2）可靠和可预测的短路电流来源。

3）微电源与当地负荷功率瞬时不平衡时，吸收或发出有功和无功功率。

微电网缺乏大型集中发电系统已有的许多特性。如在高压输电系统中，线路的电抗（X）要比电阻（R）大得多，因此支持有功功率（P）和无功功率（Q）解耦控制。如果忽略线路的电阻（高压电网的合理假设），则可假设线路的无功功率潮流是由每条线路末端电压幅值大小来控制的，而有功功率潮流由电压相位角决定的。有功功率和无功功率可独立考虑，但该假设在线路电阻可能超过其电抗的微电网中并不成立。

在高压电力系统中，频率是由发电和负荷的平衡情况决定的，从旋转发电机和负荷中提取动能或通过加速旋转发电机获得电能。当一个大的负荷接入或发电机跳闸时，系统频率变化的速度是由系统中所有旋转电机的总惯量决定的。在微电网中，许多微电源要么产生直流电流，要么通过功率变换器连接，都是与发电机交流侧解耦的。如果负荷也是静态的（或通过变流器连接），则没有旋转发电机接入微电网中。因此在孤岛运行时，频率必须通过变流器控制系统来合成。

迄今为止所有微电网实验中发现储能的使用很有必要。当微电网与配电网断开连接时，利用储能可以确保系统稳定运行；当微网孤岛运行时，利用储能可以适应负荷变化。目前飞轮和电池储能系统皆已得到应用[18-20]。

最近微电网的研究已延伸到使用其他能源载体（沼气输送的热量和气体系统）。其目的是向市区提供综合能源，从而减少碳排放（见图 7.8）。

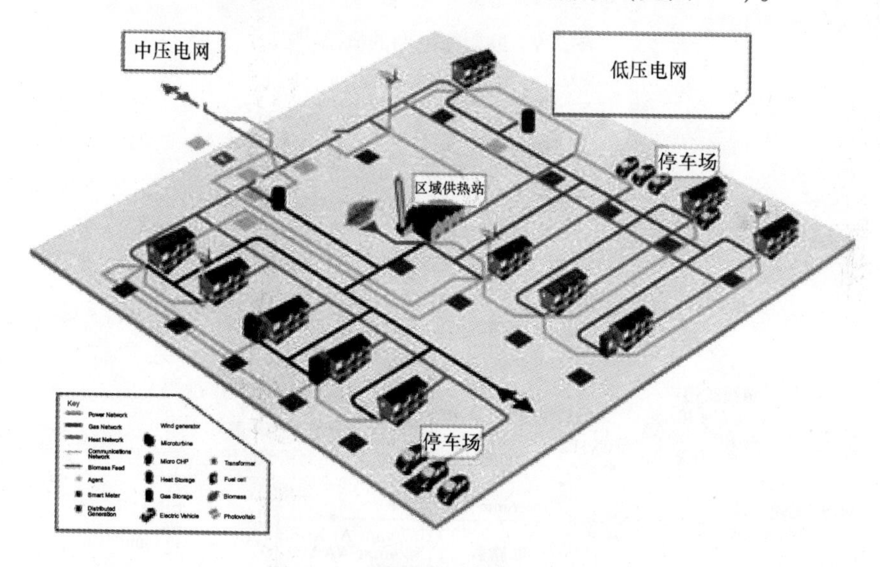

图 7.8　多能量载体微电网示意图

7.4.1　微电网的研究和示范项目

目前微电网研究的三大主力分别为欧盟、美国和日本[15-17]。

欧盟在微电网技术方面已开展了两大研究项目，提出了如图 7.9 所示的典型微电网结构和如图 7.10 所示的微电网测试系统[18]。在这些处于实验室阶段的微电网中，光伏发电、燃料电池和微型燃气轮机以逆变器作为电网接口，小型风力发电机直接接入电网。安装集中式的飞轮储能装置用来提供孤岛运行时的频率稳定性和短路电流。切换到孤岛运行模式时选择在中压等级断开，以保留变压器的中性点接地。

在美国，CERTS 主导的微电网项目采取了另一种做法（见图 7.11）。

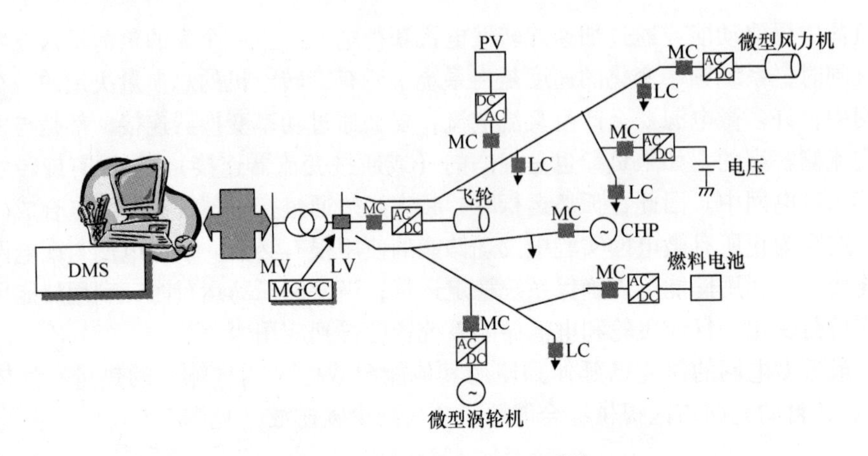

图 7.9　欧盟微电网的概念[18]

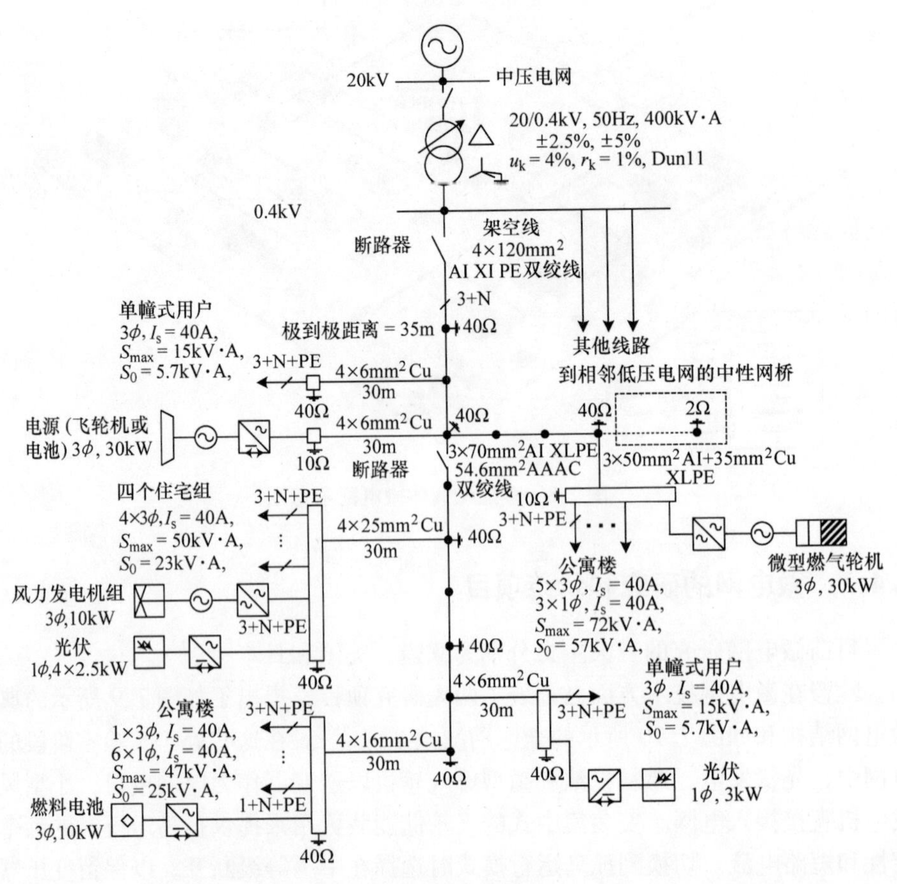

图 7.10　欧盟的微电网测试系统[18]

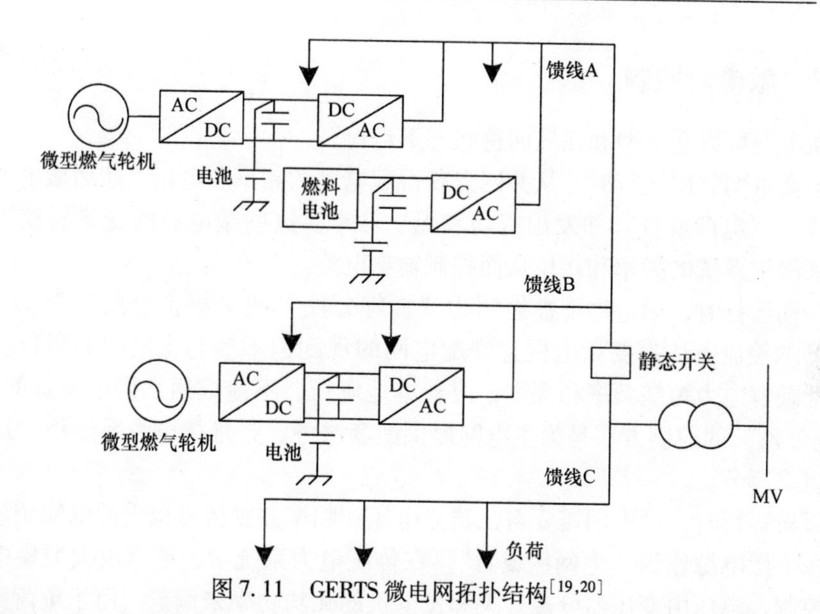

图 7.11　GERTS 微电网拓扑结构[19,20]

储能电池被安装在每个微电源的直流母线上。所有微电源即插即用，同时含敏感负荷的馈线可以通过断开静态开关脱离配电网孤岛运行。

日本也已开展了多个微电网示范项目建设，主要目标是平衡负荷和间歇性发电之间的波动，从而使微电网表现为电网友好型。在仙台的微电网项目中（见图7.12），同时供电给直流和交流负荷，并且针对一些高科技负荷，使用动态电压恢复器来提高电能质量。

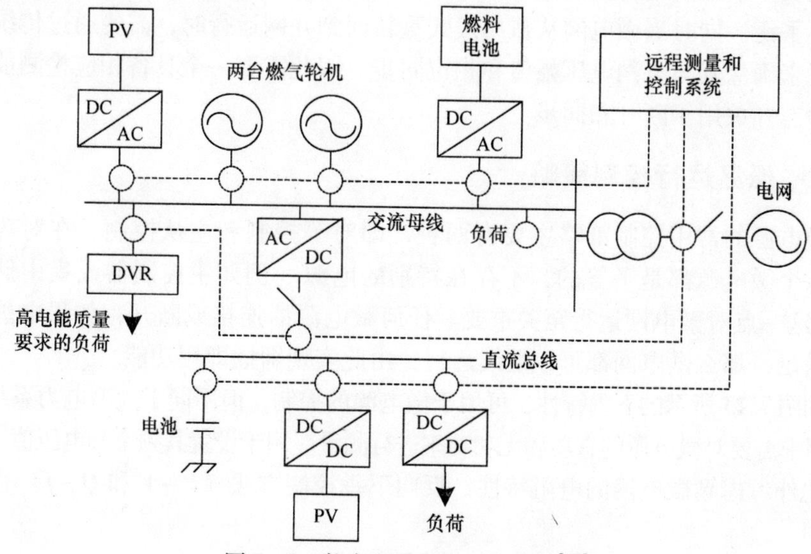

图 7.12　仙台市微电网拓扑结构[19]

7.4.2 微电网控制

微电网可以在并网和孤岛两种状态下运行。

当微电网并网运行时，从并网点获得配电网的频率和电压。然后微电源被功能定位为“电网成员”并发出有功和无功功率。这些微电源的变流器使用锁相回路来测量系统的频率和相位从而控制输出电流。

并网运行时，微电网可被控制为“良好公民”或“模范公民”[19]。“良好公民”的控制方法需要微电网遵守配电网的规则但不参与主电网的运行。其特征包括缓解电力短缺频率和程度，改善本地电压，不造成用户供电质量的恶化。“模范公民”的控制方法是为主电网提供配套服务，是维持电力系统稳定运行的重要组成部分。

孤岛运行时，微电网需要自己建立电压和频率并维持可接受的电能质量。一个或多个微电源作为“电网构成者”。在传统电力系统中，频率由大型集中式发电厂控制，电压由变压器分接开关和发电机的无功功率来调节。由于负荷变化和微电源间歇性输出，很难保持孤岛运行状态下微电网的稳定。孤岛运行时其系统频率通常通过微电源的输出功率控制，负荷控制（需求侧管理）及储能单元来调节。由于微电网中阻抗比值很高，因此微电源有功和无功功率都会对微电网电压产生影响。

并网与孤岛模式之间的平滑过渡也非常重要。如果微电网在断开前正从主电网吸收功率或正向电网发出功率，那么微电网在并网到孤岛的切换过程中会出现电力不平衡。同时当微电网从孤岛模式重新回到并网运行时，需要通过传统的同步装置来确保其与电网电压幅值和相位同步。因此需要一个具备相应检测能力的高速静态开关用于断开和同步。

7.4.3 孤岛运行控制策略[22]

微电源的常用控制策略主要有两种，即对等控制和主从控制。在对等控制中，每个微电源都是平等的，不存在特别的电源（例如主控制器或集中储能单元），这一点对微电网运行至关重要。任何微电源的连接或断开，如果电能需求仍能满足，那么微电网都可以继续运行，由此实现即插即用功能。

如图 7.13 所示的下垂特性，可用于微电源的控制，但不同于大型电力系统，在微电网中需要对微电源的有功和无功功率进行测量，用于设置其频率和电压值。

此外考虑到微电网的电阻特性，反向下垂控制方法（$P-V$ 和 $Q-f$）也得到了应用。

在主从控制中，从电源通过通信信道从主电源接收指令。目前已开发出了两种主从控制方式。一种是采用单个微电源作为主电源，另一种是用中央控制器来

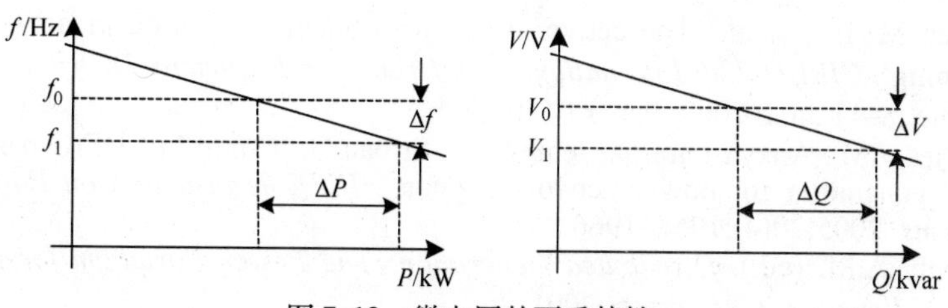

图 7.13 微电网的下垂特性

监控微电源和负荷。采用中央控制器的方式已被广泛应用于微电网示范项目。

目前飞轮储能单元已被用作主电源，调节微电网孤岛运行的频率和电压。主电源采用如图 7.14 所示的 $P-f$ 和 $V-Q$ 下垂控制，其他微电源作为从电源，采用 PQ 控制。在该方案中储能单元的容量要足够大。

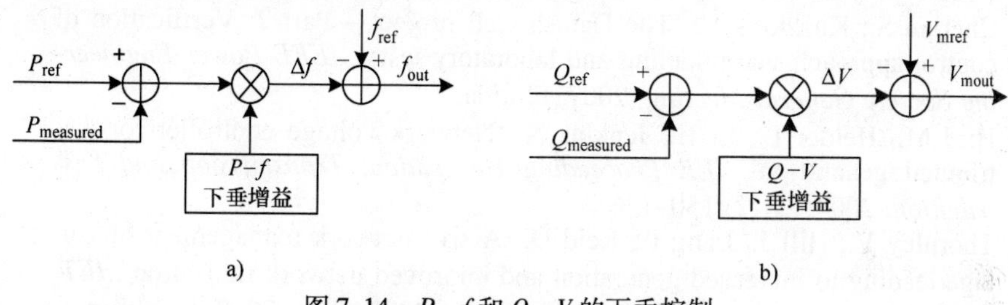

图 7.14 $P-f$ 和 $Q-V$ 的下垂控制

中央控制器主要用于微电网的稳态控制，而暂态控制权限下放给微电源。微电网中央控制器用于协调各微电源控制器的设定值，各个微电源控制系统使用这些设定值进行控制。系统的频率和电压主要由主电源来调节，如果频率和电压超过其限制，则微电网的中央控制器将改变设定值。

微电网各项研究和示范项目的开展提供了大量有价值的信息和经验。但它们同样强调了与电力系统互联的优势。在目前的商业条件下，只有在极特殊情况时，孤岛运行的小型低压微电网的优势才有可能压倒其高复杂性和高成本所带来的劣势。

参考文献

1. Dondi P., et al. ‘Network integration of distributed power generation’. *Journal of Power Sources*. 2002;106:1–9.
2. Djapic P., et al. ‘Taking an active approach’. *IEEE Power and Energy Magazine*. July–Aug. 2007;5(4):68–77.
3. Pecas Lopes J.A., et al. ‘Integrating distributed generation into electric power systems: A review of drivers, challenges and opportunities’. *Electric Power Systems Research*. 2007;77(9):1189–1203.
4. Bayod-Rujula A.A. ‘Future development of the electricity systems with distributed generation’. *Energy*. 2009;34:377–383.

5. Bollen M.H.J., et al. 'The active use of distributed generation in network planning'. *CIRED 20th International Conference on Electricity Distribution*; Prague, 8–11 June 2009, Paper 0150.
6. Hughes F.M., Anaya-Lara O., Jenkins N., Strbac G. 'Control of DFIG-based wind generation for power network support'. *IEEE Transaction on Power Systems*. 2005;20(4):1958–1966.
7. Borbely A.M. (ed.). *Distributed Generation: The Power Paradigm for the New Millennium*. CRC Press; 2001.
8. D'adamo C., Jupe S., Abbey C. 'Global survey on planning and operation of active distribution networks – Update of CIGRE C6.11 working group activities'. *Electricity Distribution, 2009, 20th International Conference and Exhibition*; 8–11 June 2009, Paper 0555.
9. Lund P. 'The Danish Cell Project – Part 1: Background and general approach'. *IEEE Power Engineering Society General Meeting*; 2007, Florida.
10. Cherian S., Knazkins V. 'The Danish Cell project – Part 2: Verification of control approach via modeling and laboratory tests'. *IEEE Power Engineering Society General Meeting*; 2007, Florida.
11. Hird M., Helder L., Li H., Jenkins N. 'Network voltage controller for distributed generation'. *IEE Proceeding Generation, Transmission and Distribution*. 2004;151(2):150–156.
12. Thornley V., Hill J., Lang P., Reid D. 'Active network management of voltage leading to increased generation and improved network utilisation'. *IET-CIRED Seminar SmartGrids for Distribution*; 23–24 June 2008, Frankfurt.
13. Taylor P., et al. 'Integrating voltage control and power flow management in AuRA-NMS'. *IET-CIRED Seminar SmartGrids for Distribution*; 23–24 June 2008, Frankfurt.
14. Pudjianto D., Ramsay C., Strbac G. 'Virtual power plant and system integration of distributed energy resources'. *Renewable Power Generation, IET*. 2007;1(1):10–16.
15. Barnes M., et al. 'Real-World MicroGrids an overview'. *System of Systems Engineering, 2007. SoSE'07. IEEE International Conference*; 16–18 April 2007, pp. 1–8, San Antonio, TX.
16. Hatziargyriou N., Asano H., Iravani R., Marnay C. 'Microgrids: An overview of ongoing research, development, and demonstration projects'. *IEEE Power and Energy Magazine*. August 2007, pp. 78–94.
17. Barnes M., Dimeas A., Engler A. 'MicroGrid laboratory facilities'. *International Conference on Future Power Systems*; November 2005, pp. 1–6.
18. European Research Project More MicroGrids. [Online]. Available from http://www.microgrids.eu/default.php
19. Xiao Z., Wu J., Jenkins N. 'An overview of microgrid control.' *Intelligent Automation and Soft Computing*. 2010;16(2):199–212, ISSN 1079-8587.
20. Lasseter R.H. 'MicroGrids and distributed generation.' *Journal of Energy Engineering American Society of Civil Engineers*. 2007;133(3):144–149.
21. Nikkhajoei H., Lasseter R.H. 'Distributed generation interface to the CERTS microgrid.' *IEEE Transactions on Power Delivery*. 2009;24(3):1598–1608.
22. Peças Lopes J.A., Moreira C.L. 'Defining control strategies for MicroGrids islanded operation.' *IEEE Transactions on Power Systems*. 2006;**21**(2): 916–924.

教程 I 交流电力系统

艾尔斯福德热电联产厂

该工厂生产 220MW 热能和 98MW 的电能［国家电源 PLC］

I.1 引言

在所有的公共电力供应系统中，市电电压每秒交替 50 或 60 个周期（Hz），并且当连接负荷时将形成交流电流。交变电流或电压周期性地改变其极性，会在示波器上形成波形。正弦波、方波以及锯齿波用于不同的电子电路，但是本章只考虑正弦波。正弦波是交流电源的主要波形。

发电机输出三相交流电压，并且增加该电压（升压）以实现远距离传输（见图I.1），然后输电电压降低后再分配给负荷。低压终端配电线路通常使用四线制（对于欧洲来说是每相电压230V的三相线和提供零伏参考电压的中性线）。单相负荷（如房子）以两根线（单相线和中性线）连接，而三相负荷（工业和商业建筑物）连接到所有四根导线。

I.2 交流电流

周期性电压或电流波形由以下参数描述：

1. 周期（T）

取电压或者电流一个循环的时间称为周期，用符号 T 表示，以秒为单位。可以取一个点到下一周期的相应的点测量来周期（见图 I.1）。

2. 频率（f）

波形在1s内完成循环的次数就是频率，用符号 f 表示，单位为赫兹（Hz）。周期和频率的关系为 $f=1/T$；即周期越长频率越低，周期越短频率越高。

3. 峰值（V_m）

正或负的最大值被称为峰值，单位为伏特或者安培。

4. 峰－峰值（$2V_m$）

负峰值和正峰值之间的大小被称为峰－峰值。

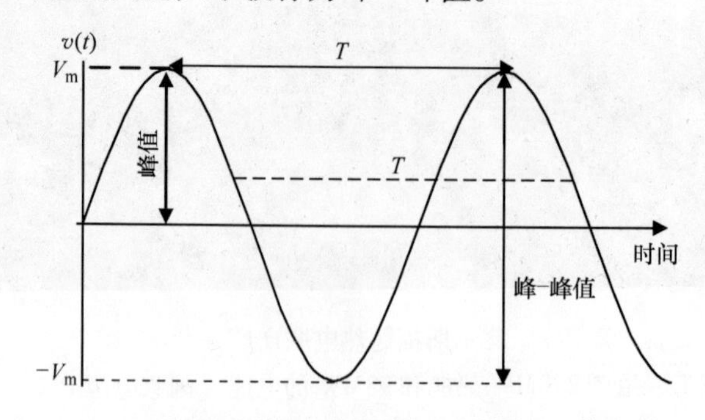

图 I.1　正弦电压的波形和定义

I.3 电流和电压的方均根平均值

通过电阻上消耗的平均功率得到正弦电压或电流是其中一种测量方法。

应用欧姆定律的两个例子如图 I.2 所示。

直流：$V_{DC}=I_{DC}R$。因此，热量耗散的功率为：$P=V_{DC}I_{DC}=I_{DC}^2R$。

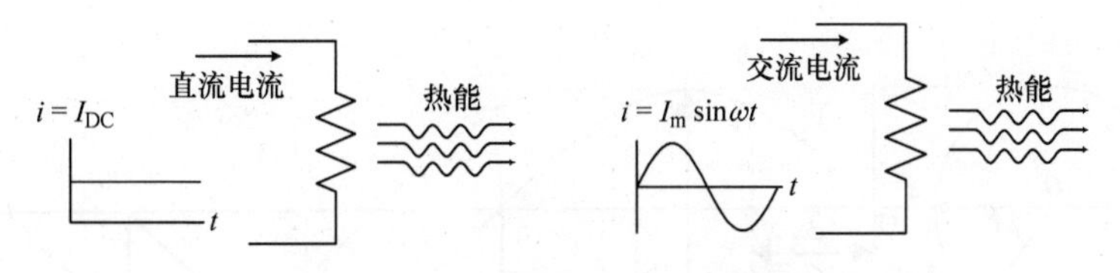

图Ⅰ.2 直流和交流的电阻馈给

交流：如果通过电阻的电流为 $i(t) = I_m \sin(\omega t)$，则电压为 $v(t) = I_m R\sin(\omega t)$。

瞬时功率消耗为：$p_{int}(t) = v(t) \times i(t) = I_m^2 R\sin^2(\omega t)$。

平均功率消耗：$P_{ave} = 1/T\int_0^T I_m^2 R\sin^2(\omega t)\,dt$。

代入 $\sin^2(\omega t) = (1-\cos(2\omega t))/2$，可得到下面的方程：

$$P_{ave} = \frac{1}{T}\int_0^T I_m^2 R\left[\frac{1-\cos(2\omega t)}{2}\right]dt$$

$$= \frac{1}{2T}\int_0^T I_m^2 R \times dt - \frac{1}{2T}\int_0^T I_m^2 R\cos(2\omega t)\,dt = \frac{I_m^2 R}{2} \tag{Ⅰ.1}$$

如果以下等式成立，那么两个电路的平均热量相等：

$$I_{DC}^2 \times R = \frac{I_m^2 R}{2} \tag{Ⅰ.2}$$

$$I_{DC} = \frac{I_m}{\sqrt{2}}$$

交流电流值，即作用于直流电阻相同的热量，被称为电流方均根（ms），为正弦波的 $I_m/\sqrt{2}$。交变电流和电压通常由其有效值来表示。

Ⅰ.4 交流量的相量表示

在角速度 ω 逆时针方向上考虑长度 V_m 的矢量。当相量 ***OA*** 旋转，其在 y 轴的投影被描述为正弦信号（V_a）。同样，当相量 ***OB*** 旋转时，其在 y 轴的投影为 V_b。相量长度 ***OA*** 或 ***OB*** 对应于正弦信号的峰值（V_m），相量 ***OA*** 与 ***OB*** 之间的夹角对应于两个波形相同点之间的角度。

如果相量 ***OA*** 和 ***OB*** 以 ω 旋转，则在 t 时刻正弦波 V_a 的相位角 θ（从原点）值为 ωt。因此，正弦信号 V_a 的方程 $V_a(t) = V_m\sin\theta = V_m\sin(\omega t)$。相似的正弦信号 V_b的方程为 $V_b(t) = V_m\sin(\omega t + \phi)$。

图Ⅰ.3 所示正弦波形 V_a的周期是 $2\pi/\omega$。

如果波形频率为 f，则 $1/f = 2\pi/\omega$，即 $\omega = 2\pi f$。

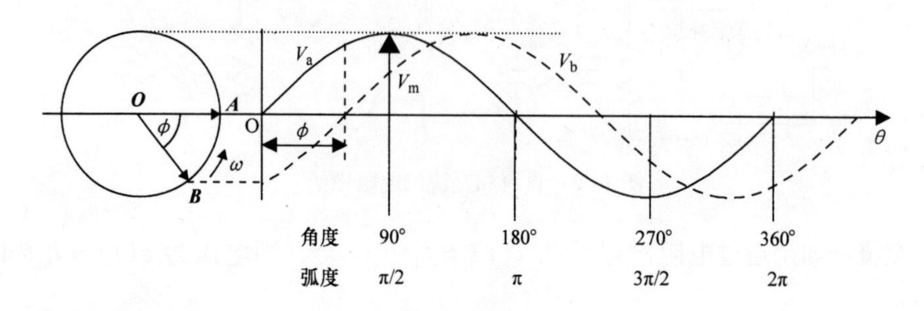

图Ⅰ.3 通过旋转相量的正弦波形的变化

以正弦信号相同的角速度旋转并表示正弦波的大小和相位角的相量 ***OA*** 和 ***OB*** 被称为相量。两相量的相位角表示正弦波上的一点对应于其他波形同一点超前或滞后的程度。如果两波形的相量彼此一致，则称这两波形是同相的。如果一个波形比另一个超前 ϕ（逆时针方向测量）则它比另一个超前相角 ϕ。如果一个波形比另一个波形滞后 ϕ（顺时针测量）则它比另一个滞后相位角 ϕ。

代表波形 V_a和 V_b的两相量（***OA*** 和 ***OB***）可被写成表Ⅰ.1 的形式。尽管图Ⅰ.3中的相量 ***OA*** 和 ***OB*** 的长度等于正弦波形的峰值，但在相位角表达形式中通常使用有效值。

表Ⅰ.1 交流量的时域和相量表达式

信号	时间表达式	相量表达式
V_a	$V_a = V_m \sin(\omega t + 0)$	$\boldsymbol{V}_a = \frac{V_m}{\sqrt{2}} \angle 0$
V_b	$V_b = V_m \sin(\omega t - \phi)$	$\boldsymbol{V}_b = \frac{V_m}{\sqrt{2}} \angle -\phi$

$\boldsymbol{V}_\phi = V\angle\phi$ 被称为相量 $\boldsymbol{V}_\phi$ 的极坐标形式并且 $\boldsymbol{V}_\phi = V[\cos\phi + \mathrm{j}\sin\phi]$ 被称为 $\boldsymbol{V}_\phi$ 的矩形或卡迪尔形式[⊖]。在这本书中，相量 $\boldsymbol{V}_\phi$ 以加粗的形式给出，其大小以正常形式给出（不加粗）（$V = |\boldsymbol{V}_\phi|$）。图Ⅰ.4 所示的通过幅值 A 和相位角表示相量 V_ϕ 被称为相量图。

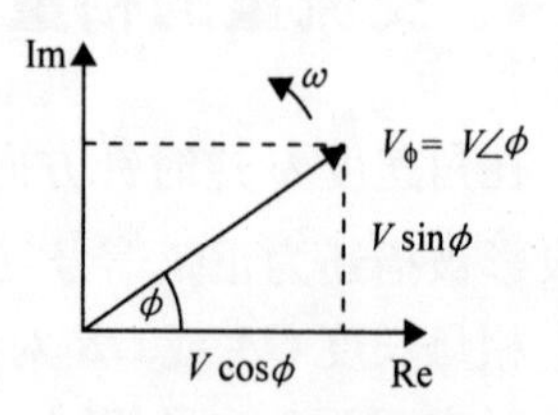

图Ⅰ.4 $\boldsymbol{V}_\phi$ 相量图（见实轴和虚轴）

⊖ j是虚数 $\sqrt{-1}$，其相量形式为 $\mathrm{j} = 1\angle 90°$。

Ⅰ.5　交流电路的电阻、电感和电容

Ⅰ.5.1　交流电路的电阻

在图Ⅰ.5中，电阻 R 连接于交流电源 $v(t)=V_{\mathrm{m}}\sin(\omega t)$。由欧姆定律计算通过电阻的电流 $i(t)=V_{\mathrm{m}}/R\sin(\omega t)$。如果电压相量为 $\boldsymbol{V}$，电流相量为 $\boldsymbol{I}$，则 $\boldsymbol{V}=\boldsymbol{IR}$。

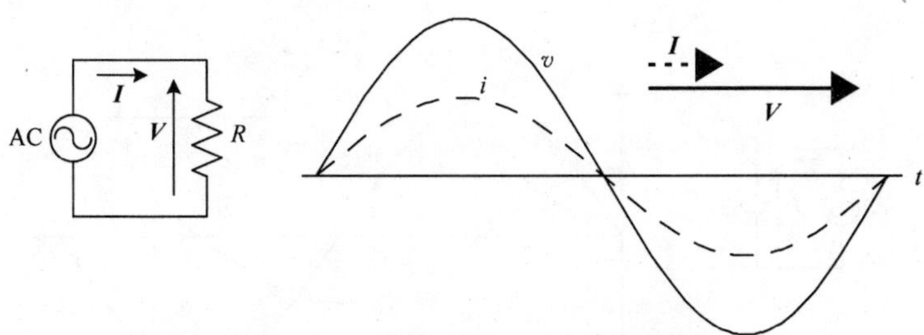

图Ⅰ.5　R 中电流和电压的时域与相量形式

Ⅰ.5.2　交流电路的电感

电流和电压的纯电感关系表达式为 $v=L(\mathrm{d}i/\mathrm{d}t)$。

如图Ⅰ.6所给的外加电压为 v，其电流可通过电压积分得到，即

$$i(t)=\frac{1}{L}\int_0^t v\mathrm{d}t=\frac{1}{L}\int_0^t V_{\mathrm{m}}\sin(\omega t)\mathrm{d}t=-\frac{V_{\mathrm{m}}}{\omega L}\cos\omega t$$

$$=\frac{V_{\mathrm{m}}}{\omega L}\sin(\omega t-\pi/2) \tag{Ⅰ.3}$$

图Ⅰ.6为电感电路的电压和电流的波形。通过电感的电流滞后于电压90°。如果电压相量为 $\boldsymbol{V}$，电流相量为 $\boldsymbol{I}$，则 $\boldsymbol{V}/\boldsymbol{I}=\omega l\angle 90°=\mathrm{j}\omega L$。$\mathrm{j}\omega L$ 是电路的阻抗，单位也是欧姆。阻抗大小 $X_{\mathrm{L}}=\omega L$，简称为感性电抗也是欧姆单位。当电感器由其电感来表示，则欧姆定律可应用于其电压和电流相量中。

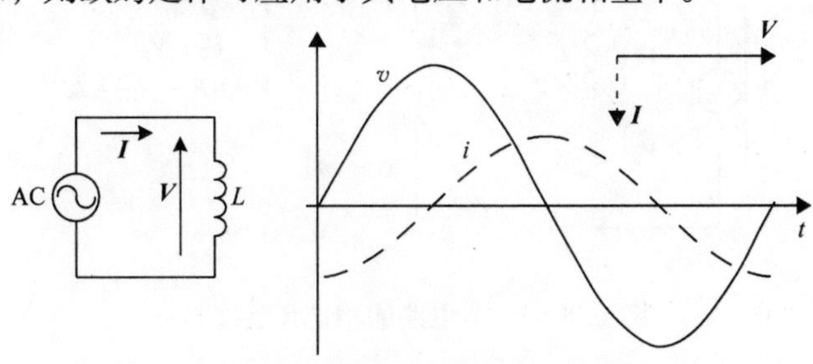

图Ⅰ.6　L 中电压和电流的时域和相量形式

I.5.3 交流电路的电容

电流和电压的纯容性关系表达式为 $i = C(\mathrm{d}i/\mathrm{d}t)$。如图 I.7 所示，如果正弦电压 v 给电容供电，则通过电容的电流为

$$\begin{aligned} i(t) &= C\frac{\mathrm{d}}{\mathrm{d}t}(V_{\mathrm{m}}\sin\omega t) \\ &= \omega C V_{\mathrm{m}}\cos\omega t \\ &= \omega C V_{\mathrm{m}}\sin(\omega t + (\pi/2)) \end{aligned} \quad (\text{I}.4)$$

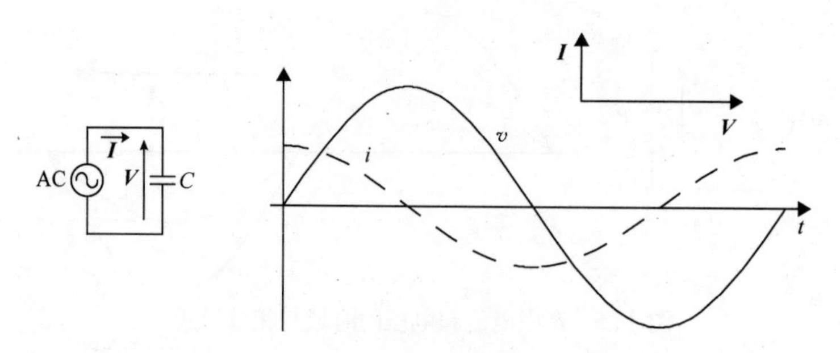

图 I.7 C 中电压和电流的时域和相量形式

如果电压相量为 $\boldsymbol{V}$，电流相量为 $\boldsymbol{I}$，则 $\boldsymbol{V}/\boldsymbol{I} = (1/\omega C)\angle -90° = 1/\mathrm{j}\omega C$。$1/\mathrm{j}\omega C$ 是电容的大小，单位为欧姆。阻抗大小，即 $X_{\mathrm{C}} = 1/\omega C$，简称为容性电抗，也是以欧姆为单位。当电容器由其电感量来表示时欧姆定律可用于其电压和电流相量中。

I.5.4 *R*－*L* 交流电路

图 I.8 是串联 $R-L$ 交流电路。通过电路的电流由电路的阻抗来限制，表示为 $Z = R + \mathrm{j}X_{\mathrm{L}}$。电压和电流的相位角由 $\arctan(\omega L/R)$来表示。

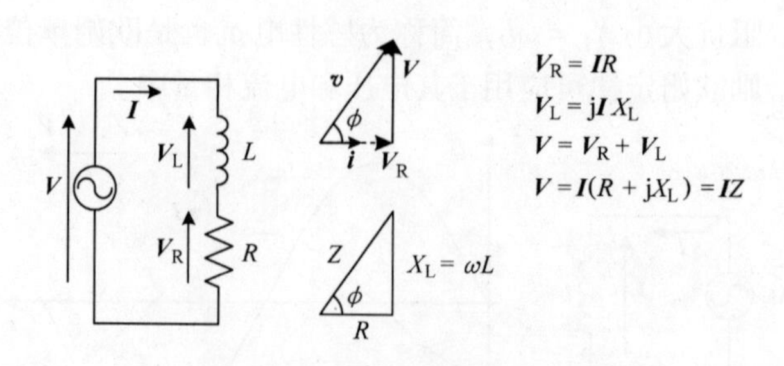

图 I.8 $R-L$ 电路的相量和阻抗图

例Ⅰ.1

假设频率为60Hz，依次计算以下阻抗的电阻和电感或电容。

(a) $50+\mathrm{j}30\Omega$

(b) $40\angle-60°\Omega$

答：

(a) $50+\mathrm{j}30\Omega=R+\mathrm{j}\omega L$

比较得 $R=50\Omega$ 和 $\omega L=30\Omega$

当频率为60Hz时 $\omega=2\pi f=2\pi\times60\mathrm{rad/s}=377\mathrm{rad/s}$，因此有

$L=30/377\mathrm{H}=79.6\times10^{-3}\mathrm{H}=79.6\mathrm{mH}$。

(b) $40\angle-60°=20-\mathrm{j}34.64\Omega=R+(1/\mathrm{j}\omega C)=R-(\mathrm{j}\omega C)$

比较得 $R=20\Omega$ 和 $1/\omega C=34.64\Omega$，因此有

$\omega=377\mathrm{rad/s}$，$C=1/(377\times34.64)\mathrm{F}=76.6\times10^{-6}\mathrm{F}=76.6\mu\mathrm{F}$

例Ⅰ.2

$v(t)=170\sin(377t)$ 的电压给线圈供电，其电阻为2Ω，电感为0.01H。以矩形规则写出电压和电流相量的有效值并画出相量图。

答：$R=2\Omega$ 和 $L=0.01\mathrm{H}$，由 $v(t)=170\sin(377t)$ 得 $\omega=377\mathrm{rad/s}$

电压的相量形式 $=(170/\sqrt{2})\angle0°\mathrm{V}=120.2\angle0°\mathrm{V}=120.2+\mathrm{j}0\mathrm{V}$，$\omega L=(377\times0.01)\Omega=3.77\Omega$，线圈大小为 $2+\mathrm{j}3.77\Omega=4.27\angle62.05°\Omega$

电流的相量形式为 $120.2\angle0°/4.27\angle62.05°=28.13\angle-62.05°=13.18-\mathrm{j}24.85\Omega$

相量图

例Ⅰ.3

$2+\mathrm{j}6\Omega$ 的阻抗与 $10+\mathrm{j}4\Omega$ 和 $12-\mathrm{j}8\Omega$ 并联的两个阻抗串联且加入200V的电压，计算主电路的电流大小和相位角。

答：

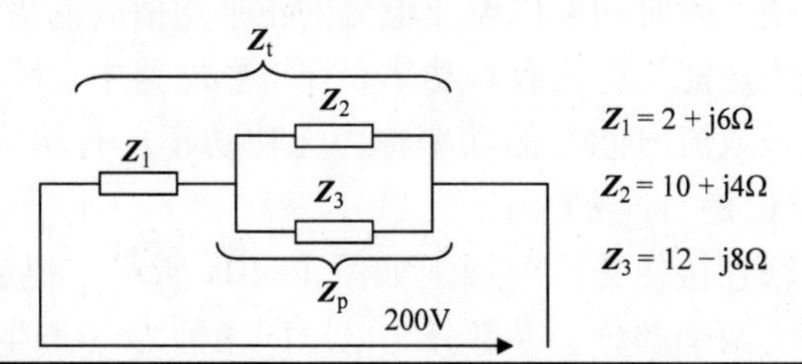

$$\mathbf{Z}_{\mathrm{p}}=\frac{\mathbf{Z}_2\mathbf{Z}_3}{\mathbf{Z}_2+\mathbf{Z}_3}=\frac{[10+\mathrm{j}4][12-\mathrm{j}8]}{10+\mathrm{j}4+12-\mathrm{j}8}=6.95-\mathrm{j}0.19$$

$$\mathbf{Z}_{\mathrm{t}}=\mathbf{Z}_1+\mathbf{Z}_{\mathrm{p}}=8.95+\mathrm{j}5.81=10.67\angle 33°$$

$$\boldsymbol{I}=\frac{200}{10.67\angle 33°}=18.74\angle -33°$$

因此电流大小为 18.74A，相位角为 30°且滞后于电压。

I.6 交流电路的功率

交流电路的瞬时功率为瞬时电压与电流的乘积。

对于纯电阻 $v(t)=R\times i(t)$，瞬时功率 $p(t)$ 为

$$p(t)=v(t)\times i(t)=v(t)^2/R=i(t)^2\times R \tag{I.5}$$

如果 $v(t)=V_{\mathrm{m}}\sin(\omega t)$，电路的平均功率为

$$P_{\mathrm{ave}}=\frac{1}{T}\int_0^T p(t)\,\mathrm{d}t=\frac{V_{\mathrm{m}}^2}{R\times T}\int_0^T \sin^2\omega t\times \mathrm{d}t=\frac{V_{\mathrm{m}}^2}{R\times T}\int_0^T\left[\frac{1-\cos(2\omega t)}{2}\right]\times \mathrm{d}t$$

$$=\frac{V_{\mathrm{m}}^2}{2R}=\frac{V^2}{R}=I^2R \tag{I.6}$$

其中电压和电流均为有效值。

对于纯电感，$v=L(\mathrm{d}i/\mathrm{d}t)$ 且瞬时功率为

$$p(t)=v(t)\times i(t)=L\times i(t)\times\frac{\mathrm{d}}{\mathrm{d}t}i(t) \tag{I.7}$$

如果 $i(t)=I_{\mathrm{m}}\sin(\omega t)$，电容的平均功率为

$$P_{\mathrm{ave}}=\frac{\omega L I_{\mathrm{m}}^2}{T}\int_0^T \sin\omega t\times\cos\omega t\times \mathrm{d}t=0 \tag{I.8}$$

图 I.9 显示了两个电路的瞬时功率，一个是纯电阻电路，另一个是纯电感电路。在电阻电路中，瞬时功率以电压电流的正平均值的两倍频率变化，该电路的电源将电能转化为热能，称为有功功率。在电感电路中，瞬时功率以零平均值进行交替，振荡流入或流出能量的功率称为无功功率。有功功率的单位是 W 或 kW，无功功率的单位是 var 或 kvar。

电阻和电容串联连接在交流电源上如图 I.10a 所示，相量图如图 I.10b 所示。瞬时电流可分为两个部分：一部分与电压同相的 I_{P}（产生有用功率）；另一

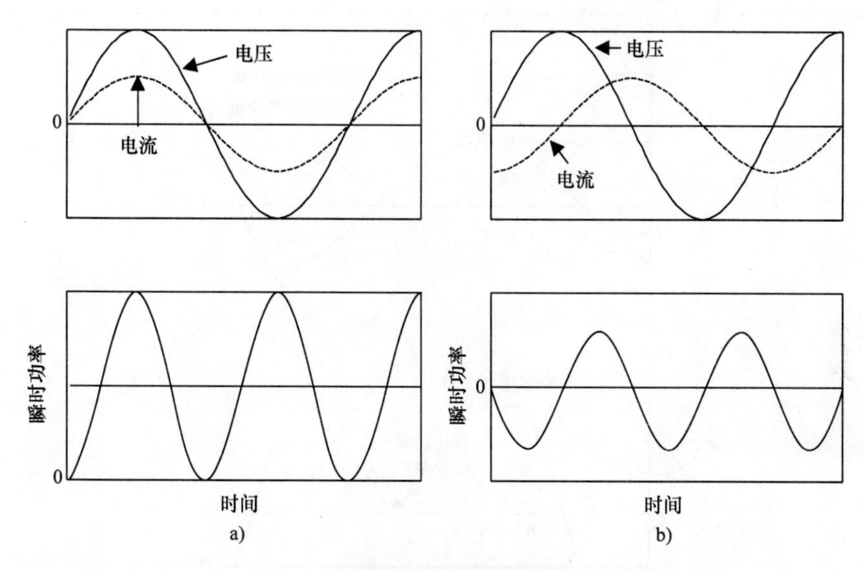

图Ⅰ.9 电容与电感电路的瞬时功率

a）纯电阻电路 b）纯电感电路

部分有90°相位偏移的 I_Q（产生无功功率）。电路的瞬时功率和有功功率与无功功率如图Ⅰ.11所示。

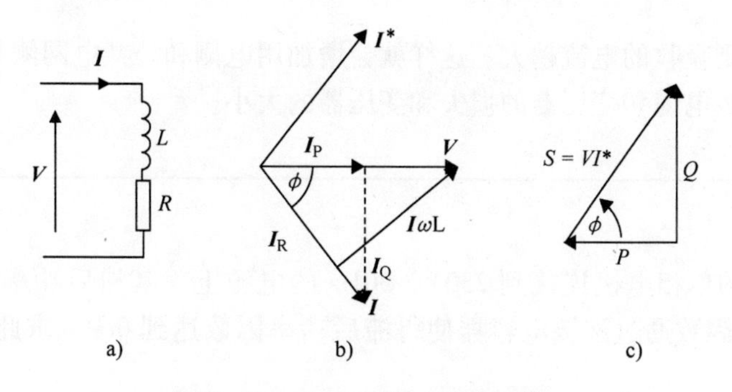

图Ⅰ.10 $R-L$ 电路（感性负荷）

从图Ⅰ.10c 可知：

有功功率： $P = V \times I_P = VI\cos\phi$ （Ⅰ.9）

无功功率： $Q = V \times I_Q = VI\sin\phi$ （Ⅰ.10）

常规定义的 S 为视在功率，如 VI^*（见图Ⅰ.10b 中的 I^*）。在图Ⅰ.10c，$S = \sqrt{P^2 + Q^2} = VI^*$。$S$ 的单位是 V·A 或是 kV·A。相位角 ϕ 的余弦 $\cos\phi$ 被称为电路的功率因数。

大多数工厂和商业用户都配有感性负荷。对于给定电压和实际功率负荷，功

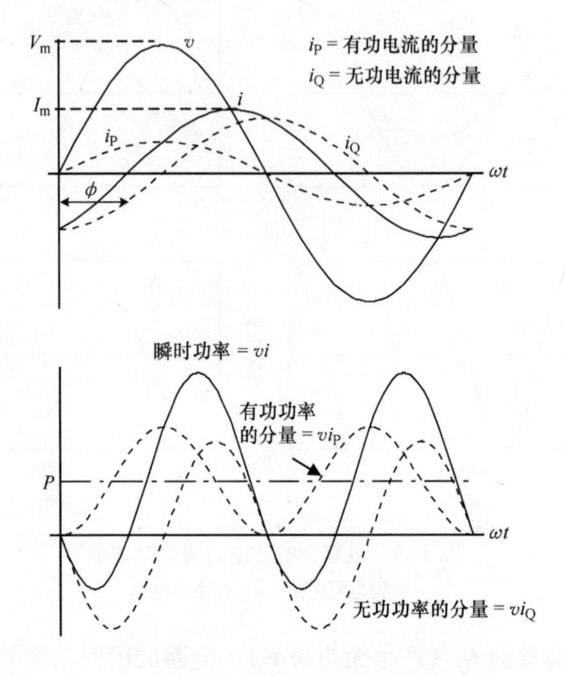

图Ⅰ.11　电感负荷相关的有功和无功功率

率因数越低则吸收的电流越大。这样就会增加用电侧和公共电网侧所需的配线电缆侧的大小，电缆和变压器的损失和变压器的大小。

例Ⅰ.4

10kW 的单相电机连接到 230V，50Hz 的电源上，其滞后功率因数为 0.8。为改善功率因数通过连接电容器使得滞后功率因数达到 0.9，求此电容器的无功功率。

答：

如图Ⅰ.7 所示，电容器的 $\phi=0.9$，因此从图Ⅰ.9 和图Ⅰ.10 可知，$P=0$，$Q=VI$。

电容器充当有功功率的电源。因此，如果电容器连接到电机，电机的一部分无功功率由电容器提供，增加的无功功率由交流主电路提供，这就是所谓的功率因数校正。

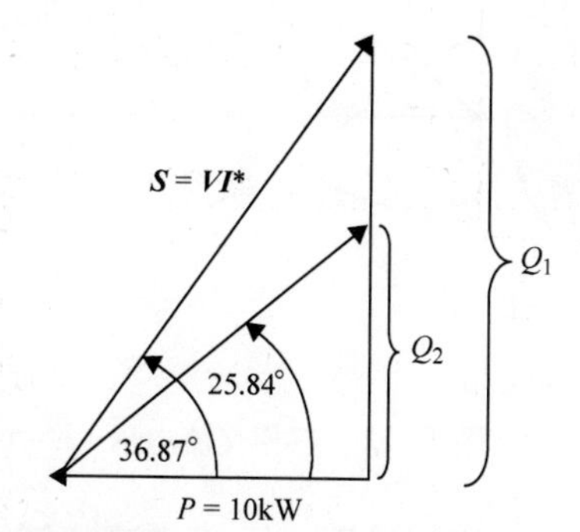

校正之前的功率因数相位角 = arccos0.8 = 36.87°

校正之后的功率因数相位角 = arccos0.9 = 25.84°

功率因数校正前从电源吸收的无功功率⊖为

$$Q_1 = 10\tan 36.87° \text{kvar} = 7.5\text{kvar}$$

功率因数校正后从电源吸收的无功功率为

$$Q_2 = 10\tan 25.84° \text{kvar} = 4.84\text{kvar}$$

电容器连接电机提供的无功功率为 $Q_1 - Q_2$，因此电容的无功功率为

$$Q_1 - Q_2 = (7.5 - 4.84)\ \text{kvar} = 2.66\text{kvar}$$

Ⅰ.7 三相电压发电

如图Ⅰ.12a 所示，如果三个线圈彼此间相位角相位差 120°并连接于三相交流电压上，则每个线圈得到的电压在时间上也相差 120°，如图Ⅰ.12b 所示。

在三相系统中，电压 B 在相位上滞后于电压 A 120°（2π/3rad），电压 C 在相位上滞后于电压 A 240°（4π/3rad）。三相系统可由图Ⅰ.13 所示的相量图表示。三相系统相应的数学表达式也在该图中给出。

⊖ 根据图Ⅰ.9 和图Ⅰ.10，$Q = p\tan\phi$。

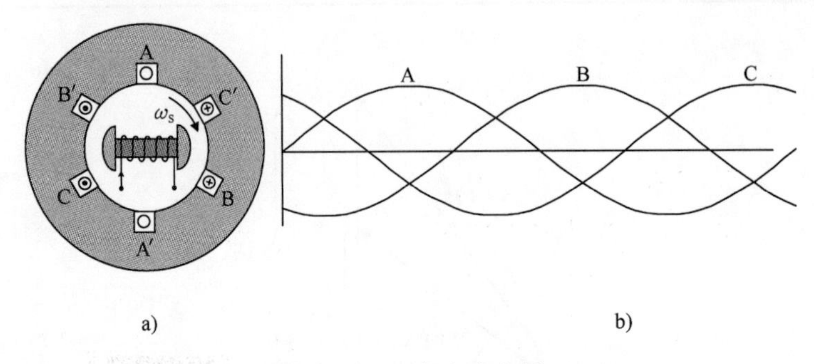

图Ⅰ.12　三相交流电压

静止观察者观看图Ⅰ.13 的相量图，会观察到线圈 A、B、C 以其时间顺序连接，因此电压相序为 ABC。

$V_A(t) = V_A = V_m \sin\omega t$　　　$V_A = V\angle 0°$

$V_B = V_m \sin(\omega t - 2\pi/3)$　　　$V_B = V\angle -120°$

$V_C = V_m \sin(\omega t - 4\pi/3)$　　　$V_C = V\angle -240°$

相量图　　　数学表达式　　　相量表达式

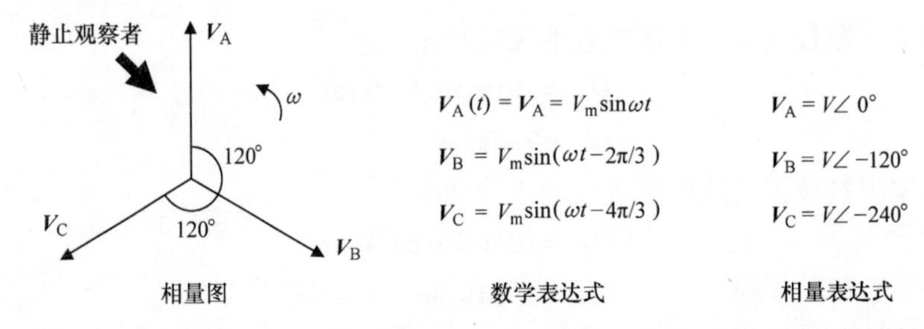

图Ⅰ.13　三相系统的不同描述［瞬时值 v 在后续章节给出（而不是 $v(t)$ 的形式）］

Ⅰ.8　三相绕组的连接

图Ⅰ.12a 的线圈总是以三相形式连接，因此三相电压是三相线或四相线。三个绕组以星形或三角形联结。

Ⅰ.8.1　星形联结

星形联结可通过将端子 A′、B′、C′（见图Ⅰ.12a）相连来形成中性点 N（见图Ⅰ.14），从而将三个或四个负荷相连形成三相、星形、三相线或四相线系统。两个电压可以定义为：相电压（中性点以及三个端点，V_{AN}、V_{BN} 和 V_{CN}）和线电压（每两个端子之间的电压，V_{AB}、V_{BC} 和 V_{CA}）。在星形联结中，相电流和线电流相同且分别用 I_A、I_B 和 I_C 表示，如图Ⅰ.14 所示。

图Ⅰ.14 相量图显示了线电压 $\boldsymbol{V}_{AB}$。假设相电压 $\boldsymbol{V}_{AN}$、$\boldsymbol{V}_{BN}$、$\boldsymbol{V}_{CN}$ 的有效值大小为 V_P 以及线电压 $\boldsymbol{V}_{AB}$、$\boldsymbol{V}_{BC}$、$\boldsymbol{V}_{CA}$ 的有效值大小为 V_L，则从相量图得到

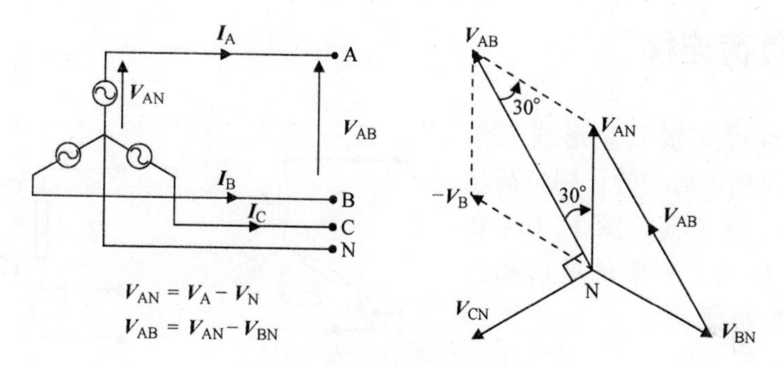

图Ⅰ.14 星形联结三相电源

$$V_{AB} = |V_{AN}| \times \cos30° + |V_{BN}| \times \cos30°$$

$$V_L = 2 \times V_P \times \cos30° \qquad (Ⅰ.11)$$

$$V_L = \sqrt{3} V_P$$

例如，如果相电压为230V，则线电压为$\sqrt{3} \times 230V = 400V$。

Ⅰ.8.2 三角形联结

通过将端子A′、B′、C′首尾相连形成三角形联结，如图Ⅰ.15所示。三角形联结中没有中性点，所以线电压和相电压相等。如果 $V_{AB} + V_{BC} + V_{CA} = 0$，三角形回路中则没有环路电流。

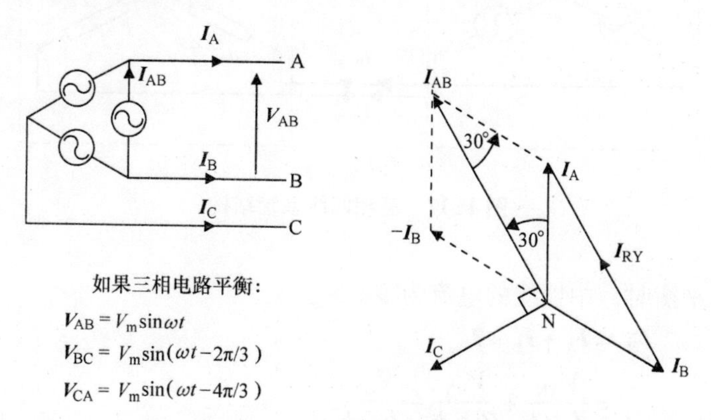

图Ⅰ.15 三角形联结的三相系统

假设三相电流是平衡的，我们可以得到线电流和相电流之间的关系（即连接的负荷是相等的）。从图Ⅰ.15中可知，线电流的大小是相电流大小的$\sqrt{3}$倍。

Ⅰ.9 负荷连接

负荷也可连接成星形或三角形。如果每相负荷相等，则负荷被称为三相平衡负荷。图Ⅰ.16a 和图Ⅰ.16b 显示了平衡的星形和三角形联结的负荷。

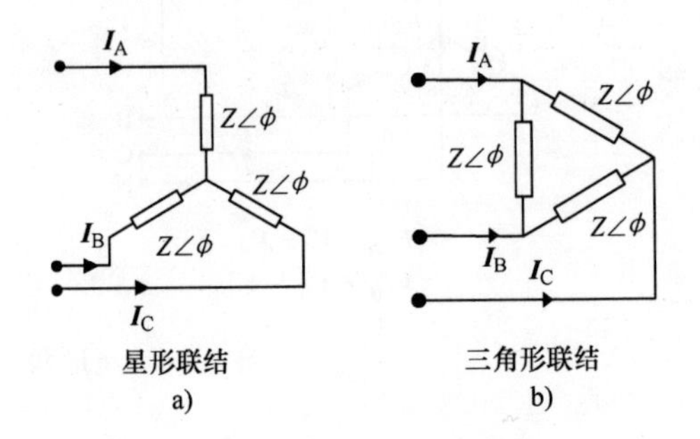

图Ⅰ.16　星形和三角形联结的负荷

Ⅰ.10 三相四线系统

三相星形联结的发电系统连接到三相星形负荷上形成了三相四线制系统，如图Ⅰ.17 所示。

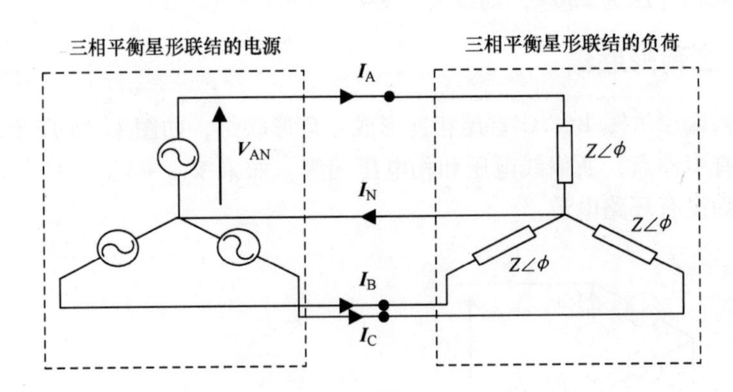

图Ⅰ.17　三相四线系统结构

当负荷平衡时，中性线的电流为零。

$$\begin{aligned} \boldsymbol{I}_N &= \boldsymbol{I}_A + \boldsymbol{I}_B + \boldsymbol{I}_C \\ &= \frac{\boldsymbol{V}_{AN}}{Z\angle\phi} + \frac{\boldsymbol{V}_{BN}}{Z\angle\phi} + \frac{\boldsymbol{V}_{CN}}{Z\angle\phi} \\ &= \frac{V_m}{Z\angle\phi}[\sin\omega t + \sin(\omega t - 2\pi/3) + \sin(\omega t - 4\pi/3)] = 0 \end{aligned} \tag{Ⅰ.12}$$

然而，负荷不平衡时（即三个负荷不相等），则中性线将有电流通过。

Ⅰ.11　三相三角形联结的三线制系统

三相三角形联结的发电机与三相三角形联结的负荷相连如图Ⅰ.18所示，形成了三相三线制系统。图中的$\boldsymbol{I}_{\mathrm{A}}$、$\boldsymbol{I}_{\mathrm{B}}$、$\boldsymbol{I}_{\mathrm{C}}$为线电流，$\boldsymbol{I}_1$、$\boldsymbol{I}_2$、$\boldsymbol{I}_3$是相电流。

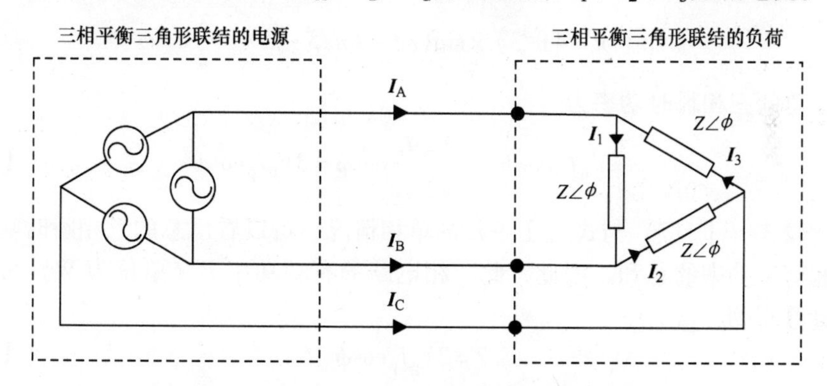

图Ⅰ.18　三相三角形联结的电源和负荷

$$\boldsymbol{I}_{\mathrm{A}}=\boldsymbol{I}_1-\boldsymbol{I}_3,\ \boldsymbol{I}_{\mathrm{B}}=\boldsymbol{I}_2-\boldsymbol{I}_1,\ \boldsymbol{I}_{\mathrm{C}}=\boldsymbol{I}_3-\boldsymbol{I}_2 \tag{Ⅰ.13}$$

该系统对应的相量图如图Ⅰ.19所示。假设相电流的有效值为I_{P}，线电流的有效值为I_{L}，从相量图我们可得到：

$$I_{\mathrm{L}}=2\times I_{\mathrm{P}}\times\cos30°$$

$$I_{\mathrm{L}}=\sqrt{3}I_{\mathrm{P}} \tag{Ⅰ.14}$$

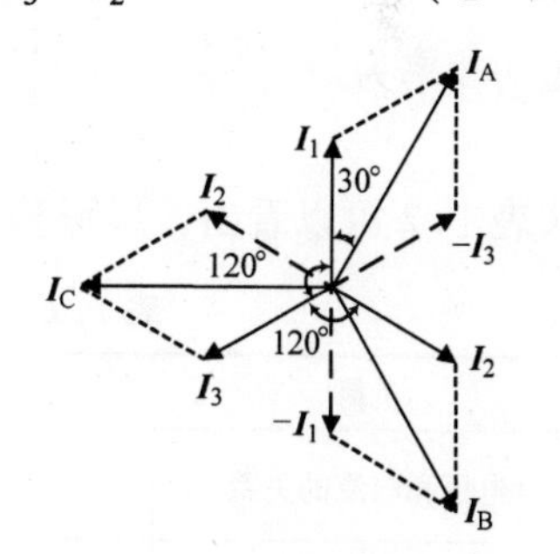

图Ⅰ.19　三角形联结的负荷的电流相量图

Ⅰ.12　三相系统的功率

三相负荷的功率是每相功率的总和。

以图Ⅰ.17所示负荷为例。

对应A相连接的负荷，有

$$v_{\mathrm{AN}}=V_{\mathrm{m}}\sin\omega t$$

$$i_{\mathrm{A}}=\frac{V_{\mathrm{m}}\sin\omega t}{Z\angle\phi}=I_{\mathrm{m}}\sin(\omega t-\phi) \tag{Ⅰ.15}$$

式中，$I_{\mathrm{m}}=V_{\mathrm{m}}/Z$。

对于其他相，有

$$v_{\mathrm{BN}}=V_{\mathrm{m}}\sin(\omega t-2\pi/3)\quad v_{\mathrm{CN}}=V_{\mathrm{m}}\sin(\omega t-4\pi/3)$$

$$i_{\mathrm{B}}=I_{\mathrm{m}}\sin(\omega t-2\pi/3-\phi)\quad i_{\mathrm{C}}=I_{\mathrm{m}}\sin(\omega t-4\pi/3-\phi) \tag{Ⅰ.16}$$

A 相的瞬时功率为 $v_{AN} \times i_A = V_m \times I_m \times \sin\omega t \times \sin(\omega t - \phi)$

B 相的瞬时功率为 $v_{BN} \times i_B = V_m \times I_m \times \sin(\omega t - 2\pi/3) \times \sin(\omega t - 2\pi/3 - \phi)$

C 相的瞬时功率为 $v_{BN} \times i_B = V_m \times I_m \times \sin(\omega t - 4\pi/3) \times \sin(\omega t - 4\pi/3 - \phi)$

通过增加这些方程，来得到三相负荷总功率。由三角法来表示，即

$$\sin\omega t \times \sin(\omega t - \phi) + \sin(\omega t - 2\pi/3) \times \sin(\omega t - 2\pi/3 - \phi)$$
$$+ \sin(\omega t - 4\pi/3) \times \sin(\omega t - 4\pi/3 - \phi) = \frac{3}{2}\cos\phi$$

因此，总的三相瞬时功率为

$$\frac{3}{2}V_m I_m \cos\phi = 3\frac{V_m}{\sqrt{2}}\frac{I_m}{\sqrt{2}}\cos\phi = 3V_p I_p \cos\phi \tag{Ⅰ.17}$$

比较式（Ⅰ.17）与式（Ⅰ.9）的单相情况，可以看出总的三相瞬时功率等于三相有功功率的总和。因此，此三相电路的有功功率 P（单位为 W）可通过下式计算得到

$$P = 3V_p I_p \cos\phi \tag{Ⅰ.18}$$

式中，$\cos\phi$ 是负荷的功率因数。

三相电路中的视在功率和无功功率与单相电路中的定义相似。视在功率为

$$S = 3V_p I_p \tag{Ⅰ.19}$$

无功功率为

$$Q = 3V_p I_p \sin\phi \tag{Ⅰ.20}$$

从表Ⅰ.2 可以看出，星形和三角形联结的负荷的功率是相等的。

表Ⅰ.2　星形和三角形联结的负荷功率的关系

负荷	星形联结	三角形联结
电压和电流的关系	$V_L = \sqrt{3}V_p$ 和 $I_L = I_p$	$V_L = V_p$ 和 $I_L = \sqrt{3}I_p$
视在功率/V·A	$S = 3V_p I_p = 3\frac{V_L}{\sqrt{3}}I_L = \sqrt{3}V_L I_L$	$S = 3V_p I_p = 3V_L\frac{I_L}{\sqrt{3}} = \sqrt{3}V_L I_L$
有功功率/kW	$P = 3V_p I_p \cos\phi = \sqrt{3}V_L I_L \cos\phi$	
无功功率/kvar	$Q = 3V_p I_p \sin\phi = \sqrt{3}V_L I_L \sin\phi$	

例Ⅰ.5

三相星形联结的发电机由水涡轮机驱动产生 15kW 的轴功率，并连接到 500V（V_L），60Hz 的三相电源。其工作效率为 95%，滞后功率因数为 0.85（输出 var）。计算：

（a）输出功率和连接电路中的视在功率。

（b）电流的有功和无功分量。

（c）无功功率。

答：

（a）输出功率 = 输入功率 × 效率 = 15kW × 0.95 = 14.25kW

视在功率　$S=\sqrt{3}V_{\mathrm{L}}I_{\mathrm{L}}$

有功功率　$P=\sqrt{3}V_{\mathrm{L}}I_{\mathrm{L}}\cos\phi=S\cos\phi$

因此，输出的视在功率为$\dfrac{P}{\cos\phi}=\dfrac{14.25}{0.85}\mathrm{kV\cdot A}=16.76\mathrm{kV\cdot A}$

（b）线电流 $I_{\mathrm{L}}=\dfrac{P}{\sqrt{3}V_{\mathrm{L}}\cos\phi}=\dfrac{14.25\times10^{3}}{\sqrt{3}\times500\times0.85}\mathrm{A}=19.36\mathrm{A}$

电流的有功分量为 $I_{\mathrm{L}}\cos\phi=19.36\times0.85\mathrm{A}=16.45\mathrm{A}$

电流的无功分量为 $I_{\mathrm{L}}\sin\phi=19.36\times\sin(\arccos0.85)\ \mathrm{A}=10.2\mathrm{A}$

（c）无功功率　$Q=\sqrt{3}V_{\mathrm{L}}I_{\mathrm{L}}\sin\phi=\sqrt{3}\times500\times10.2\mathrm{kvar}=8.83\mathrm{kvar}$

例 I.6

60Hz，星形联结的同步发电机有 0.5Ω 相位同步的电抗和可忽略的电枢电阻。其连接到 690V（V_{L}）系统且输出 300kW 的功率，滞后功率因数为 0.85。计算线电流，发电机的内部电压和功率相位角。

答：

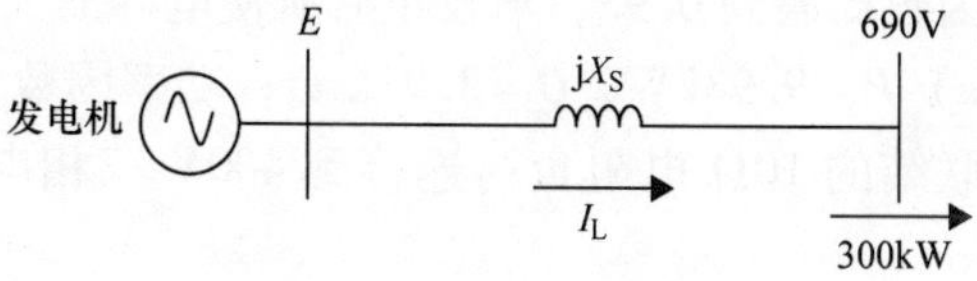

$$P=\sqrt{3}V_{\mathrm{L}}I_{\mathrm{L}}\cos\phi$$

$$300\times10^{3}=\sqrt{3}\times690\times I_{\mathrm{L}}\times0.85$$

因此，线电流的大小 = I_{L} = 295.32A，线电流的相位角为 arccos 0.85 = 31.79°

由于功率因数是滞后的，$I_{\mathrm{L}}=295.32\angle-31.8°$

从图中可知，假设 690V 总线电压为参考相量，有

$$
\begin{aligned}
E &= I_{\mathrm{L}} \times \mathrm{j}X_{\mathrm{s}} + \frac{690}{\sqrt{3}}\angle 0^\circ \\
&= (295.32\angle -32.8^\circ \times \mathrm{j}0.5 + 398.37)\,\mathrm{V} \\
&= (147.66\angle 57.2^\circ + 398.37)\,\mathrm{V} \\
&= (80 + \mathrm{j}124.12 + 398.37)\,\mathrm{V} \\
&= 494.2\angle 14.55^\circ \mathrm{V}
\end{aligned}
$$

内部电压为 494.2V

功率相位角为 14.55°

I.13 习题

1. 如果 $v = 10\sin(\omega t + \pi/3)$，$i = 2\sin(\omega t - \pi/6)$，求：（a）电流和电压的有效值；（b）相量的极坐标形式；（c）电流与电压的相位角。

［答案：（a）7.07V，1.41A；（b）7.07∠-60°，1.42∠-30°；（c）电压超前电流 90°］

2. 60μF 的电容与带 0.1H 电感和 10Ω 电阻的线圈并联。电网连接于 10∠0°，100Hz 的电源上。画出电路图并计算每边电流值和相对于电源电压的相位。画出计算出来的电流的相量图。

（答案：电容电流为 0.377∠90°，线圈电流为 0.157∠-81°）

3. 与 5Ω 电阻器和 2Ω 电抗器串联的负荷连接到 240V 交流电压上。

（a）求负荷的有功和无功功率及其功率因数；

（b）为使功率因数提高到 0.95，求校正后所使电容的大小，单位为 F。

［答案：（a）$P = 9.93\mathrm{kW}$，$Q = 3.97\mathrm{kvar}$；功率因数 =0.93（b）0.26F］

4. 与每相星形联结的 10Ω 电阻负荷连接到 400V 三相电源上。计算负荷上的电流和功率。

（答案：$I = 23.09\mathrm{A}$，$P = 5.33\mathrm{kW}$）

5. 每相平衡三角形联结的 10Ω 电阻并联到每相 5 + j2Ω 的平衡星形联结负荷上，负荷都连接到 400V 的三相电源上，计算每个负荷上的电流和负荷所吸收的总电流。

（答案：三角形联结负荷的电流为 69.28∠0°，星形联结负荷的电流为 42.88∠-21.8°，总电流为 110.26∠-8.3°）

I.14 延伸阅读

1. Hughes E., Hiley J., Brown K., McKenzie-Smith I. *Electrical and Electronic Technology*. Prentice Hall; 2008.
2. Grainger J.J., Stevenson W.D. *Power System Analysis*. McGraw-Hill; 1994.
3. Walls R., Johnston W. *Introduction to Circuit Analysis*. West Publishing Company; 1992.

教程Ⅱ　交流电机

北霍伊尔海上风电场（60MW）
这是英国第一个海上大型风力发电场，位于离北威尔士海岸4~5mile的海上。
每台风机2MW。[RWE npower可再生能源公司]

Ⅱ.1 引言

交流电机可以作为发电机将机械能转换为电能或作为电动机将电能转换成机械能。例如，在一个水电站，水的动能和势能被涡轮机转换成机械转动的能量，然后转化为电能。另一方面，在工厂中，当给交流电机提供交流电时则输出机械能。原则上，相同结构的电机可以既可用作电动机也可用作发电机。

主要存在两种类型的交流电机，同步和异步电机（旧称感应）。在同步电机中，转子通过直流或已安装在其上的永久磁铁提供，定子载有三相绕组。而在异步电机中，转子和定子都载有三相绕组。

Ⅱ.2　同步电机

Ⅱ.2.1　结构和操作

1. 转子结构和磁场

三种形态或转子结构常用于同步电机：永磁体，圆柱形转子或凸极，如图Ⅱ.1所示。圆柱形转子和凸极式同步电机的转子进行励磁绕组，由直流电源供电。如图中所示的二极转子结构，经常使用的还有带四个或更多磁极的转子。

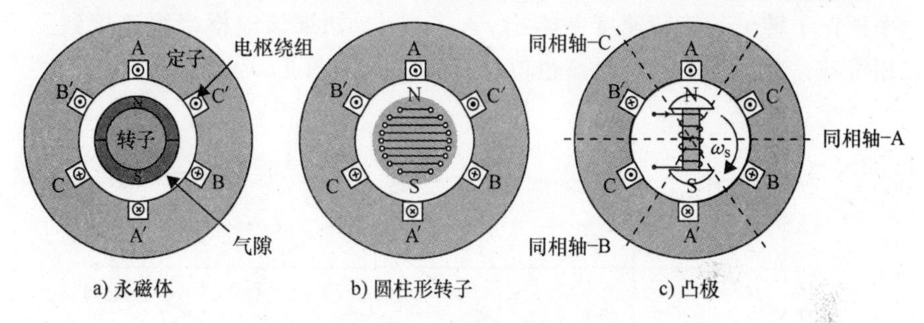

图Ⅱ.1　同步电机的转子结构

在圆柱形转子和凸极式机械中，转子通过集电环输送直流电，如图Ⅱ.2所示。

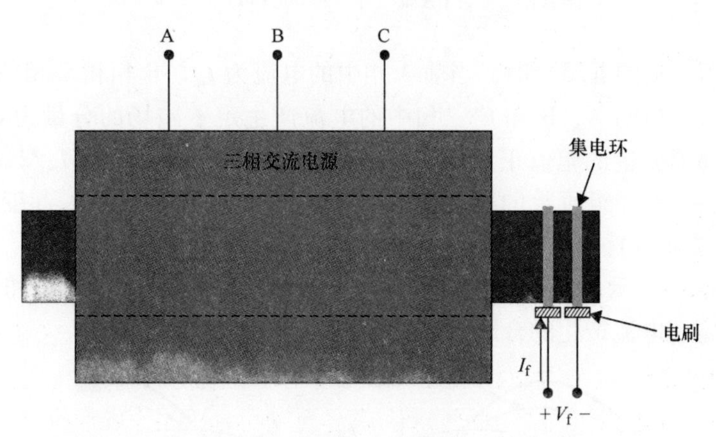

图Ⅱ.2　同步电机的示意性表示

直流在转子电路上（或永久磁铁）产生固定大小的磁场 ϕ_{Rotor}。当转子以同步转速旋转（WS）时，转子磁场也以相同的速度旋转。

2. 定子结构及其磁场

图Ⅱ.1还显示了一个交流电机的定子。定子铁心由开槽环形状的叠片堆叠和螺栓连接在一起形成一个圆柱形的核心。此圆柱形结构中的槽位用于装载电枢绕组。一般只有三个电枢绕组（A－A′，B－B′和C－C′），为简单起见如图Ⅱ.1所示。在实际的机器中，定子在各阶段具有几个电枢线圈。

当转子旋转时，由励磁绕组产生的磁场经过三相电枢绕组，在三个三相绕组产生感应电压，分别为A－A′，B－B′和C－C′（最初假定为开路），有120°的相位差。在图Ⅱ.1c所示的位置即为A相正的最大的感应电压，随着转子的转动其幅度降低。一旦转子旋转到180°，感应电压到达负最大值。因此，感应电压的频率正比于转子的旋转速度并给出$f=\omega_s/2\pi$，如果该电枢绕组连接到一个平衡三相负载，所得到的三相电流也位移了120°，如图Ⅱ.3所示。

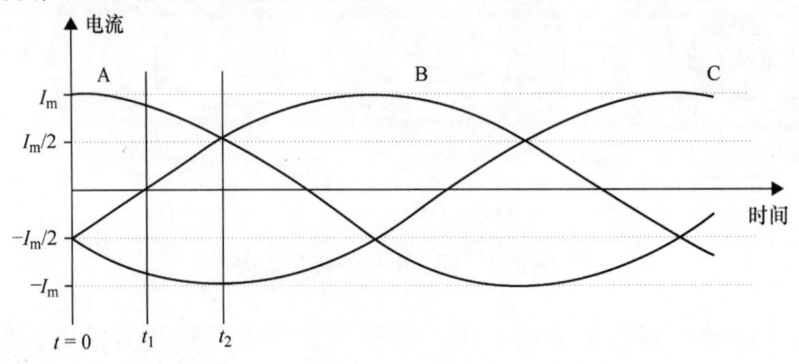

图Ⅱ.3　三相电流（$t_1=\pi/6\omega$和$t_2=\pi/3\omega$）

当$t=0$（见图Ⅱ.3）时，当前A相中的电流为I_m、B相和C相的电流之和为$-(I_m/2)$。当前A，B和C三相中的电流产生定子磁场的分量为ϕ_A、I_B和ϕ_C。其中磁通分量的幅值正比于安匝的数量，NI_m、$NI_m/2$和$NI_m/2$（其中，N是在定子的各相绕组匝数的有效值），并随A、B和C的轴线一起变化（见图Ⅱ.1c和见图Ⅱ.4）。这三个磁场相结合，并产生合成定子磁场ϕ_{Rotor}。在$t=0$时，如图Ⅱ.4所示。此磁通在气隙中的分布如图Ⅱ.5a所示。类似的，在$t=t_1$和t_2时的定子电流产生的合成磁域如图Ⅱ.5b和Ⅱ.5c所示。

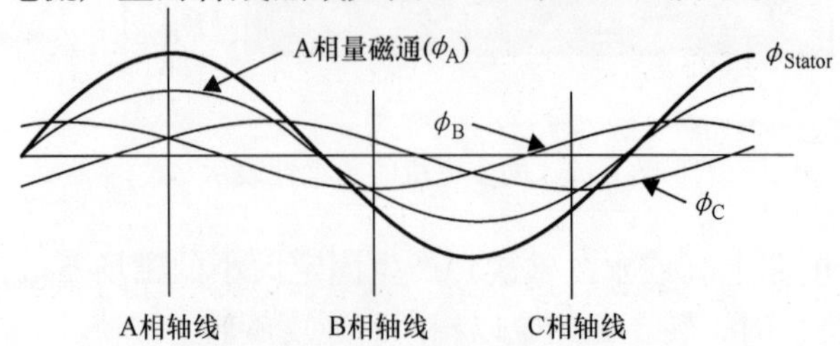

图Ⅱ.4　定子磁场在气隙中在$t=0$时（x轴显示的空气间隙，绕机器的周围）

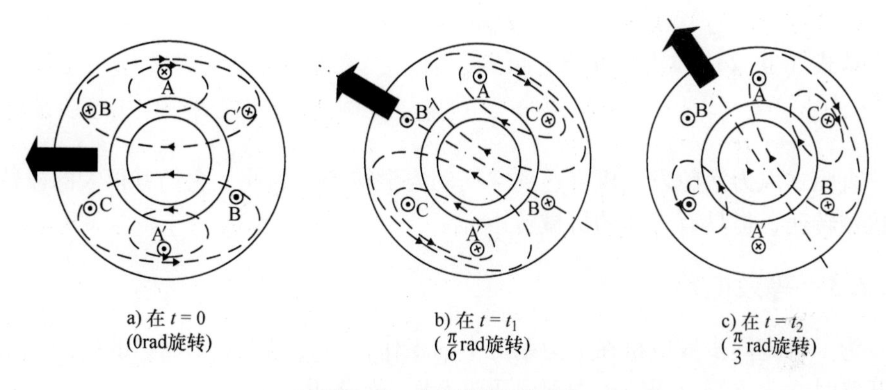

图Ⅱ.5 定子旋转磁场图

在时间 $t_1=(\pi/6\omega_s)$期间，磁通波形移动了 $\pi/6$。这是在定子磁场的转速并等于同步转速。正常运行时，转子与定子产生的磁通同步旋转，从而磁场绕组也相应同步旋转。转子磁轴线和定子磁场之间的相对角度，即转子角（有时被称为负载角），由作用在轴上的转矩来决定。

Ⅱ.2.2 电气和机械角度

在两极同步电机中，当转子旋转 180°时，其旋转感应电压变化半个周期或 180°的电气转角（π 弧度）。现在讨论图Ⅱ.6 所示的四极设备。当转子处于所示位置时，A 相感应电压为正最大值。一旦转子旋转 90°，S 极随即处于 A 相下方，且感应电压变为负最大值。因此，在感应电压中 90°机械旋转对应于 180°电气变化。

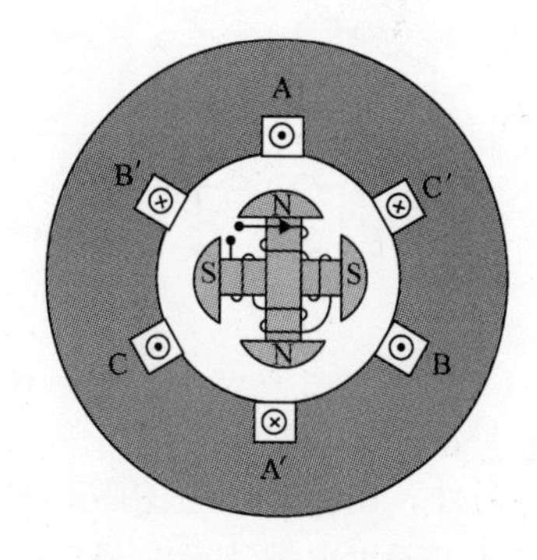

图Ⅱ.6 四极同步电机

一般来说，如果有 p 个磁极，电气（θ_e）和机械（θ_m）之间的关系角度计算公式如下：

$$\theta_e=\frac{p}{2}\theta_m \tag{Ⅱ.1}$$

通过将式（Ⅱ.1）两侧除以时间，可以得到机械和电气旋转速度之间的关系，即

$$\omega_e=\frac{p}{2}\omega_m \tag{Ⅱ.2}$$

假设应用于转子上的转矩的涡轮是 T_m 和电磁转矩是 T_e，然后从功率平衡角度可知：

$$T_{\mathrm{m}}\omega_{\mathrm{m}}=T_{\mathrm{e}}\omega_{\mathrm{e}} \tag{Ⅱ.3}$$

从式（Ⅱ.2）和式（Ⅱ.3）可知：

$$T_{\mathrm{m}}=\frac{p}{2}T_{\mathrm{e}} \tag{Ⅱ.4}$$

直驱式风力涡轮发电机直连到空气动力学转子。因此，它们有很大的极数和低机械转速，但具有较高的机械转矩。

Ⅱ.2.3 等效电路

为了研究同步发电机在电力系统中的工作，需要建立一个简单的模型。当定子开路时，定子端电压等于内部电压（E_{F}），如图Ⅱ.7所示。

当电枢绕组连接到三相负载，电枢电流产生的磁场与转子磁场（ϕ_{Rotor}）相互作用。ϕ_{Stator}对ϕ_{Rotor}产生的作用称为电枢反应。电枢反应通常是由同步电机等效电路的电抗表示。

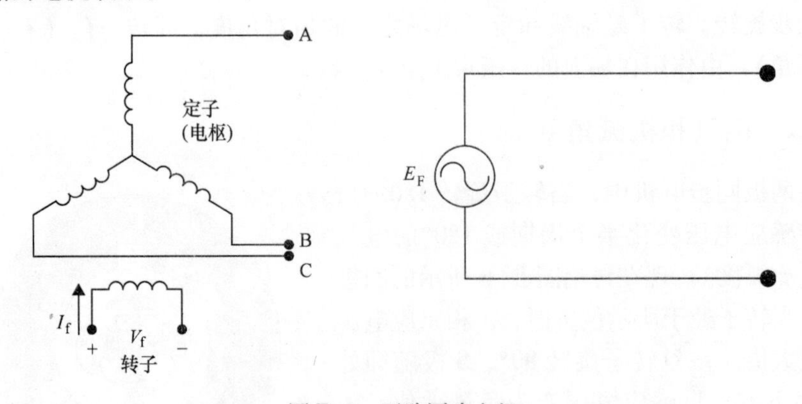

图Ⅱ.7　开路同步电机

另外，由转子产生的磁通的一部分，不穿过定子，该分量被称为漏磁通。此分量还可通过电抗表示。最后计算等效电路时可以把电压降穿过定子电阻也考虑在内。等效电路如图Ⅱ.8所示。

一般同步发电机的 X_{s} 比 R 大得多，因此 R 被忽略。从图Ⅱ.8b所示可以看出：

$$\boldsymbol{V}=\boldsymbol{E}_{\mathrm{F}}-\mathrm{j}\boldsymbol{I}X_{\mathrm{s}} \tag{Ⅱ.5}$$

式中，V 为终端电压；$\boldsymbol{E}_{\mathrm{F}}$为内部电压（由励磁电流产生）；$X_{\mathrm{s}}$ 为同步电抗。

对于小型分布式发电机而言，端电压几乎保持不变，所以可以得到同步发电机运行在一个固定的电压（或无限母线）的相量图。

电源送上电网的功率因数是 $\cos\phi$，而转子或负载角（由转子在定子电压超前角）为 δ。

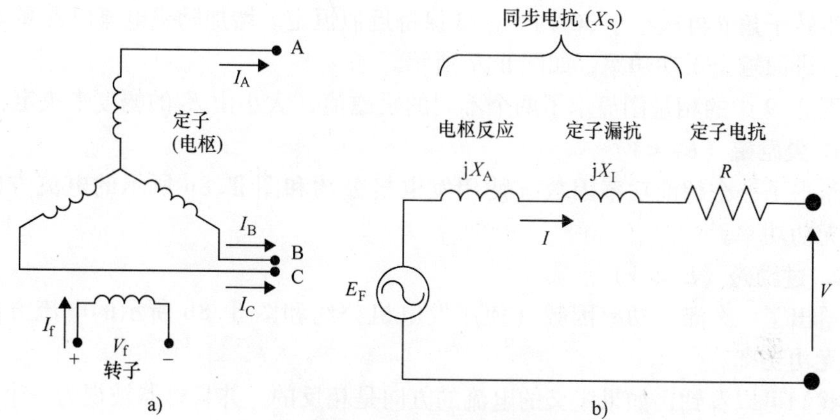

图Ⅱ.8 同步电机等效电路

a）负载同步电机 b）等效电路

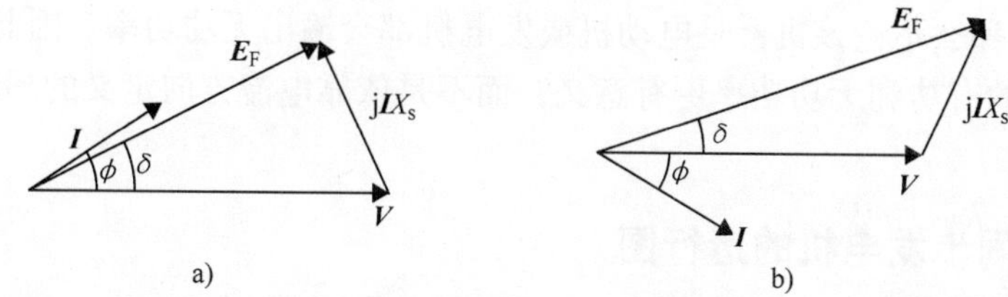

图Ⅱ.9 同步发电机的相量图（ϕ 为功率因数相位角，δ 为转子相位角）

a）欠励模式 b）过励模式

从图Ⅱ.9b 可知：

$$\boldsymbol{I}=\frac{\boldsymbol{E}_{\mathrm{F}}-\boldsymbol{V}}{\mathrm{j}X_{\mathrm{s}}}=\frac{E_{\mathrm{F}}\angle\delta-V\angle 0}{\mathrm{j}X_{\mathrm{s}}}=\frac{E_{\mathrm{F}}\sin\delta}{X_{\mathrm{s}}}-\mathrm{j}\,\frac{E_{\mathrm{F}}\cos\delta-V}{X_{\mathrm{s}}}$$

$$\begin{aligned}\boldsymbol{S}&=\boldsymbol{V}\boldsymbol{I}^{*}\\&=V\times\frac{E_{\mathrm{F}}\sin\delta}{X_{\mathrm{s}}}+\mathrm{j}V\times\frac{E_{\mathrm{F}}\cos\delta-V}{X_{\mathrm{s}}}\\&=P+\mathrm{j}Q\end{aligned}$$

因此，有

$$\boldsymbol{P}=\frac{E_{\mathrm{F}}V\sin\delta}{X_{\mathrm{s}}} \tag{Ⅱ.6}$$

$$\boldsymbol{Q}=\frac{E_{\mathrm{F}}V\cos\delta-V^{2}}{X_{\mathrm{s}}} \tag{Ⅱ.7}$$

在正常运行时，转子角度 δ 通常小于 30°。因此，实际的功率输出（P）正比于转子角 δ。增加转子轴上的转矩就是增加转子角 δ，会导致更多的有功功率输出到电网，如图Ⅱ.6 所示。当转子角是由转子轴上负载产生时，它也被称为负载角。

当转子角 θ 再次小于30°时，$\cos\delta$ 保持近似恒定。增加励磁电流以提高 E_F 的幅度，进而输出无功功率，如图Ⅱ.7 所示。

图Ⅱ.9 中的相量图显示了两个不同的励磁值（大小由 E_F 的幅度来决定）。

1. 欠励磁（$E_F < V$）

给出了一个超前功率因数（使用发电机公约和图Ⅱ.8b 所示的电流方向），输入无功功率。

2. 过励磁（$E_F > V$）

给出了一个滞后功率因数（使用发电机公约和图Ⅱ.8b 所示的电流方向），输出无功功率。

我们可以看到，如果定义的电流的方向是相反的，并且机器被视为一个电动机而不是一台发电机，那么欠励磁电机将有一个滞后功率因数，而过励磁电机具有超前功率因数。当然，如果转矩仍然作用于轴，则有功功率将输出到网络。如果 $E_F > V$，那么不论该机器是电动机或发电机都会输出无功功率。因此，通常是输出/输入的有功和无功功率更有意义，而不是依靠电流方向定义的超前/滞后功率因数。

Ⅱ.2.4 同步发电机的运行图

同步发电机的运行图由图Ⅱ.9 所示的相量图衍生而来。图Ⅱ.10 中的相量图可简单地通过常数 V/X_s 对图Ⅱ.9 所示相量图进行扩展得到。新相量 $\boldsymbol{VI}$ 的轨迹描述了发电机的运行。通过计入以下因素实施各种限制：①可用的原动力的最大功率；②定子的最大额定电流；③最大励磁；④考虑稳定性和/或定子端部绕组加热的最低励磁。这些限制条件构建了同步发电机运行的区域边界。实际应用中，可能还存在其他限制条件，像原动机的最低功率和发电变压器电抗的影响。

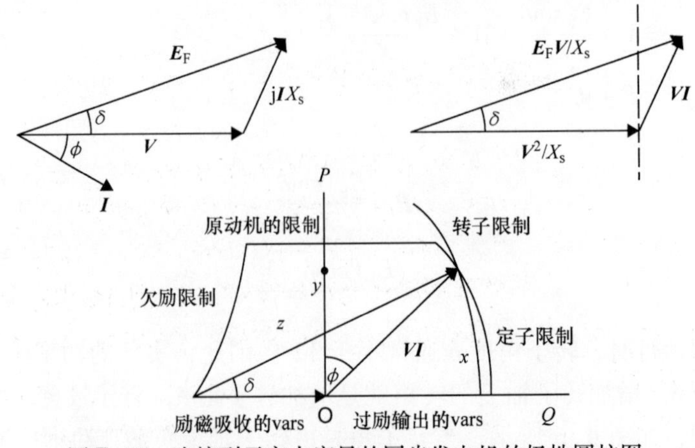

图Ⅱ.10 连接到无穷大容量的同步发电机的极性圆柱图

上图说明了连接到一个固定电压和频率的无穷大母线的同步发电机基本可以独立控制有功和无功功率。通过调整发电机轴的转矩以改变转子角达到控制有功功率的目的；通过改变磁场电流以及 E_F 的幅度来控制无功功率。例如，在 x 点，有功和无功功率被输出到网络上；在 y 点，更多的有功功率正以单位功率因数被输出；而在 z 点，有功功率的输出和无功功率的输入同时进行。

Ⅱ.2.5　励磁系统

同步发电机的性能深受它的励磁系统的影响，尤其是它的暂动态稳定性以及发电机提供持续故障电流的能力的影响。

一些老机型发电机，如直流发电机，通过搭配换向器来产生励磁电流，并将电流通过转子上的集电环送入主磁场。这种类型的设备仍在使用，即使它们所配备的用于控制直流发电机的励磁电流进而控制主励磁电流的非常简单的电压调节器往往被先进的 AVR 所代替。然而，更先进的励磁系统通常有两种类型：①无电刷；②静态的。

图Ⅱ.11 是一种无刷励磁系统示意图。励磁器可简单看作一个远小于主发电机并配有固定磁场和旋转电枢的交流发电机。全波桥式二极管安装在旋转轴用于调整励磁机转子的三相输出以维持主发电机的直流磁场。励磁机磁场由设置 AVR 来控制发电机端电压或使用功率因数控制器以保持恒定功率因数或定义的无功功率输出。对励磁功率可从主发电机的端子（自激）或从永磁发电机（他励）获得。永磁发电机安装在主发电机轴的外侧，并继续随发电机的旋转提供电源。

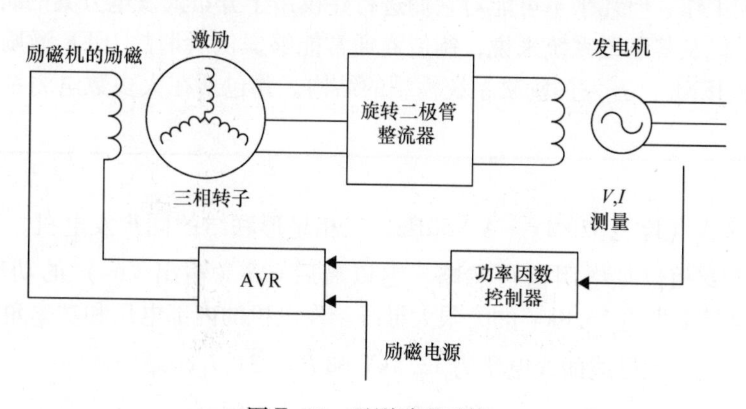

图Ⅱ.11　无刷励磁系统

图Ⅱ.12 显示了一个静态励磁系统。该系统中，直流电流由一个晶闸管整流器提供，并通过集电环供给到发电机磁场的静态励磁系统。晶闸管整流器的电源来自发电机的端子。静态励磁机的主要优点在于由电流晶闸管整流器直接控制，响应速度有所提升。不过，如果发电机的端电压过低，则激发功率将会丢失。

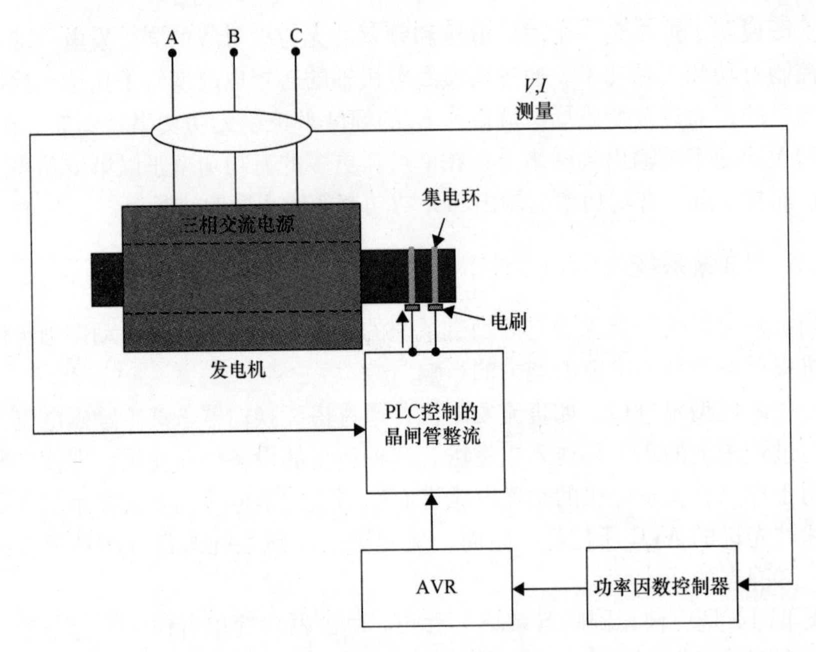

图Ⅱ.12 静态励磁系统

除了上文所描述的主要类型，还有大量采用创新设计的新励磁系统，这些系统经过多年发展通常用于较小的发电机。创新设计包括将磁路用于空载励磁以及将电流互感器复合应用于电流抽取情况下的附加励磁。虽然这些技术可在独立系统上稳定工作，但几乎不可能对它们进行建模用于分布式发电方案的研究。对于大型发电机及其励磁系统来说，制造商通常能够提供所谓的 IEEE 激励模型。这些指的是 IEEE 已开发的励磁系统模型的结构，并包括在大多数电力系统分析项目中。

例Ⅱ.1

13.8kV（V_L），20MV·A，50Hz，三相星形联结的同步发电机，其同步电抗为0.3Ω/相位且电阻值可忽略。它以滞后 0.8（输出 vars）的功率因数将 10MW 电量提供给 13.8kV 的无限大母线。发电机的内部电压和功率角是什么？

答：无限大母线的线电压为 13.8kV 和 $P=\sqrt{3}V_L I_L\cos\phi$

因此，$I_L=\dfrac{P}{\sqrt{3}V_L\cos\phi}=\dfrac{10\times10^6}{\sqrt{3}\times13.8\times10^3\times0.8}\text{A}=523\text{A}$

负载电流的相位角 = arccos0.8 = 36.87°

由于功率因数滞后和发电机输出 vars：$\boldsymbol{I}_L=523\angle-36.87°$

从式（Ⅱ.5）可得：

$$\begin{aligned} \boldsymbol{E}_F &= \boldsymbol{V} + j\boldsymbol{I}X_s \\ &= \frac{13.8 \times 10^3}{\sqrt{3}} \angle 0° + 523 \angle -36.87° \times j1.5 \\ &= 7967.4 + 784.5 \angle 53.13° \\ &= 7967.4 + 470.7 + j627.6 \\ &= 8438.1 + j627.6 \\ &= 8461.4 \angle 4.25° \end{aligned}$$

因此，发电机的内部电压的幅度为 $8461.4 \times \sqrt{3} = 14.66\text{kV}$，相位角为4.25°。

例Ⅱ.2

一个12kV（V_L），120MV·A，50Hz，三相星形联结的同步发电机，其同步电抗为0.3Ω/相位且电阻值可忽略。它连接到一个无限大母线，并以滞后0.85的功率因数供应60MW。如果机器的励磁增加20%和机械动力输入增加25%，确定机器工作时相应的转子角度。

答：

无限大母线的线电压为12kV，且发电机以滞后0.85的功率因数供应60MW。

$$I_L = \frac{P}{\sqrt{3} V_L \cos\phi} = \frac{60 \times 10^6}{\sqrt{3} \times 12 \times 10^3 \times 0.85} \text{A} = 3396.2\text{A}$$

负载电流的相位角 = arccos(0.85) = 31.8°

由于负载滞后，$I_L = 3396.2 \angle -31.8°$

从式（Ⅱ.5）可得：

$$\begin{aligned} \boldsymbol{E}_F &= \boldsymbol{V} + j\boldsymbol{I}X_s \\ &= \frac{12 \times 10^3}{\sqrt{3}} \angle 0° + 3396.2 \angle -31.8° \times j0.3 \\ &= 6928.2 + 1018.86 \angle 58.2° \\ &= 6928.2 + 536.9 + j865.9 \\ &= 7515.15 \angle 6.6° \end{aligned}$$

如果发电机的效率为 η，机械输入功率为 $60/\eta$。

如果机械功率提高25%，机械输入功率 = $1.25 \times 60/\eta$。

相应的，输出电功率为 $1.25 \times (60\text{MW}/\eta) \times \eta = 75\text{MW}$。

当励磁将内部电压提高20%，机械输入功率上升25%。从式（Ⅱ.6）可得：

$$75 \times 10^6 = \frac{1.2 \times 7515.15 \times 6928.2 \times \sin\delta_2}{0.3}$$

$$\sin\delta_2 = 0.36$$

$$\delta_2 = 21.1°$$

新的转子角度为21.1°。

Ⅱ.3 异步电机

Ⅱ.3.1 结构与运行

异步电机的定子采用层叠结构（与同步电机的定子相似），配有一个三相绕组并连接到三相电源。

通常使用的转子是笼型结构，如图Ⅱ.13a所示。在这个转子，实心铜或铝条嵌在转子叠层结构和两个端环短路（图Ⅱ.13a下图）。另一方的转子结构被称为绕线转子，该转子带有如图Ⅱ.13b的三相绕组。三个绕组的末端接成星形或三角形，取出通过集电环（见图Ⅱ.13b下图）。在绕线转子异步电动机和一些变速风力涡轮机中，这些绕组通常是通过一组电阻短路。

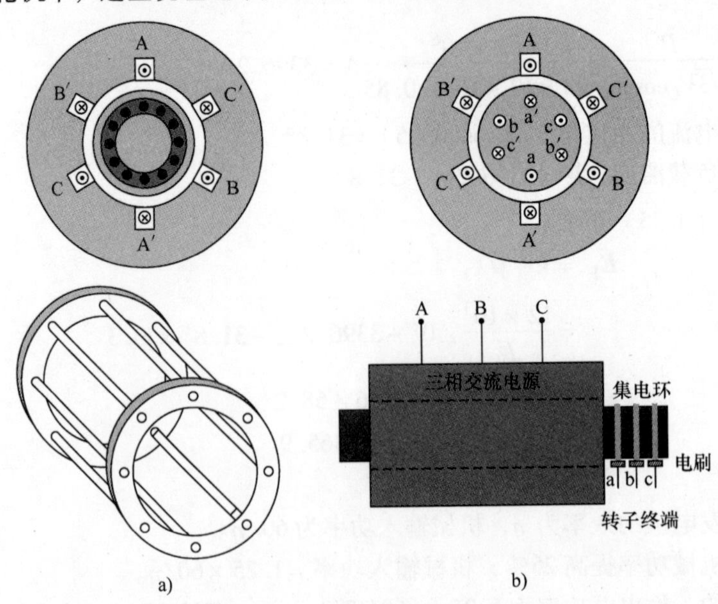

图Ⅱ.13 异步电机结构

a）笼型异步电机 b）绕线转子异步电机

要对异步电机的运行进行描述，最好从发动机的运行开始介绍。当定子绕组连接到一个三相电源，如之前同步电机描述部分所述建立旋转磁场。这种旋转磁通（ϕ_{Stator}）切割转子导体。这些导体在启动时固定，并感应出电压。由于转子包含三相绕组（或形成三相绕组的鼠笼），每个转子相的感应电压将在空间上移位120°。通常在异步电机中，转子里的三相被短接，转子中感应电压由此产生循环电流。同时，三相转子中的电流也会产生一个旋转磁场（ϕ_{Stator}）。因此定子和转子磁场之间将产生一个校准力，从而产生一个与下式结果成正比的转矩：

$$T \propto \phi_{Stator} \times \phi_{Rotor} \times \sin\theta \qquad (Ⅱ.8)$$

式中，θ是两个通量间的夹角。

转子加速到略小于同步转速（ω_s）的ω_r。由于$\omega_r < \omega_s$，转子导体和定子磁链之间仍存在相对运动，从而保持转子电流和磁通。转子的运行速度和同步转速之间差值经归一化后称为滑差，可由下式计算得到：

$$s = \frac{\omega_s - \omega_r}{\omega_s} \qquad (Ⅱ.9)$$

Ⅱ.3.2 稳态运行

异步电机可以视为一个变压器，其中定子充当一次侧而转子则作为二次侧。变压器和异步电机之间的主要区别是：当转子旋转时，转子电路上的感应电压的频率不同于定子频率。

当转子不旋转时（$\omega_r = 0$）：

转子导体和定子磁场之间的相对运动是ω_s。假定转子感应电压为E_2和转子电感为L_2。转子的感应电压正比于转子导体相对于定子磁场的旋转速度[⊖]：

$$E_2 \propto \omega_s \qquad (Ⅱ.10)$$

E_2 频率为
$$\omega_s/2\pi = f \qquad (Ⅱ.11)$$

转子电抗为
$$X_2 = 2\pi f L_2 \qquad (Ⅱ.12)$$

当转子以ω_r旋转时：

转子导体和定子磁场之间的相对运动等于$\omega_s - \omega_r = s\omega_s$（见式（Ⅱ.9））。如果转子感应电压为$E_2^r$：

$$E_2^r \propto s\omega_s \qquad (Ⅱ.13)$$

E_2^r 的频率为
$$s\omega_s/2\pi \qquad (Ⅱ.14)$$

从式（Ⅱ.10）和式（Ⅱ.13）可得，$E_2^r = sE_2$；从式（Ⅱ.11）和式（Ⅱ.14）可得，当转子旋转时，转子感应电压的频率是sf。

⊖ 从法拉第电磁感应定律：$E = -N(\mathrm{d}\phi/\mathrm{d}t)$。如果$\phi$为如图Ⅱ.4所示的正弦信号，则$\phi = \phi_m \sin\omega_s t$，从而$E = -N\phi_m\omega_s \sin\omega_s t$；$E \propto \omega_s$。

如果转子电抗为 X_2^r，即

$$X_2^r = 2\pi sfL_2 \qquad (\text{Ⅱ}.15)$$

从式（Ⅱ.12）和式（Ⅱ.15）可得，$X_2^r = sX_2$。

图Ⅱ.14 显示了当转子以滑差 s 运行时异步电机变压器的等效电路。

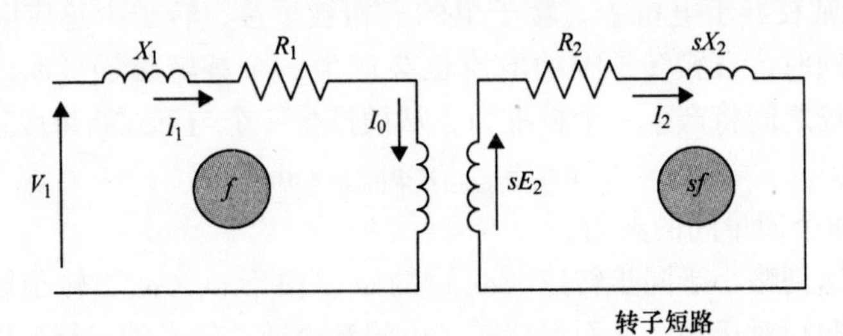

图Ⅱ.14　异步电机等效电路

图Ⅱ.14 中，R_1是定子电阻，X_1是定子漏抗，R_2是转子电阻而 X_2是静止时转子漏电抗。从等效电路的转子侧来看，有

$$I_2 = \frac{sE_2}{R_2 + \mathrm{j}sX_2} \qquad (\text{Ⅱ}.16)$$

将分子和分母同除以 s，有

$$I_2 = \frac{E_2}{(R_2/s) + \mathrm{j}X_2} = \frac{E_2}{R_2 + R_2((1/s) - 1) + \mathrm{j}X_2} \qquad (\text{Ⅱ}.17)$$

现在通过将转子的数量值转换成到定子的数量值并考虑式（Ⅱ.17）获得异步电机的定子参考等效电路。图Ⅱ.15 显示了常见的 Steinmetz 异步电机等效电路。

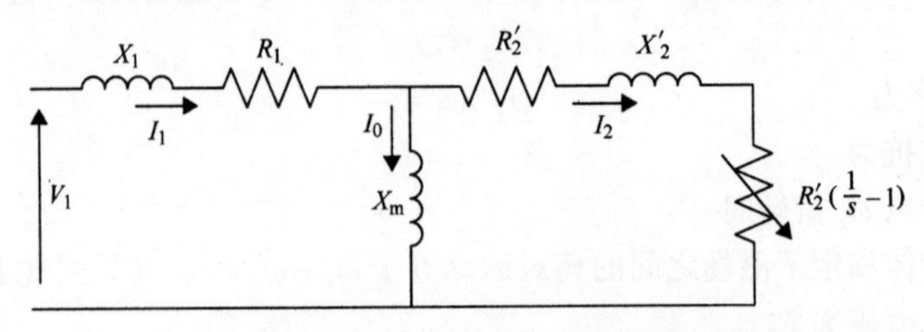

图Ⅱ.15　异步电机的等效电路

图Ⅱ.15 中，R_2'为定子侧等效转子电阻，X_2'为定子侧等效转子漏抗，X_m 为励磁电抗（表示建立气隙磁通所需的电流）和 $R_2'((1-s)/s)$表示发电机中存在电动机或涡轮机输入时的机械载荷。

这个电路的一般简易分析依赖于将励磁分支移动到电源端子（即所谓的近似等效电路）或通过使用一个戴维宁变换消除并联支路。

考虑到近似等效电路，流过转子电路中的电流可简单表示为

$$I_2 = \frac{V}{(R_1 + (R_2'/s)) + \mathrm{j}(X_1 + X_2')} \tag{Ⅱ.18}$$

提供给转子的总功率（从定子经过气隙）是铜损和机械功率的总和。

如果电磁转矩为 T_e，转移到转子上的功率为

$$P_{\text{air gap}} = T_e \omega_s \tag{Ⅱ.19}$$

转子的机械功率由下式给出：

$$P_{\text{mech}} = T_e \omega_r \tag{Ⅱ.20}$$

转子铜耗计算公式如下：

$$P_{\text{losses}} = 3I_2^2 R_2' \tag{Ⅱ.21}$$

从功率平衡考虑，有

$$T_e \omega_s = T_e \omega_r + 3I_2^2 R_2'$$

$$T_e(\omega_s - \omega_r) = 3I_2^2 R_2' \tag{Ⅱ.22}$$

所以有

$$T_e = \frac{3I_2^2 R_2'}{s\omega_s} \tag{Ⅱ.23}$$

将式（Ⅱ.18）代入式（Ⅱ.23），有

$$T_e = \frac{3V^2 R_2'}{s\omega_s[(R_1 + (R_2'/s))^2 + (X_1 + X_2')^2]} \tag{Ⅱ.24}$$

式（Ⅱ.24）要绘制熟悉异步电机的转矩－滑差曲线（见图Ⅱ.16）。虽然稳态等效电路对异步发电机的性能非常有用，但应记住的是，这只是一个近似模型。简单的稳态等效电路模型忽略了所有由谐波和磁饱和导致的影响。它不适合用于分析瞬态特性，因为并未考虑转子频率的影响。

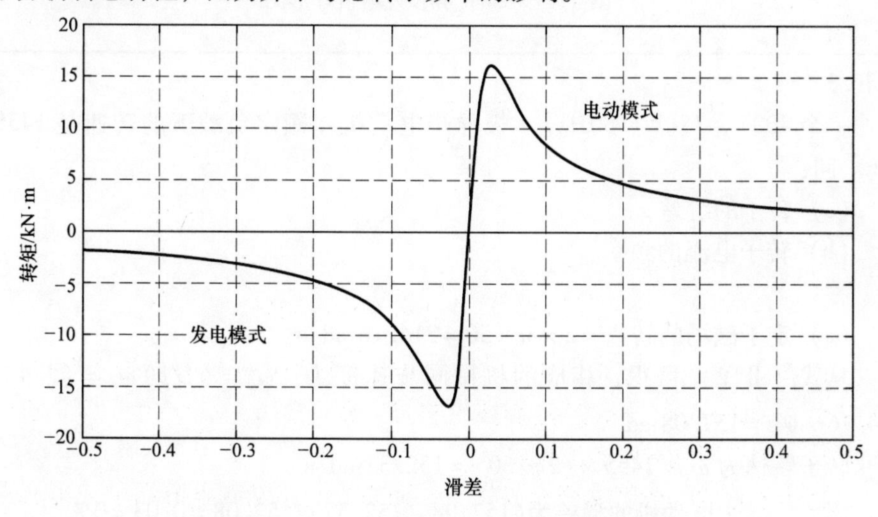

图Ⅱ.16 直连2MW异步电机的转矩滑差曲线

图Ⅱ.16 表明，对于该示例（2MW，690V 异步发电机）拉拔力转矩在电动和发电区域均超过200%（100% 转矩 $=2\times10^6/314.16$kN·m $=6.37$kN·m，其中 314.16 对应两极异步发电机，单位是弧度/s）。异步电机的正常工作轨迹也可以由有功和无功功率计算（与图Ⅱ.10 描述的同步发电机类似）来描述。图Ⅱ.17显示了大家所熟悉的环状示意图。异步发电机相比于同步电机的主要区别是前者只能以环形轨迹运行，所以总是需要定义有功和无功功率之间的关系。因此，不可能对一个简单异步发电机的输出的功率因数进行单独控制。例如，在 B 点发电机输出有功功率，但输入无功功率；而在 A 点输出无功功率，但吸收空载无功功率。从而可以看出，功率因数随负载降低而减小。

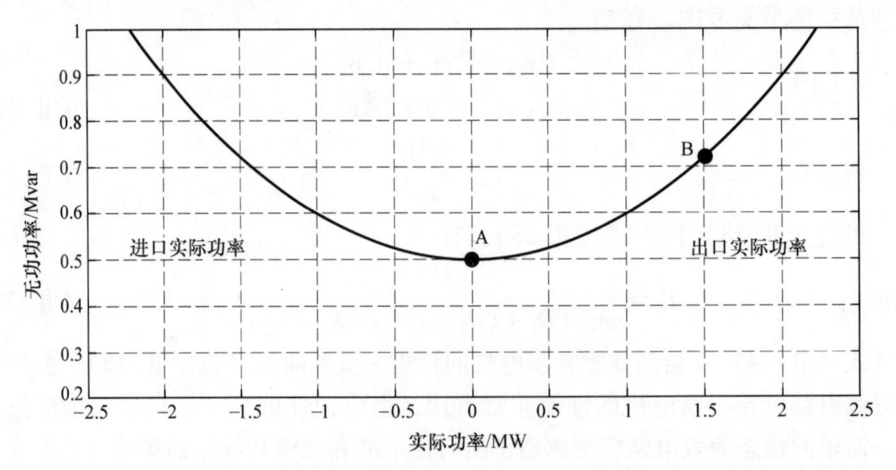

图Ⅱ.17 2MW 异步发电机环形图

例Ⅱ.3

一个 400V，35kW，50Hz，4 极异步电动机在额定负载下的转速是 1455r/min。问：

（a）转子的滑差；

（b）转子电流的频率。

答：

（a）定子磁场的转速 $=2\times\pi\times50=314.16$rad/s

从式（Ⅱ.2）可得，相应的机械同步速度为：$\omega_s=(2/p)\omega_e=(2/4)\times314.16\text{rad/s}=157.08\text{rad/s}$

转子转速为 $\omega_r=1455\times(2\pi/60)=152.37$rad/s

因此，异步电动机的滑差为 $(157.08-152.37)/157.08=0.03=3\%$

（b）转子电流频率为 $sf=0.03\times50=1.5$Hz

例Ⅱ.4

一种三相400V（VL），50Hz 异步电机，其定子阻抗为0.05 + j0.41Ω/相位，折算到定子侧的转子电阻为0.055 + j0.4241Ω/相位，励磁电抗为j841Ω/相位。

（a）计算得出最大转矩下的滑差，然后计算在电动机和发电机两块区域的最大滑差。绘制出表示电动机和发电机区域的转矩 - 滑差曲线。标示出异步发电机的正常工作区域。

（b）计算所绘制（在 $s=0$）的总空载无功功率（该励磁电抗可移动到电路的端子）。

（c）计算功率因数校正电容器的大小（单位为 F）。这些电容器将通过电机端子相连使空载功率因数为1。

（d）机器工作于滑差为 -0.04 的环境下。计算转子电路的电流以及电网连接上的有功和无功功率流（假设电容器大小为步骤 c 所计算出的大小）。

答：

$$R_1 = 0.05\Omega,\ X_1 = 0.41\Omega,\ R_2' = 0.055\Omega,\ X_2' = 0.42\Omega,\ X_{\mathrm{m}} = 8\Omega$$

相电压 $=(400/\sqrt{3})=230.9\mathrm{V}$。

（a）从式（Ⅱ.24）可得：

$$T_{\mathrm{e}} = \frac{3V^2R_2'}{s\omega_{\mathrm{s}}[(R_1+(R_2'/s))^2+(X_1+X_2')^2]} = \frac{3V^2R_2'}{\omega_{\mathrm{s}} \times g(s)}$$

为使转矩最大，函数 $g(s)$ 应是最小的，则 $\mathrm{d}[g(s)]/\mathrm{d}s=0$。

$$\frac{\mathrm{d}[g(s)]}{\mathrm{d}s} = \left[\left(R_1+\frac{R_2'}{s}\right)^2+(X_1+X_2')^2\right] + s\left[2\times\left(R_1+\frac{R_2'}{s}\right)\times\frac{R_2'}{s^2}\right] = 0$$

$$\left[R_1^2-\left(\frac{R_2'}{s}\right)^2+(X_1+X_2')^2\right] = 0$$

$$s = \pm\frac{R_2'}{\sqrt{R_1^2+(X_1+X_2')^2}}$$

因此，最大转矩时，有 $s=\pm0.055/\sqrt{0.05^2+(0.41+0.42)^2}=\pm0.066$

在 $s=0.006$ 时，有

$$T_{\mathrm{e}} = \frac{3\times230.9^2\times0.055}{314.16\times0.066\times[(0.05+(0.055/0.066))^2+(0.41+0.42)^2]}\mathrm{N\cdot m}$$

$$=288.8\mathrm{N\cdot m}$$

在 $s=-0.066$ 时，有

$$T_{\mathrm{e}} = \frac{3\times230.9^2\times0.055}{314.16\times0.066\times[(0.05-(0.055/0.066))^2+(0.41+0.42)^2]}\mathrm{N\cdot m}$$

$$=-325.7\mathrm{N\cdot m}$$

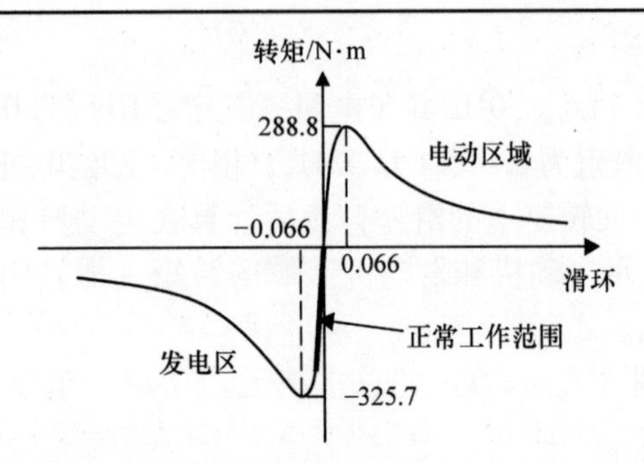

（b）如图Ⅱ.15 所示，无负荷（即 $s=0$）时，转子电路是开路。当励磁电抗移动到端子：一个相位下的无功功率为 $V^2/X_m=230.9^2/8\text{kvar}=6.67\text{kvar}$

因此，空载无功功率为 $3\times6.67\text{kvar}=20\text{kvar}$

（c）如果为完全提供空载无功功率（单个功率因数运算）而连接的每相电容 C 为

$$V^2\omega C=2\times\pi\times50\times C\times230.9^2=6.67\text{kvar}$$

$$\therefore C=\frac{6.67\times10^3}{2\times\pi\times50\times230.9^2}=398\mu\text{F}$$

（d）当滑差为 −0.04，根据式（Ⅱ.18），定子电流由下式给出：

$$=\frac{230.9}{(0.05-0.055/0.04)+\text{j}(0.41+0.42)}$$

$$=-125.15-\text{j}78.4\text{A}$$

定子电路的视在功率为

$$3VI^*=3\times230.9\times(-125.15+\text{j}78.4)\text{kV}\cdot\text{A}=-86.7+\text{j}54.3\text{kV}\cdot\text{A}$$

输出到电网的有功功率为 86.7kW。

无功功率输入为定子电路中的 54.3kvar 加上励磁支路中的 203kvar 再减去电容提供的 203kvar。因此，无功功率输入仍是 54.33kvar。

Ⅱ.4 习题

1. 11kV，50Hz，三相星形联结的同步发电机，具有 0.05Ω 电枢电阻和 1.2Ω 同步电抗。在功率因数滞后 0.9 时发电机供应 5MW，无限大母线保持在 11kV。确定内部电压和所需的功率角。

（答案：内部电压为 11.3kV，负载相位角为 2.7°）

2. 11kV，三相星形联结的同步发电机具有 5Ω 同步电抗和可以忽略不计的电阻。它提供了 1MW，0.9 滞后功率因数。计算出转子角。如果负载功率增大到2MW而不改变励磁，计算转子角度的变化值。

（答案：1MW负载的转子角为2.3°，2MW负载的转子角为14°）

3. 同步发电机的同步电抗为2Ω且电阻可忽略不计。它是连接到一个6.6kV的无限大母线，并提供滞后功率因数为0.9的100A电流。如果励磁增加了25%，发电机后续可以提供的最大功率是多少？

（提示：当转子角度为90°时达到最大功率。）

（答案：9.3MW）

4. 当转速为1440r/min时，400V，50Hz，四极，三相异步电动机产生30N·m的机械转矩。机械损失为250W。计算滑差，电磁转矩和功率通过空气隙转移。

（答案：滑差为4%，电磁转矩为31.66N·m，气隙功率为4.97kW）

5. 三相异步电动机的定子漏阻抗为1.0 + j4.0Ω，转子漏阻抗为1.2 + j4.0Ω，确定起动转矩与最大转矩的比率。

（答案：0.32）

Ⅱ.5 延伸阅读

1. Hughes E., Hiley J., Brown K., McKenzie-Smith I. *Electrical and Electronic Technology*. Prentice Hall; 2008.
2. Chapmen S.J. *Electrical Machinery Fundamentals*. McGraw-Hill; 2005.
3. Hindmarsh J. *Electrical Machines and Their Applications*. Pergamon Press; 1994.

教程Ⅲ 电力电子

敦法风电场，Oxton，苏格兰（47MW）
涡轮机桨距调节，使用双馈异步变速发电机［RES］

Ⅲ.1 引言

电力电子转换器目前用于将各种形式的可再生能源发电和储能系统连接到配电网。作为智能电网和主动配电网之间的重要组件，电力电子转换器将可能迎来更广泛的应用。大功率电力电子转换器的发展得益于电力半导体开关器件和正在取得为大型电机变速驱动器的设计与控制近期的快速发展。

电力电子变换器的一个常见应用是将某种能源产生的直流电（如太阳能发电，燃料电池或电池组）转换为50/60Hz 的交流电。转换器也可以用于从网络中解耦旋转发电机和原动机，因此允许它在一个范围内的输入功率下工作在其最有效的转速。这是赞成使用变速风力涡轮机一方提出的一个论点，但现在也被用于支持小型水力发电。变速运行的另一个优点是通过利用飞轮效应在输入或输出功率的瞬时变化期间来存储能量，从而减少机械负荷。

然而，大型电力电子转换器也有许多缺点，包括：①资金投入大和复杂性高；②电损耗（其中可能包括一个与输出功率无关的大型元件）；③将谐波电流注入到电网的可能性。

Ⅲ.2　导体、绝缘体和半导体

按照电传导特性，元件被分成三个大类：导体、绝缘体和半导体。

Ⅲ.2.1　导体

容易导电的元件称为导体。金属（如铜、银和铝）是很好的导体。在这些元件中，在外侧轨道的电子就是所谓的价电子，松散地结合到原子核中。导体内部各化合价电子具有不同的能量水平，从而其累积能量电平是由一个带（价带，见图Ⅲ.1）表示。当热、电或光形式的外部能量被吸收，这些电子从原子核断裂并移动到导带，变为自由电子。由于受小电场影响，这些自由电子可轻松移动。在导体中，帷幔和电导带重叠。

一个自由电子从一个原子迁移至另一个并在第二个原子替换一个化合价电子同时使第一个原子带正电荷。自由电子的这种运动在导体内部形成电流。传统电流流动的方向被认为是电子流的相反方向，是正离子的运动方向。

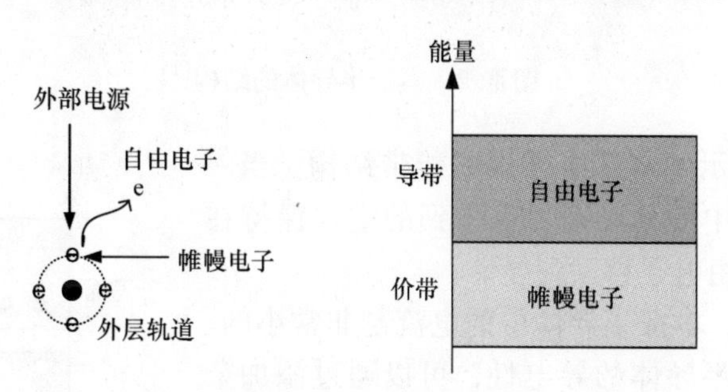

图Ⅲ.1　导体的能带

Ⅲ.2.2　绝缘体

在正常的条件下不能导电的元件被称为绝缘体。在良好绝缘体中价电子紧紧地黏结到原子核，因此从原子分开一个电子需要大量的能量。绝缘体的价带和导带之间的间隙很大。电子从价带移动到传导带需要很大的能量。因此，承受低电压绝缘体可具有少量的自由电子，这些电子并不足以产生电流流过。然而，如果是相同的材料受到非常大的电压，那么将有足够的自由电子以起动电流。因此，用于覆盖低压导线电缆的绝缘体可能并不适用于高压电缆。

Ⅲ.2.3 半导体

半导体，在其内在的状态，既没有导体的特性也没有绝缘体的特性。硅（Si）是最常用的半导体电力电子器件材料。内在硅原子与邻近的原子形成共价键如图Ⅲ.2所示。随着材料温度的增加，部分共价键断裂从而产生自由电子和空穴。自由电子和空穴电流都有助于电流的流动。

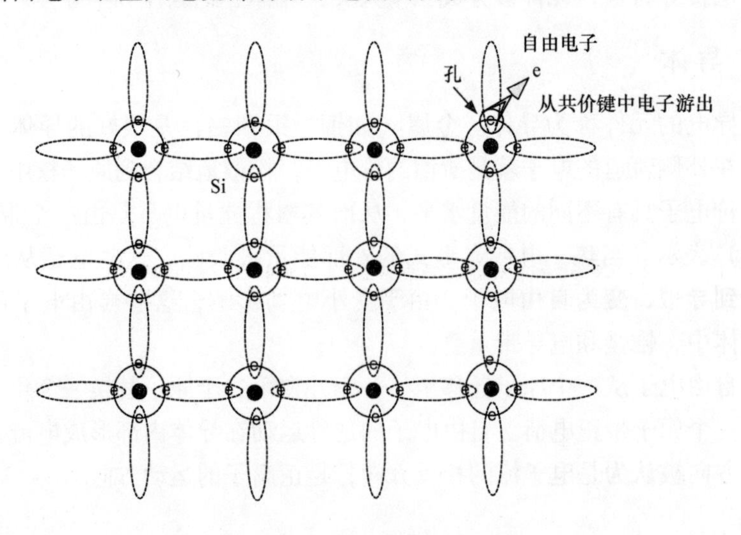

图Ⅲ.2 本征半导体的结构[1]

图Ⅲ.3显示的本征半导体的能带结构。当一个电子从原子中的移动时，所得到的空穴保持在价带，同时自由电子移动到导带。

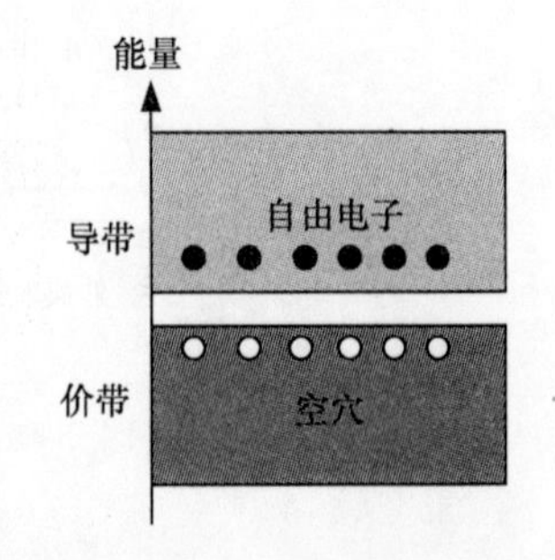

图Ⅲ.3 本征导体的能量带[1]

在室温下，本征半导体中的电流是非常小的。为了增加本征半导体的导电性，可以通过添加杂质的方法。通过掺杂形成了两种类型的半导体，即N型半导体和P型半导体。

（1）N型半导体

为了形成一个N型半导体，带有五个外层电子施主杂质添加到本征半导体。通常砷（As）、磷（P）或铋（Bi）用作施主杂质。供体原子的5配位电子不形成一个共价键，并且在原子中很容易被打破（见图Ⅲ.4），因此被视为自由电子。

(2) P型半导体

为了形成P型半导体，具有三个外层电子的受主杂质被添加到本征硅。硼(B)、镓(G)和铟(In)通常用于受主杂质，如图Ⅲ.5所示。受主原子的空穴试图吸引一个电子形成缺少的共价键。

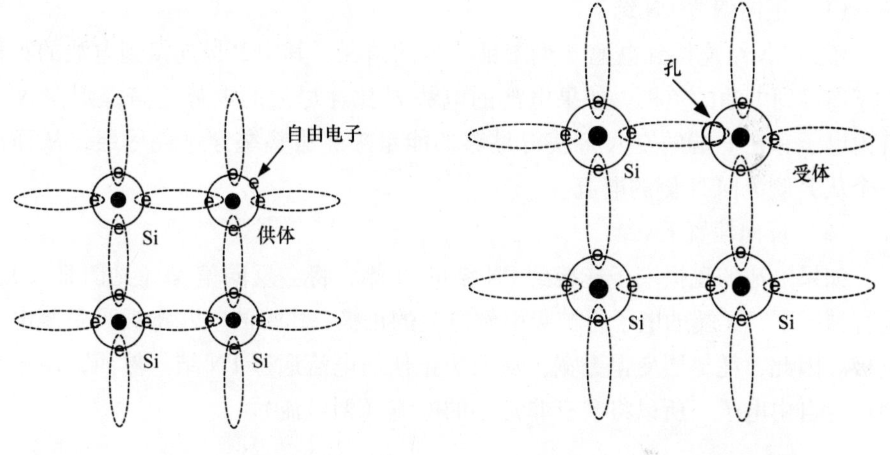

图Ⅲ.4 N型半导体结构[1]　　图Ⅲ.5 P型半导体结构[1]

Ⅲ.3 PN结

通过将P型半导体和N型半导体结合而形成PN结。当P型和N型半导体结合后，由于交界处两端载体(自由电子或空穴)的浓度差，N型半导体的自由电子越过结并结合交界处附近区域的空穴。如图Ⅲ.6所示，这导致了当中立带

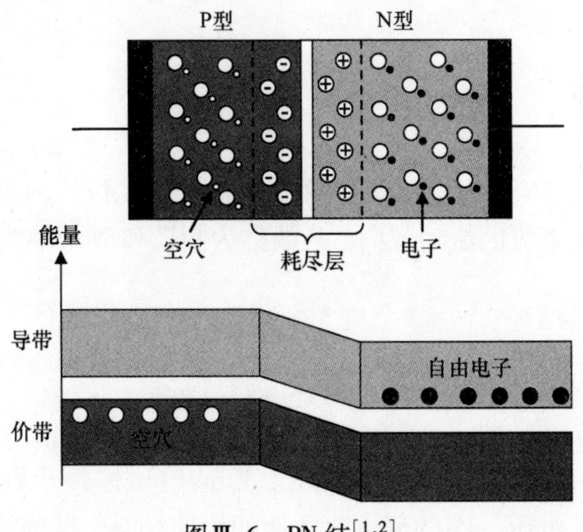

图Ⅲ.6 PN结[1,2]

电原子接收了一个电子（负电荷）时将产生一个负离子。同时，P 型区域的空穴越过结并与 N 型半导体的自由电子相结合，从而产生正离子。所得到的结合区域将不会有任何的电荷载体并被称为耗尽区。如图Ⅲ.6 所示，耗尽层充当势垒促进电子和空穴的进一步的运动。

（1）正向偏置 PN 结

考虑 PN 结连接到电池（见图Ⅲ.7）的情况，其中 P 极连接到电池的正极和 N 极连接到电池的负极。如果电池的电势 E 比耗尽层的电势差高，则在 N 端的自由电子和在 P 端的空穴将获得足够的能量来克服势垒穿过耗尽层，从而产生一个从 P 侧流向 N 侧的电流。

（2）反向偏置 PN 结

如果电池的正极端子连接到 PN 结的 N 侧，将会反向偏置（见图Ⅲ.8）。在这种情况下，N 端的电子将被吸引到电池的正极，P 端的空穴将被吸引至电池的负极。因此，耗尽层变得更宽，从而防止任何电流通过 PN 结。然而，由于热能会产生自由电子，所以将会有非常小的电流（漏电流）。

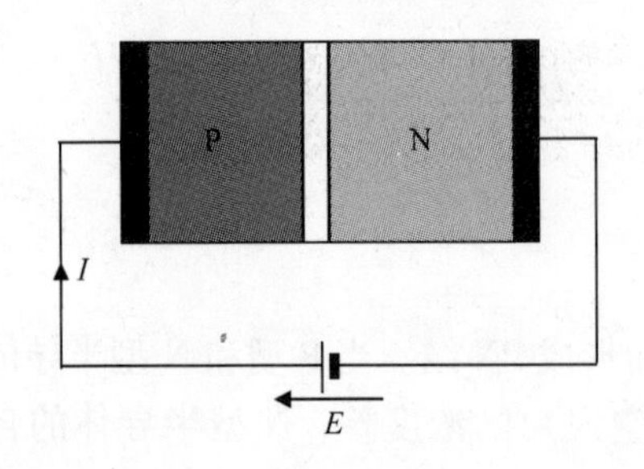

图Ⅲ.7　正向偏置 PN 结

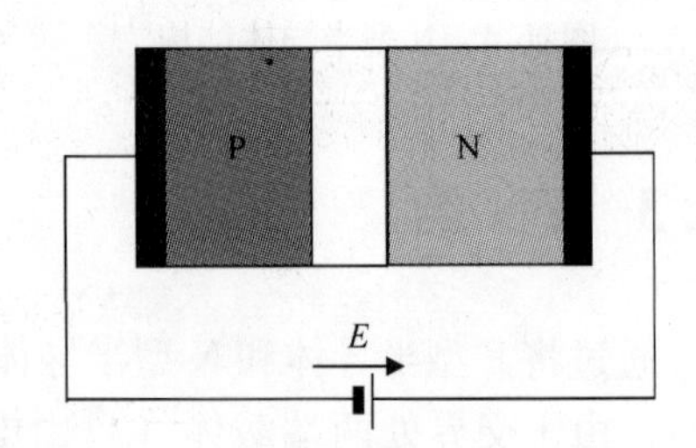

图Ⅲ.8　反向偏置 PN 结

Ⅲ.4　二极管

用一个单一的 PN 结做成的装置称为二极管。二极管的符号如图Ⅲ.9 所示，其中箭头方向表示电流的流动方向。P 端称为阳极和 N 端称为阴极。

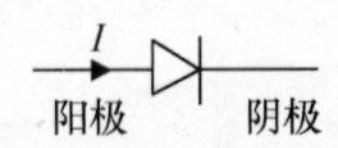

图Ⅲ.9　二极管的符号

二极管的 $V-I$ 特性如图Ⅲ.10 所示。V_r 的电压称为开启电压，即克服耗尽层的电势差需要的电压。V_r 的值取决于所使用的材料，硅的约为 0.6V。

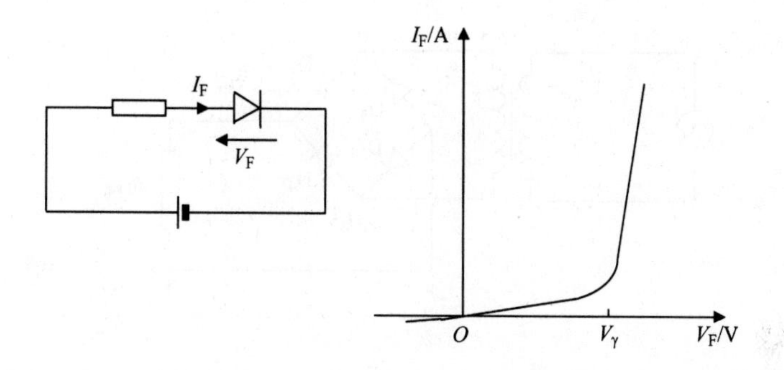

图Ⅲ.10　二极管 $V-I$ 特性

例Ⅲ.1

整流是什么意思呢？使用合适的图表来说明单相整流器的工作原理。

答：

交流电（双向信号）转换为直流电（单向信号）称为整流。二极管具有单向导电性，二极管的主要应用之一就是整流。

半波整流模块采用一个二极管，如下图所示。在交流电压的正半周期，阳极电压大于阴极电压，二极管处于正向偏置。负半周期的二极管变为反向偏置，从而阻断交流输入电压。

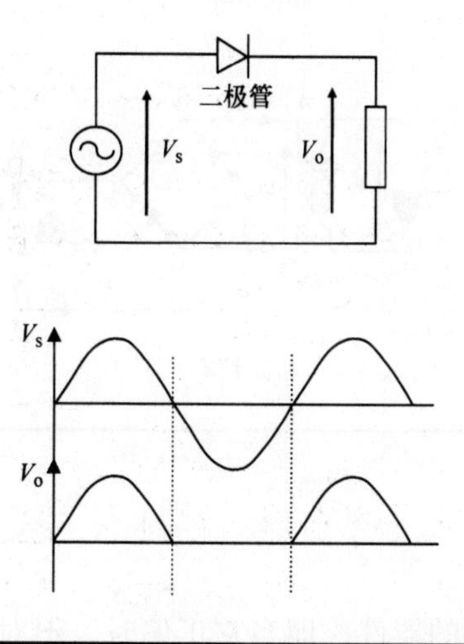

例Ⅲ.2

描述下图所示的全波桥式整流器的工作原理。

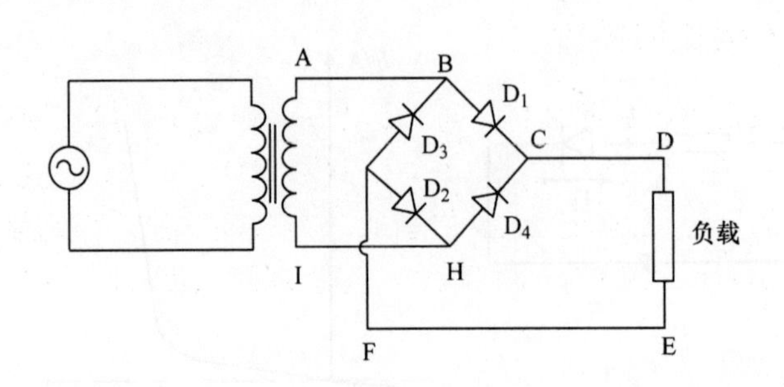

答:

在正半周期内，电流路径为'ABCDEFGHIA'。也就是说在这个周期中，二极管 D_1 和 D_2 正向偏置，二极管 D_3 和 D_4 反向偏置，如下图所示（上图）。在负半周期内，二极管 D_3 和 D_4 正向偏置，二极管 D_1 和 D_2 反向偏置，并在路径'IHCDEFGBAI'流过电流。即在正负周期中，电流通过负载的方向是一致的，从而使单向电压加在负载上。

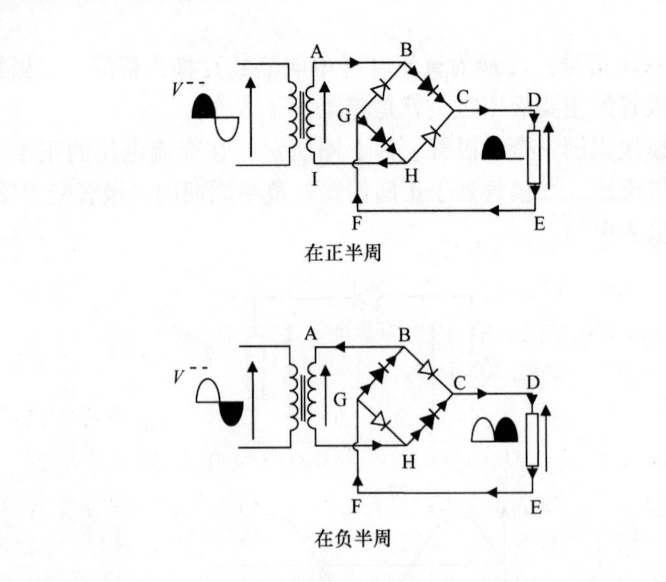

在正半周

在负半周

Ⅲ.5 开关器件

二极管是一个不可控的器件，即当它正偏时，不对经过它的电流施加控制。许多电力电子应用都需要可控器件。在可控器件中，除了主电流流动的端子，还有采用第三个端子控制器件。根据所使用的控制技术，开关设备大致可分为电流型控制器件和电压型控制器件。

Ⅲ.5.1 电流型控制器件

在电流控制设备中，通过它的电流是由注入电流进入第三端来控制的。常用的电流控制器件是晶体管、晶闸管和可关断（GTO）晶闸管。在晶体管和 GTO 晶闸管中，可以通过控制端使该器件接通或是关断。使用控制端子 OFF 时，晶闸管中的导通是可以控制的，但该设备一直导通到电流方向反向，并在该点设备会自然关断。

1. 晶体管[1,3,4]

晶体管是常用的电流型控制器件，由两个 PN 结构成。这两个 PN 结由夹层 PNP 或 NPN 形成，如图Ⅲ.11所示。在这两种类型的晶体管中，通过集电极和发射极端子的电流可采用基极电流进行控制。然而，这种控制只有当晶体管处于正确偏置时才能起作用，即通过向三个端子连接合适的电压。晶体管具有不同的偏置方式。图Ⅲ.12 给出了常用的偏置电路，共发射极偏置和相应的 $V-I$ 特性。从 $V-I$ 特性可以看出，三个工作区域可以被识别：放大区、截止区和饱和区。在放大区，一个小的基极电流可以控制集电极电流。随着 I_B 的增大，在某个时刻基极电流失去对集电极电流的控制。在这个区域（称为饱和区）时，晶体管作为一个闭合的开关。若 I_B 减小到某一最小值，I_C 变为零且 V_{CE}增大。该操作相当于一个断开的开关和这个操作区域称为截止区。在大中型功率应用中，晶体管不会工作在放大区，因为其具有相当高的传导损耗。

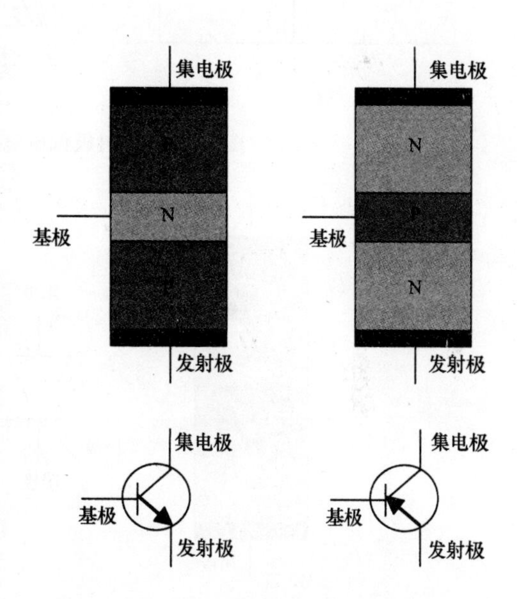

图Ⅲ.11 PNP 和 NPN 型晶体管及其符号

2. 晶闸管[3,4]

晶闸管是一个 PNPN 器件（见图Ⅲ.13），它可以通过施加门极脉冲导通。门极一旦失去其控制信号，该器件将自然关断，此时从阳极到阴极的电流变得非常小。晶闸管用于功率应用中，如异步电动机驱动器；也可用于大功率应用中，如高压直流电流源方案。目前，电压高达 8.5kV，4000A 等级的晶闸管目前已经上市。如图Ⅲ.13 所示，晶闸管可以由两个晶体管代替，即一个 PNP 型晶体管和一个 NPN 型晶体管。

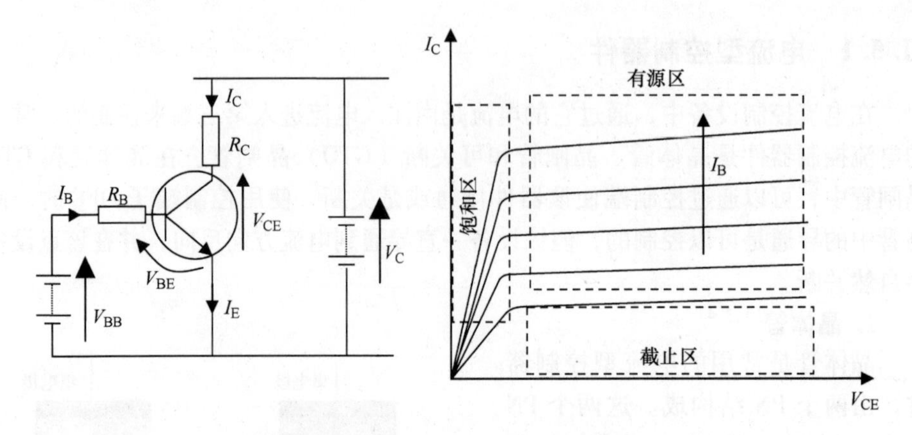

图Ⅲ.12　共射极偏压电路与 $V-I$ 特性

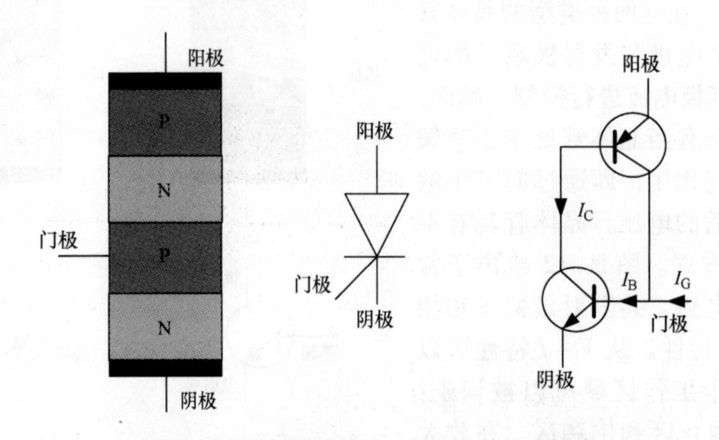

图Ⅲ.13　晶闸管的结构、符号和等效晶体管

晶闸管的 $V-I$ 特性如图Ⅲ.14 所示。特征可以分为三个区域，并使用双晶体管的等效电路进行说明：

1）反向阻断区：两种晶体管都在它们的截止区，只有一个小漏电流流过该器件。

2）正向阻断区：上晶体管关断，下面的导通。因此，没有电流通过器件。

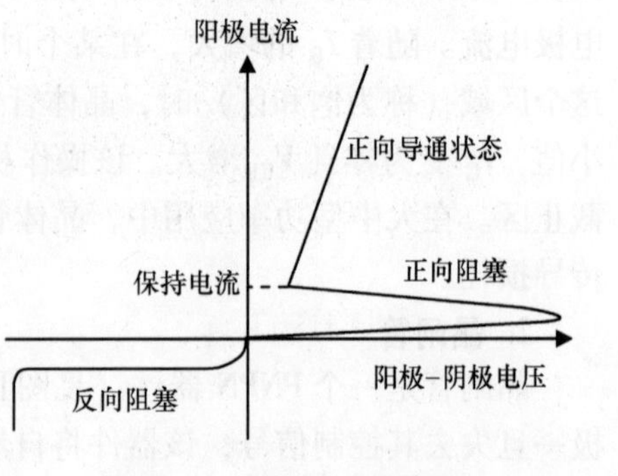

图Ⅲ.14　晶闸管 $V-I$ 特性

3）正向导通区：当 I_G 足够大的，NPN 型晶体管的基极电流 I_B 足够大使其导通。这反过来增大了集电极电流 I_C，从而使上面 PNP 型晶体管的基极电流变大。然后 PNP 型晶体管的集电极电流，也就是 NPN 型晶体管的基极电流增大。如此循环下去直到两个晶体管都进入饱

和状态。一旦两个晶体管在饱和区中，门极不再有控制晶闸管的电流流过。

3. 可关断（GTO）晶闸管

GTO 就像是有一个复杂结构 PNPN 器件的晶闸管。它可以通过加正极门极信号使其导通，加负向门极信号使其关断。但是，需要相当大的电流将其关闭。例如，一个 4000A 的器件可能需要一个高达 750A 的门极电流才能将其关闭。该器件的符号如图Ⅲ.15 所示。

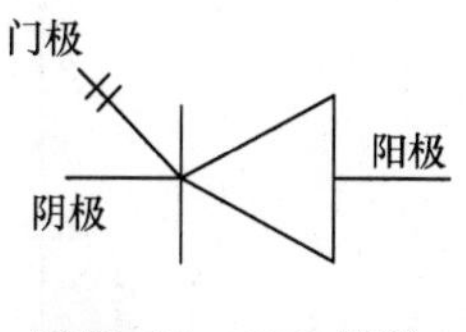

图Ⅲ.15 GTO 符号

Ⅲ.5.2 电压型控制器件

在电压型控制器件中，可以通过施加合适的电压到控制端来控制通过器件的电流。当通过该控制端电流非常小时，这些设备可以直接使用集成电路和微型控制器来控制。

1. MOSFET[1,3,4]

场效应晶体管（FET）与晶体管有非常相似的应用。它们的主要区别在于器件导通和断开的方式。由于晶体管是一种电流型控制器件，一个小的基极电流就可以控制集电极的电流。但是，在 FET 栅极和源极施加的电压能够控制漏电流。有两种类型的 FET：结型场效应晶体管（JFET）和金属氧化物半导体场效应晶体管（MOSFET）。只有 MOSFET 在本书中被介绍，因为它们常用于相关这本书范围内的中等功率开关应用中。图Ⅲ.16 显示了 MOSFET 的典型结构和符号。

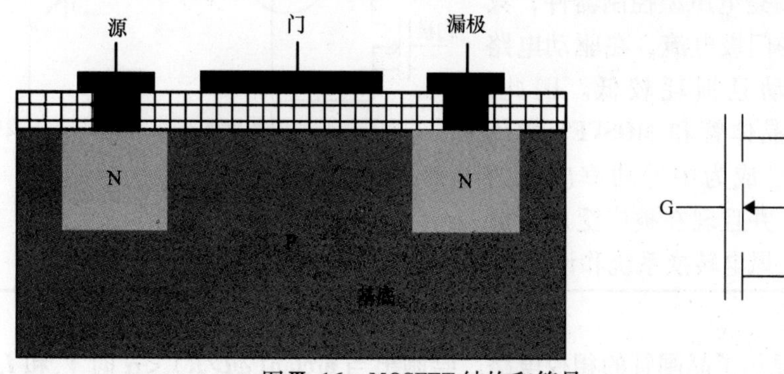

图Ⅲ.16 MOSFET 结构和符号

有两种类型的 MOSFET，即耗尽型和增强型。根据半导体所使用的基材，每种类型的 MOSFET 也可分为 N 型和 P 型。N 型增强型 MOSFET 的典型转移特性如图Ⅲ.17 所示。当栅极电压小于临界值（通常为 2V）时，该器件将不会导通。一旦栅极电压升高超过其临界值，器件便开始导通，漏极电流表示出相对于栅极电压的二次方特性。

2. IGBT[3,4]

IGBT 是一个由在其栅极侧的 MOSFET 和在导通路径里晶体管的组成的复合

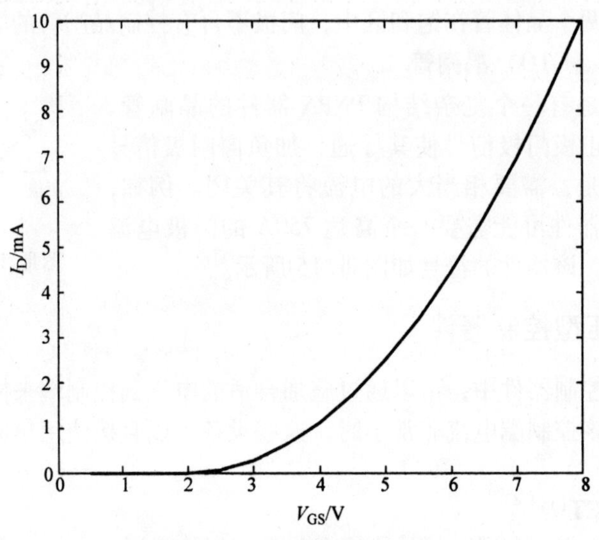

图Ⅲ.17 MOSFET 转移特性

型开关。其等效电路和符号如图Ⅲ.18所示。MOSFET 的一个主要缺点是它与类似等级的晶体管相比时，其导通损耗相当高。然而，由于 MOSFET 是电压型控制器件，只需非常小的门极电流，在驱动电路中易于驱动且损耗较低。因此，IGBT 兼有晶体管和 MOSFET 的优点。IGBT 已成为中等功率应用的热门选择，并且现在被广泛用于电机驱动器、风电转换系统和许多其他形式的分布式发电。

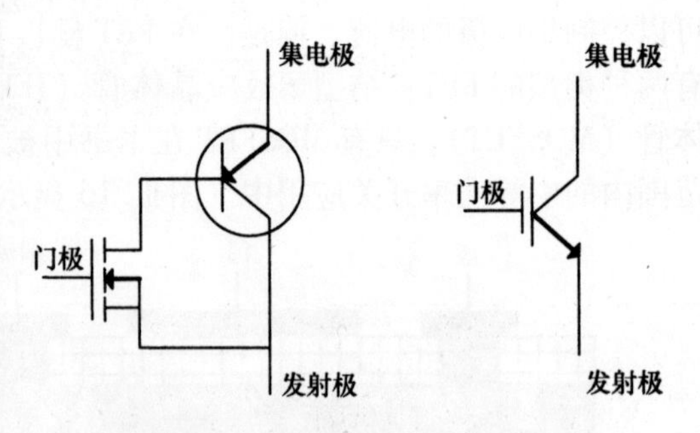

图Ⅲ.18 IGBT 符号与等效电路[3]

例Ⅲ.3

下图显示了晶闸管的相控电路。绘制出当 $\arctan(\omega L/R) < \alpha$ 时 V_o和 I_o的波形，其中 α 为晶闸管触发角。

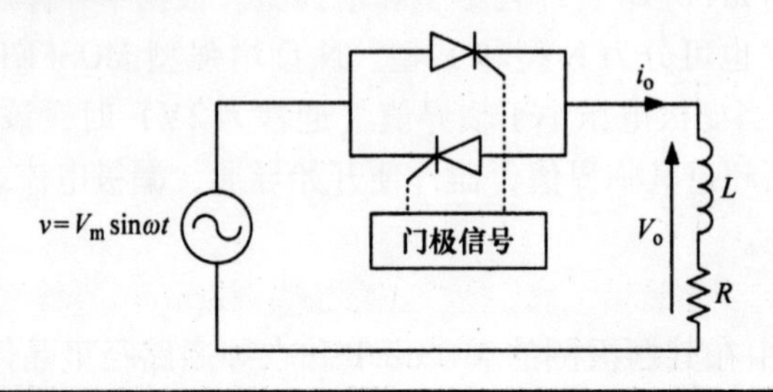

答：

如果触发角为 0 时这两个晶闸管都导通（这相当于 L 和 R 直接与电源连接），则电流 i_o为

$$i_o = I_o \sin(\omega t + \phi)$$

式中，$\phi = \arctan\left(\frac{\omega L}{R}\right)$；$I_o$为电流的最大值。

如果 $\alpha > \arctan\left(\frac{\omega L}{R}\right)$，则晶闸管从 ϕ 到 α 期间不会导通，如下图所示。当晶闸管一直不导通，V_o为 0；否则 V_o为输入电压值。

V_o和 I_o的波形如下：

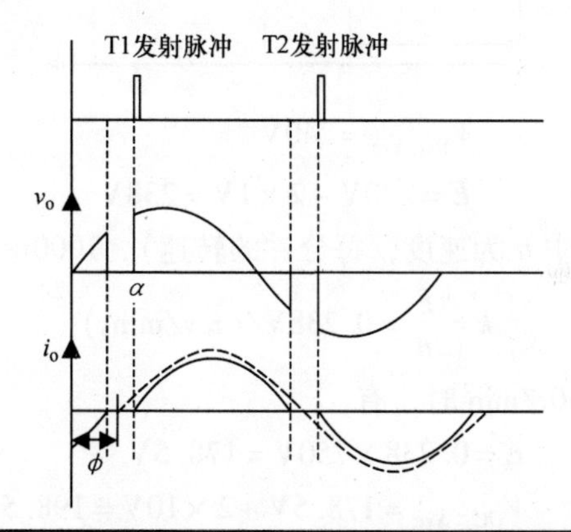

例Ⅲ.4

240V 电池经过直流斩波电路连接一台电枢电阻为 2Ω 的永磁直流电机（晶体管或者 MOSFET 工作在开关模式）。空载下，最大转速可为 1000r/min 并有 1A 的电流，对于直流电机的感应电动势正比于转子的转速。

1）假设电机的电感很大，画出驱动器主要组成部分的电路图。绘制当斩波器工作在 50% 占空比时的电压和电流波形。

2）为了让电机在转速为 750r/min，满载电流为 10A 的环境下运行，计算开关的占空比。

答：

在占空比为 50% 时，假设电枢绕组的电感比其电阻大得多，有

$$V_{DC\_Ave} = d \times 240$$

式中，d 是开关的占空比，$d = T_1/T$。

由于感应电压与速度成正比，最大速度（1000r/min）对应的电枢电压可能也是最大的。因此，斩波开关应该按统一的占空比操作。

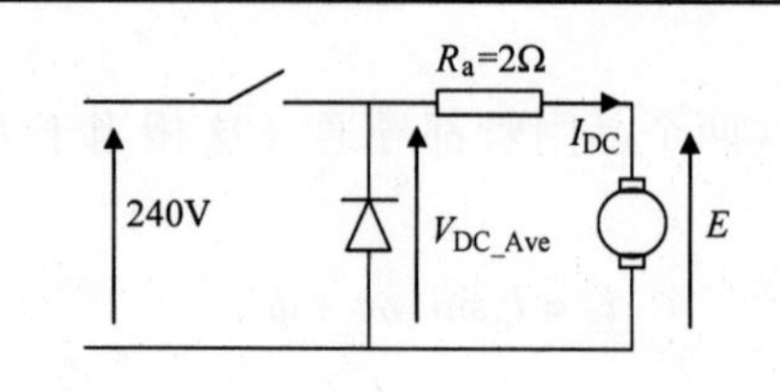

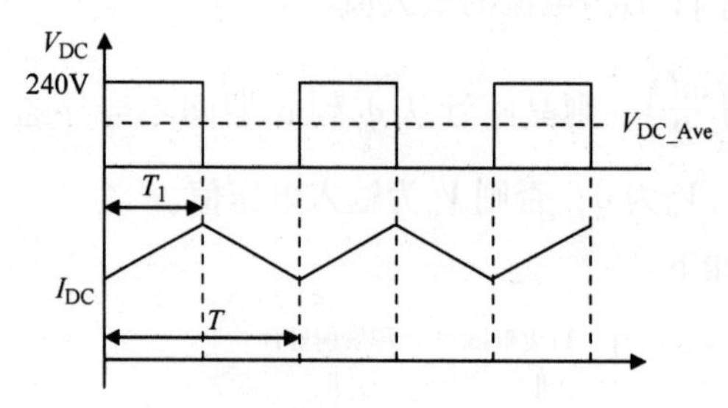

$$V_{DC\_Ave}=240V$$

$$E=240V-2\times 1V=238V$$

由于 $E=kn$（其中 n 为速度，每分钟的转速），1000r/min 时：

$$k=\frac{E}{n}=0.238V/(rev/min)$$

当电机运行在 750r/min 时，有

$$E=0.238\times 750V=178.5V$$

$$V_{DC\_Ave}=178.5V+2\times 10V=198.5V$$

开关的占空比为

$$d=\frac{198.5}{240}=0.83$$

Ⅲ.6 电压型逆变器

大量的概念和电力电子电路已用于或拟用于小型发电机与电力系统网络的连接。它们都利用了现有各种可用半导体开关器件的工作特性。当改进型开关推出后，电路将继续不断发展。早在几年前，自然换相、电流源、基于晶闸管的逆变器很普遍。晶闸管可由门极脉冲导通，但由外部电路关断（或自然换向）。这种类型的设备具有低损耗的优点，但在直流母线的电压决定了其功率因数和谐波性能较差。考虑到滤波器的潜在花销，对于一个谐波性能低下的变换器来说，要确保其对电网的冲击在可接受范围内，则需要耗费大量时间和资金进行谐波研究。这种逆变器现在已很少使用在新的分布式发电计划中。

大多数现代变换器采用电压源变换器（VSC）的某种形式。顾名思义，是由电压源合成的波形。

Ⅲ.6.1 单相电压型逆变器

一个简单的单相逆变器如图Ⅲ.19所示。电路中使用了两个电压控制的开关。为清楚起见，它们标示为S1和S2。这两个开关以互补的方式导通和关断，以便逆变器输出方波。当S1导通S2关断时，负载两端的电压为$V_{DC}/2$。当S1关断S2导通时，负载两端的电压为$-V_{DC}/2$。尽管这逆变器输出的是一个方波，从傅里叶分析可以表明，负载两端电压的基波分量为频率为开关频率正弦曲线。

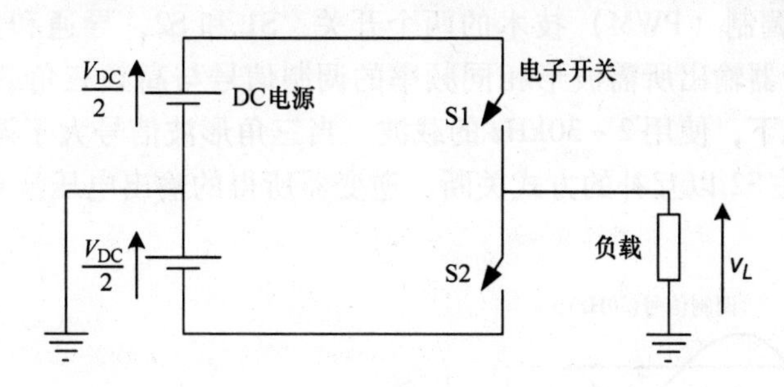

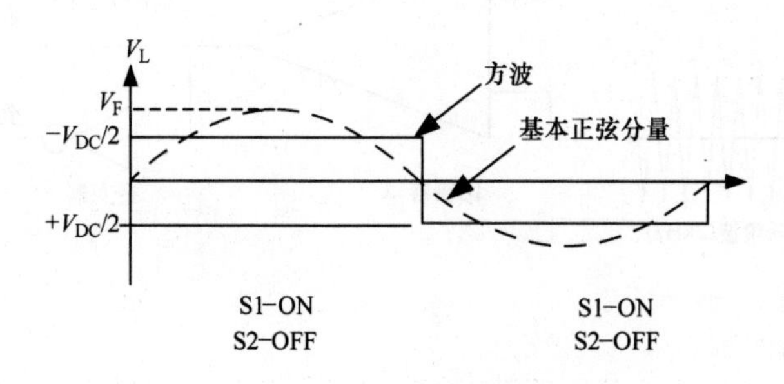

图Ⅲ.19 方波逆变器

1. 谐波

从傅里叶分析可以证明，一个方波信号是由无限个正弦波叠加而成的。方波的傅里叶级数为

$$V_L = \frac{4V_{DC}}{\pi}\sum_{n=1,3,5}^{\infty}\frac{\sin n\omega t}{n} = V_F\sin\omega t + \frac{V_F}{3}\sin 3\omega t + \frac{V_F}{5}\sin 5\omega t + \frac{V_F}{7}\sin 7\omega t + \frac{V_F}{9}\sin 9\omega t\cdots \quad (Ⅲ.1)$$

式中，$V_F = \frac{4V_{DC}}{\pi}$为基波的峰值（如图Ⅲ.19中虚线所示）。

由于输出包含大量高阶频率分量（谐波），所以这种逆变器的应用有限（主要用于廉价的离网系统）。谐波电压增加了变频器的负载损耗和使任何连接的电动机和发电机产生脉动转矩。公用事业也限制电力电子设备产生的谐波，以减少因谐波对其他连接在公用电网中的消费者造成损害。

为了减小变换器产生的谐波，那就要从直流电压源合成出近似正弦的波形，并采用不同的调制方案，具体包括：

1）载波调制技术，将基准信号与三角波进行比较。最为大家熟悉的是正弦脉宽调制（PWM），很容易通过硬件中实现。

2）滞环控制。

3）程序化脉冲宽度调制（有时也被称为特定谐波消除法）。

4）空间矢量调制。

5）脉宽调制（PWM）技术的两个开关，S1 和 S2，导通和关断如图Ⅲ.20 所示。与逆变器输出所需波形相同频率的调制信号与高频三角载波信号进行比较。通常情况下，使用 2 ~ 30kHz 的载波。当三角形波信号大于调制信号，开关 S1 导通，开关 S2 以互补的方式关断。逆变器所得的输出电压波形如图Ⅲ.20 下图所示。

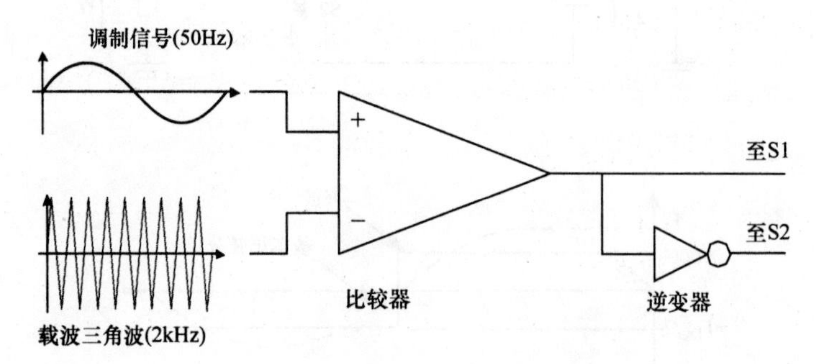

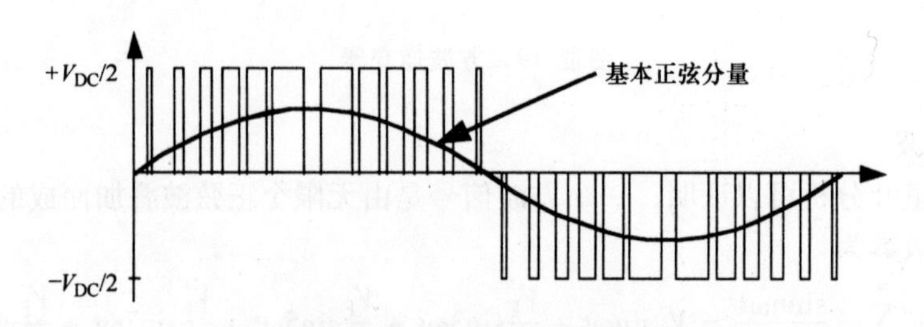

图Ⅲ.20　脉冲宽度调制技术

在滞环控制中，输出控制在期望值两边任意一侧环宽内。在复杂优化策略的编程脉冲宽度调制中脱线，以确定所需的开关角度来消除特定谐波。在空间矢量调制中，变换器的输出电压空间矢量被定义和合成。这使用数字进行坐标变换是很容易实现的。

尽管输出电压有很多脉冲，通过傅里叶分析可以表明，PWM 逆变器比方波逆变器输出了更少的低次谐波。

2. 损耗

PWM 波形的每个脉冲有两个瞬时状态，导通瞬间和关断瞬间，如图Ⅲ.21（为清楚起见，图中的瞬态时间比实际时间要长）所示。

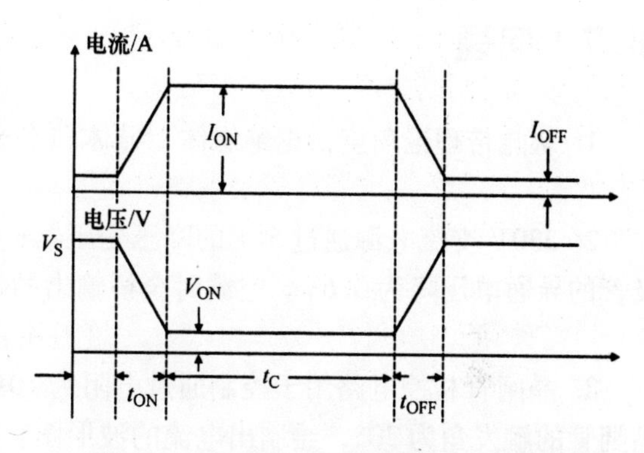

图Ⅲ.21　典型开关器件的导通和关断瞬态

总功耗是开关损耗（导通和关断）和通态损耗的总和。当开关损耗如图Ⅲ.21 所示时，总损耗约为

$$总损耗 = \left[\frac{V_S I_{ON} t_{ON}}{6} + \frac{V_S I_{ON} t_{OFF}}{6} + V_S I_{ON} t_C\right] \times f_s \tag{Ⅲ.2}$$

式中，f_s 为 PWM 信号的开关频率（载波信号的频率）。

从式（Ⅲ.2）可以很明显地看出，总损耗是随着开关频率的增加而增大的。

Ⅲ.6.2　三相电压型逆变器

许多应用都有用到三相逆变器。三相逆变器的工作情况与三个单相逆变器的情况类似，每相输出波形的相位相差 120°。如图Ⅲ.22 所示，三相逆变器有 6 个 MOSFET。S_{a1} 和 S_{a2}，S_{b1} 和 S_{b2}，S_{c1} 和 S_{c2} 三个 MOSFET 对以互补的方式进行控制。

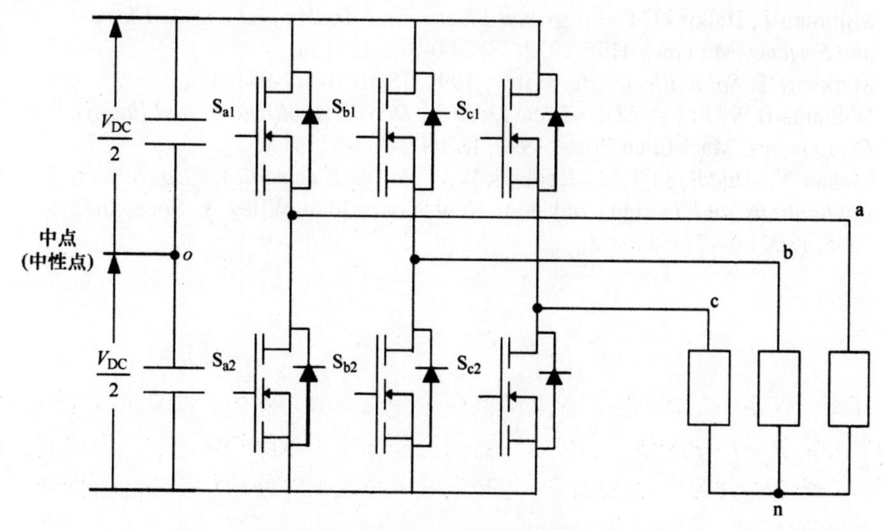

图Ⅲ.22　基于 MOSFET 的三相逆变器

Ⅲ.7 问题

1. 从能带理论角度讨论绝缘体、导体和半导体之间的差异。

（答案：见Ⅲ.2节）

2. 230V交流电源通过5∶1的降压变压器连接到二极管全桥整流器。每个二极管的导通电压降为0.6V。空载时全桥输出的峰值是多少？

（答案：$[230/5-(2\times0.6)]\text{V}=45.8\text{V}$）

3. 晶闸管相控电路用于控制通过电阻为10Ω、电抗为4Ω的负载的电流。若晶闸管的触发角为30°，绘制出电流的波形图。

（答案：$\alpha=30°>\arctan(4/10)$，见例Ⅲ.5.3（3）的内容）

4. 三相方波逆变器连接到100V的直流电压，计算由逆变器产生的三个最低次谐波的大小。

（答案：利用式（Ⅲ.1）：5th=25.5V，7th=18.2V，11th=11.6V）

5. IGBT的集电极通过一个10Ω电阻连接到300V电源。IGBT开关频率为10kHz。导通和关断的时间分别为50ns和400ns。忽略导通电压降，计算IGBT相关的总损耗。

（答案：利用式（Ⅲ.2）：总损耗为6.75W）

Ⅲ.8 延伸阅读

1. Milliman J., Halkias C.C. *Integrated Electronics: Analog and Digital Circuits and Systems*. Mc Graw-Hill; 1972, ISBN 0-070-423156.
2. Markvart T. *Solar Electricity*. Wiley; 1994, ISBN 0-471-941611.
3. Williams B.W. *Power Electronics: Devices, Drives, Applications and Passive Components*. MacMillan Press; 1992, ISBN 0-333-57351X.
4. Mohan N., Undeland T.M., Robbins W.P. *Power Electronics – Converters, Applications and Design*. 2nd edn. New York: John Wiley & Sons, Inc.; 1995, ISBN 0-471-58408-8.

教程Ⅳ 电力系统

林赛炼油厂热电厂

该厂生产118MW热量38MW的电能［国家电力PLC］

Ⅳ.1 引言

电力系统利用发电机将机械能转换成电能，然后经过长距离输送，最后将电能分配到家庭、工业和商业负荷。初始产生的电能为低电压（400V～25kV），然后将电压升高到输电电压等级（如765kV，400kV，275kV），最后降到配电电压

(如 13.8kV，11kV 或 400V)。每个转换阶段由变电站实现，其他各种设备分别负责以下功能：①转换系统电压（功率变压器）；②故障时切断电流（断路器）；③断流后隔离一部分进行维护（隔离器）；④保护电路免受雷击过电压（避雷器）；⑤电压和电流的测量（电压互感器 VT 和电流互感器 CT）。除了这些承载主电流的电力设备，还包括二次电气设备，用于监控电力系统以及检测故障（短路）和控制断路器。

实际的交流电力系统使用的是幅值相同且相位互差 120°的三相电，这已在教程 I 中讨论过。当三相对称均衡时，中性线无电流，因此在更高电压时，只使用三相导体而省掉中性线。为了在控制图和报告中表示电力系统，我们采用了单线表示法，以单线表示三相线。表Ⅳ.1 列出了平衡电力系统中常用的单线图符号，而图Ⅳ.1 给出了单线图。

表Ⅳ.1 主线图的典型符号

符号	说明
	发电机
M	电动机
	传输线或电缆
	母线
	变压器（双绕组）
	上界符号（通常在欧洲使用） 下界符号（通常在美国使用）
	变压器分接开关
	电阻
	电感
	电容
	断路器

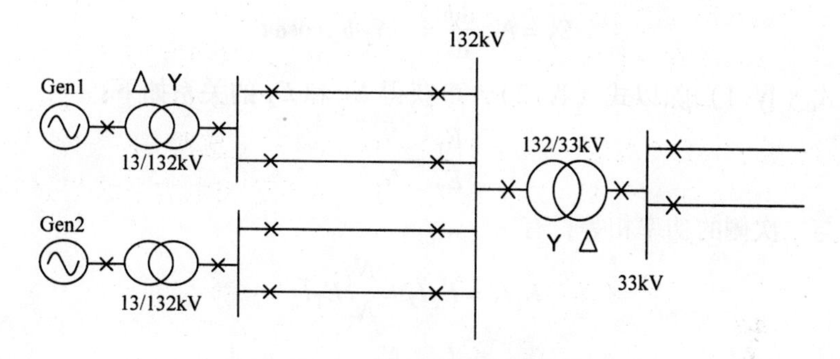

图Ⅳ.1　电力系统组成主接线图之一

Ⅳ.2　功率变压器

功率变压器是电力系统的重要组成部分，如图Ⅳ.1所示，在发电机侧升压，然后再降压给负载。

一个线圈直接连接到一个电压源（或通过其他电力系统设备连接），称为一次侧绕组（N1）；另一线圈连接到负荷，称为二次侧绕组（N2）。交流电在一次绕组产生的互感磁通，在二次绕组产生电压。一个理想变压器的等效电路如图Ⅳ.2b所示，其中一次线圈产生的磁通完全与二次线圈相匝连。

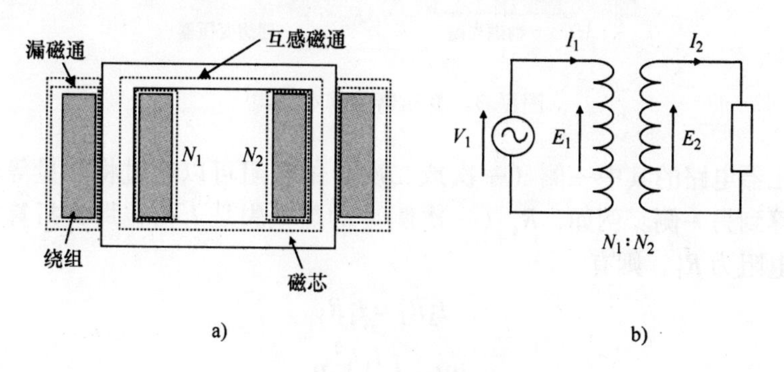

图Ⅳ.2　单相变压器

a）基本结构　b）等效电路

若铁心的磁通 $\phi = \phi_m \sin\omega t$，然后根据法拉第定律有

$$E_1 = N_1 \frac{\mathrm{d}\phi}{\mathrm{d}t} = \omega N_1 \phi_m \cos\omega t \tag{Ⅳ.1}$$

式中，E_1 为一次绕组的感应电动势。

假设 ϕ 完全与变压器的二次绕组匝连，则二次绕组的感应电动势为

$$E_2 = N_2 \frac{\mathrm{d}\phi}{\mathrm{d}t} = \omega N_2 \phi_\mathrm{m} \cos\omega t \tag{Ⅳ.2}$$

用式（Ⅳ.1）除以式（Ⅳ.2），可获得 E_1 和 E_2 的关系如下：

$$\frac{E_1}{E_2} = \frac{N_1}{N_2} \tag{Ⅳ.3}$$

一次侧与二次侧的功率相等，有

$$E_1 I_1 = E_2 I_2 = \frac{N_2}{N_1} E_1 I_2$$

$$\frac{I_1}{I_2} = \frac{N_2}{N_1} \tag{Ⅳ.4}$$

在实际的变压器中，少量的磁通只与一次绕组相匝链，这部分磁通称为漏磁通。类似的漏磁通存在于二次侧。

采用等效电路可以很方便地对变压器进行分析。图Ⅳ.3 为变压器的等效电路，其中 R_1 和 R_2 是一次和二次绕组的电阻值，X_1 和 X_2 为漏电抗，X_m 表示互感磁通的电抗，R_c 表示铁心的损耗，并且 E_1 和 E_2 是每个线圈的感应电动势。

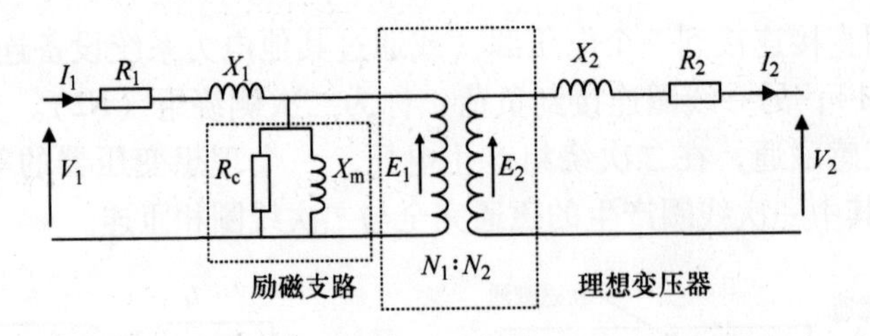

图Ⅳ.3　变压器的基本结构[1]

变压器电路的其中一侧（一次或二次）的电阻可以通过将能量等效换算为热量折算到另一侧。例如，R_1（一次侧）的热损失是 $I_1^2 R_1$，那么折算到二次侧的等效电阻为 R_1'，则有

$$I_2^2 R_1' = I_1^2 R_1$$

$$R_1' = \left(\frac{I_1}{I_2}\right)^2 R_1 \tag{Ⅳ.5}$$

将式（Ⅳ.4）代入式（Ⅳ.5）中，有

$$R_1' = \left(\frac{N_2}{N_1}\right)^2 R_1 \tag{Ⅳ.6}$$

一次漏电抗用相同的方法折算到二次侧，有

$$X_1' = \left(\frac{N_2}{N_1}\right)^2 X_1 \tag{Ⅳ.7}$$

一般励磁电流（X_m 和 R_c）仅为满负荷电流的 3% ~5%。因此，对于有载变压器来说，磁路通常被忽略。有载变压器的等效电路如图Ⅳ.4 所示，其中所有的量都被折算到二次侧。

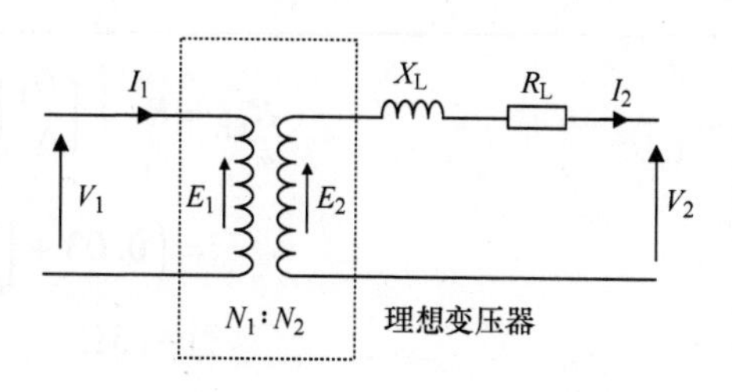

图Ⅳ.4 变压器的简化电路

在图Ⅳ.4 中，有

$$R_L = R_2 + \left(\frac{N_2}{N_1}\right)^2 R_1$$

$$X_L = X_2 + \left(\frac{N_2}{N_1}\right)^2 X_1 \qquad (\text{Ⅳ}.8)$$

实际的功率变压器的绕组通常是抽头的，这样可以改变变压器使用的匝数和匝数比。通过这种方式可以改变二次电压（初级电压保持恒定）。当电流经过变压器而使变压器携带负荷时，负荷分接开关用分流器和选择器开关的组合来改变变压比（见图Ⅳ.5）。负荷分接开关可以在变压器中带电压操作（但没有电流流过），而断路分接开关只当变压器被隔离时才能操作。

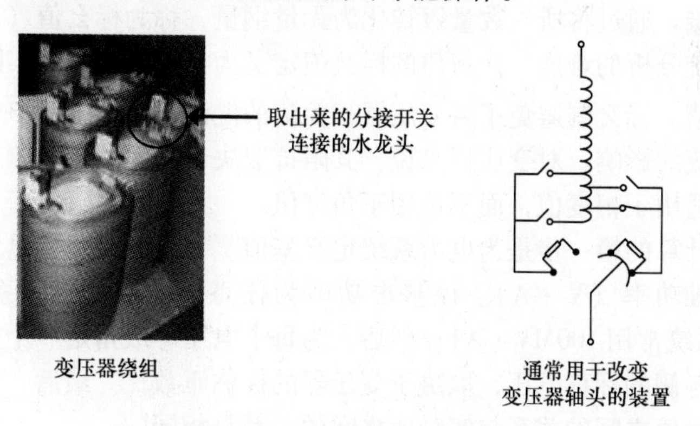

图Ⅳ.5 变压器绕组和调压装置

例Ⅳ.1

50kV · A 的变压器一次线圈为 400 匝，二次线圈为 40 匝。一次与二次的电阻分别为 0.3Ω 和 0.01Ω，漏电抗分别为 j1.1Ω 和 j0.035Ω。计算折算到一次侧的等效阻抗。

答：

由于电阻和电抗是由二次侧转化到一次侧，转化基于初级与次级匝数比的二次方，因此，若折算到一次侧的等效阻抗为 $R_{LP} + jX_{LP}$：

$$R_{LP} = R_1 + \left[\frac{N_1}{N_2}\right]^2 R_2$$

$$= \left(0.03 + \left[\frac{400}{40}\right]^2 \times 0.01\right)\Omega$$

$$= 1.3\Omega$$

$$X_{LP} = X_1 + \left[\frac{N_1}{N_2}\right]^2 X_2$$

$$= \left(1.1 + \left[\frac{400}{40}\right]^2 \times 0.035\right)\Omega$$

$$= 4.6\Omega$$

Ⅳ.3 标幺制

电力系统中存在多个电压等级，从 765kV 到 400V 甚至 120V，这使得线路分析比较困难。通过将所有数量级转化为无量纲量，称为标幺值（PU），大大降低了电力系统分析的难度。任何值的标幺值定义为相同单位下的实际值与基值或参考值的比值。标幺制避免了对变压器相关值的混淆，并消除了$\sqrt{3}$对线电压、相电压以及电流的影响。对变压器来说，其阻抗取决于我们从哪一侧来测算。标幺值归一化只适用于幅度值，而不适用于角度值。

标幺值计算的第一步是为电力系统定义基值。首先，为目标电力系统选择一个统一的基准功率（V·A）。该基准功率为任意值，通常根据系统大小而定（大型电力系统常用 100MV·A）；然后，为每个电压等级指定一个基准电压。通常为变压器各侧的标称电压，取决于变压器的标称匝数比。最后，计算出其他基值以得出标幺值之间的关系与实际值之间的关系是相同的。

对于分布式发电机的计算，首先需要指定一个合适的基准功率 S_b（单位为 MV·A），然后选择各种电压等级对应的线电压 V_L 作为基准电压（V_b）。此时，电流和阻抗基准值可通过下式获得：

$$I_b = \frac{S_b}{\sqrt{3}V_b} \tag{Ⅳ.9}$$

$$Z_b = \frac{V_b/\sqrt{3}}{I_b} = \frac{V_b/\sqrt{3}}{S_b/\sqrt{3}V_b} = \frac{[V_b]^2}{S_b} \tag{Ⅳ.10}$$

例如，若 $V_L = 33\text{kV}$，$S_b = 100\text{MV}\cdot\text{A}$，则 Z_b 为

$$Z_b = \frac{[33 \times 10^3]^2}{100 \times 10^6}\Omega = 10.89\Omega$$

Ⅳ.3.1　功率变压器的标幺值

电力系统中三相变压器的电阻远小于电感。因此，图Ⅳ.4 所示的每相变压器的等效电路可以通过忽略电阻而简化成如图Ⅳ.6 所示的等效电路。

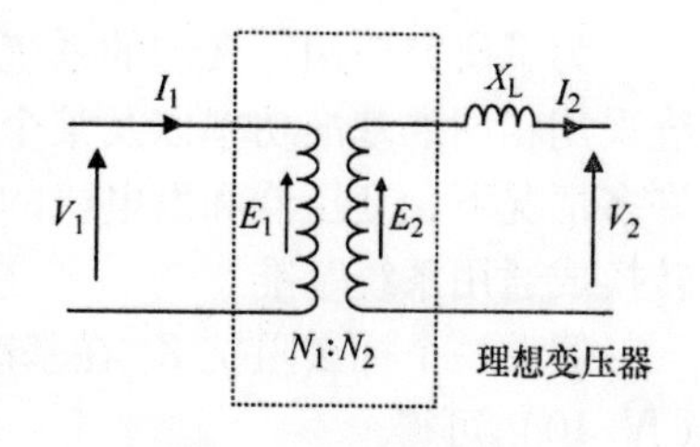

图Ⅳ.6　变压器简化电路

为变压器定义了两个基准电压：一次电压 V_{L1} 和二次电压 V_{L2}。

从图Ⅳ.6 可得

$$E_1 = V_1 \tag{Ⅳ.11}$$

$$E_2 = V_2 + jI_2X_L \tag{Ⅳ.12}$$

用式（Ⅳ.11）除以 $V_{L1}/\sqrt{3}$（等式为单相等式）有

$$E_{1,pu} = V_{1,pu} = 1pu \tag{Ⅳ.13}$$

同样，用式（Ⅳ.12）除以 $V_{L2}/\sqrt{3}$ 有

$$E_{2,pu} = V_{2,pu} + \frac{jI_2X_L}{(V_{L2}/\sqrt{3})} = 1pu \tag{Ⅳ.14}$$

从式（Ⅳ.9）和式（Ⅳ.10）可以得出

$$I_bZ_b = V_b/\sqrt{3} \tag{Ⅳ.15}$$

因此，式（Ⅳ.14）可以写成

$$E_{2,pu} = V_{2,pu} + jI_{2,pu}X_{L,pu} = 1pu \tag{Ⅳ.16}$$

从式（Ⅳ.13）和式（Ⅳ.16）可以得出：

$$V_{1,pu} = V_{2,pu} + jI_{2,pu}X_{L,pu} \tag{Ⅳ.17}$$

因此，变压器可以通过标幺制等效电路来表示，如图Ⅳ.7 所示。

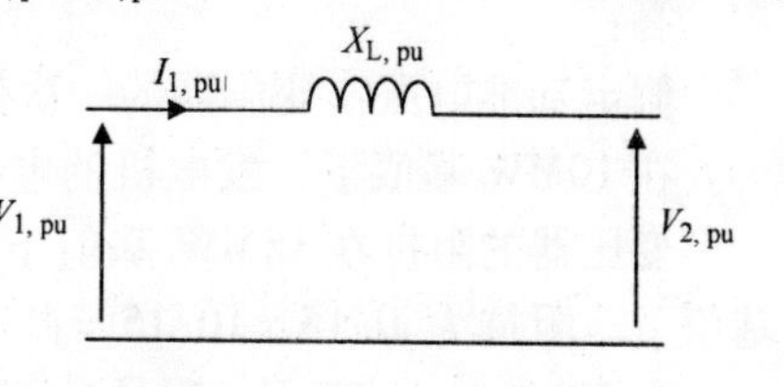

图Ⅳ.7　变压器等效电路

变压器的等效漏抗 X_L 通常定义为铭牌额定值的百分比。例如 6% 的 1MV·A 变压器的阻抗可简单表示为 $X_L = 0.06pu$，$S_b = 1MV \cdot A$。

Ⅳ.3.2　发电机

正如教程Ⅱ中讨论的那样，发电机也有内部阻抗，其中电阻分量相较于电感分量是很小的。发电机的内部阻抗一般由一个百分数表示，也就是机器底座的内部电抗标幺值乘以 100。

Ⅳ.3.3 系统研究

为了研究使用标幺制的系统，所有数值均以相同的方式表示，即整个目标系统采用相同的基准功率以及某个电压等级下的所有元件采用相同的基准电压。在许多情况下，变压器和发电机的阻抗在其铭牌中有标示。我们需要将这些阻抗值转换成通用系统基准。

假设一个标幺阻抗 Z_1 在基准功率 S_{b1} 下给出。若阻抗的欧姆值为 Z，则从式（Ⅳ.10）可得

$$Z_1 = \frac{Z}{Z_{b1}} = Z \times \frac{S_{b1}}{V_L^2} \tag{Ⅳ.18}$$

阻抗 Z 在基准功率 S_{b2} 下，可以转化为一个标幺阻抗 Z_2，即

$$Z_2 = \frac{Z}{Z_{b2}} = Z \times \frac{S_{b2}}{V_L^2} \tag{Ⅳ.19}$$

从式（Ⅳ.18）和式（Ⅳ.19）可以得出

$$Z_2 = Z_1 \times \frac{S_{b2}}{S_{b1}} \tag{Ⅳ.20}$$

例Ⅳ.2

使用 10MW 作为基值，将下面电路中所有的参数转化为标幺值并绘制简化的等效电路。

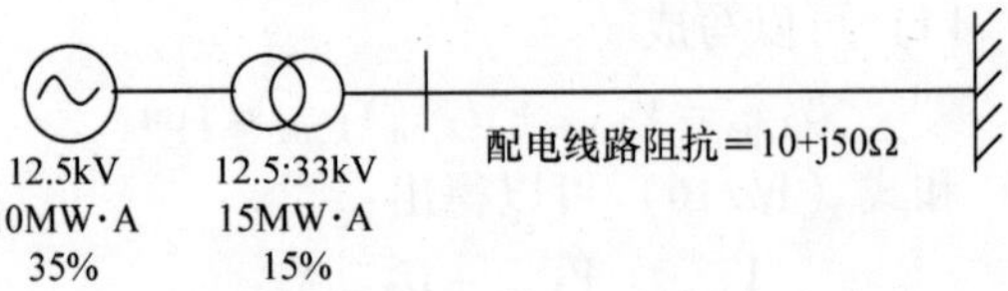

答：

假定基准电压：变压器的一次侧为 12.5kV，二次侧为 33kV。

在 10MW 基值下，发电机的电抗为 j0.35pu。

变压器的阻抗在 15MW 基值下为 j0.15Ω。从式（Ⅳ.20）可知，在 10MW 基值下，阻抗为 j0.15 ×10/15 = j0.1pu。

在 33kV，10MW 下，阻抗的基值为

$$Z_b = \frac{(33\times10^3)^2}{10\times10^6}\Omega = 108.6\Omega$$

配电线路的标幺值为 (10 + j50)/108.6 = 0.092 + j0.46pu。

标幺制系统如下：

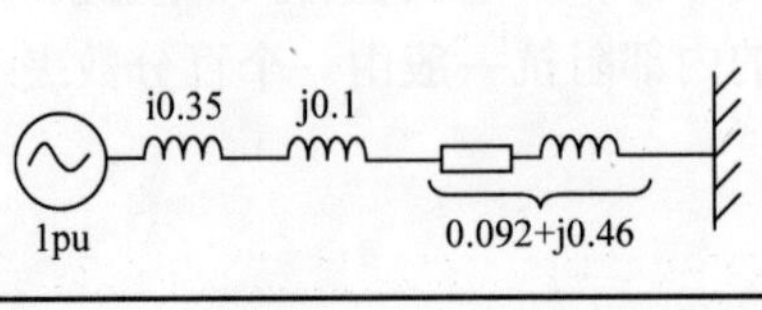

例Ⅳ.3

分布式发电机的径向电网如下图所示。如果母线 A 的端电压为 30kV，求同步发电机的电压，以 100MV · A 为基值。

母线A
j50Ω
25MW
0.8功率因数滞后
V_s
11:132kV
50MW·A
X=10%
132:33kV
50MW·A
X=12%

答：

$V_b = 132\text{kV}$，$S_b = 100\text{MA}$，则有

$$Z_b = \frac{(132\times10^3)^2}{100\times10^6}\Omega = 174.24\Omega$$

基于 100MV · A 的 11：132kV 变压器阻抗为 j0.1 ×(100/50) = j0.2pu。

基于 100MV · A 的 132：33kV 变压器阻抗为 j0.12 ×(100/50) = j0.24pu。

基于 132kV，100MV · A 的线路阻抗（j50Ω）= j50/174.24 = j0.287pu。

由于 $\cos\phi = 0.8$，$\phi = 36.87°$

因此，主系统吸收的无功功率 = $(25/\cos\phi)\times\sin\phi = (25/0.8)\times0.6\text{Mvar} = 18.75\text{Mvar}$

负载标幺功率为 $(P + \text{j}Q)/S_b = (25 + \text{j}18.75)/100 = 0.25 + \text{j}0.1875\text{pu}$。

因为母线 A 的电压为 30kV，基于 33kV，30/33pu = 0.909pu。将该电压定义为参考电压，即

$$V_L I_L^* = 0.25 + \text{j}0.1875$$

$$0.909\times I_L^* = 0.25 + \text{j}0.1875$$

$$I_L = 0.275 - \text{j}0.206$$

现在对于径向分布系统，写成标幺制如下：

$$\begin{aligned} V_S &= V_L + I_L\times\text{j}(0.2 + 0.24 + 0.287) \\ &= 0.909 + (0.275 - \text{j}0.206)\times\text{j}0.727 \\ &= 0.909 + 0.15 + \text{j}0.2 \\ &= 1.059 + \text{j}0.2 \\ &= 1.08\angle10.7°\text{pu} \end{aligned}$$

基于 11kV，发电机的端电压为 1.08 ×11kV = 11.88kV。

Ⅳ.4　对称分量法

教程Ⅰ中已讨论了运行于平衡、对称情况下的三相系统。然而，由于负荷不

平衡和不对称故障（线对地，线与线等），电力系统经常出现不对称运行的情况。为了分析电力系统中的不对称情况，我们引入了对称分量法。其依据在于，任何一组三相不对称的电压或电流可以由三相对称分量来表示，即正序、负序和零序，如图Ⅳ.8 所示。

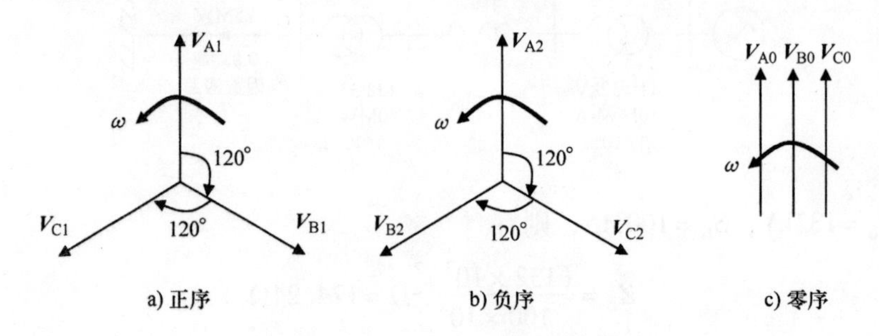

图Ⅳ.8　三相电压的相量表示

正序分量的电压与三相电力系统具有相同的相序（ABC）。如果三相电压的相序[⊖]是 ACB，那么这些电压相量被称为负序分量。其中三相电压大小相等、相位相同的相量被称为零序分量。

零序电压的相量表示（下标 0 指零序）：

$$\boldsymbol{V}_{A0}=\boldsymbol{V}_{B0}=\boldsymbol{V}_{C0}=V_0\angle 0^\circ=V_0\times e^{j0} \quad (Ⅳ.21)$$

正序电压的相量表示（下标 1 指正序）：

$$\boldsymbol{V}_{A1}=V_1\angle 0^\circ=V_1\times e^{j0}$$
$$\boldsymbol{V}_{B1}=V_1\angle -120^\circ=V_1\times e^{-j2\pi/3}=V_1\times e^{j4\pi/3}$$
$$\boldsymbol{V}_{C1}=V_1\angle -240^\circ=V_1\times e^{-j4\pi/3}=V_1\times e^{j2\pi/3} \quad (Ⅳ.22)$$

令 $\lambda=e^{j2\pi/3}$，则有

$$\boldsymbol{V}_{B1}=\boldsymbol{V}_{A1}\times\boldsymbol{\lambda}^2$$
$$\boldsymbol{V}_{C1}=\boldsymbol{V}_{A1}\times\boldsymbol{\lambda} \quad (Ⅳ.23)$$

负序电压的相量表示（下标 2 指负序）：

$$\boldsymbol{V}_{A2}=V_2\angle 0^\circ=V_2\times e^{j0}$$
$$\boldsymbol{V}_{B2}=V_2\angle -240^\circ=V_2\times e^{-j4\pi/3}=V_2\times e^{j2\pi/3}$$
$$\boldsymbol{V}_{C2}=V_2\angle -120^\circ=V_2\times e^{-j2\pi/3}=V_2\times e^{j4\pi/3} \quad (Ⅳ.24)$$

则有

$$\boldsymbol{V}_{B2}=\boldsymbol{V}_{A2}\times\boldsymbol{\lambda}$$
$$\boldsymbol{V}_{C2}=\boldsymbol{V}_{A2}\times\boldsymbol{\lambda}^2 \quad (Ⅳ.25)$$

⊖ 见教程 I 中的图 I.13。

例Ⅳ.4

用一个相量图表示不对称电流 $\boldsymbol{I}_{\mathrm{A}}=200\angle 0°$，$\boldsymbol{I}_{\mathrm{B}}=250\angle -100°$ 和 $\boldsymbol{I}_{\mathrm{C}}=150\angle -200°$ 可以用正序电流、负序电流和零序电流的合成来表示。

答：

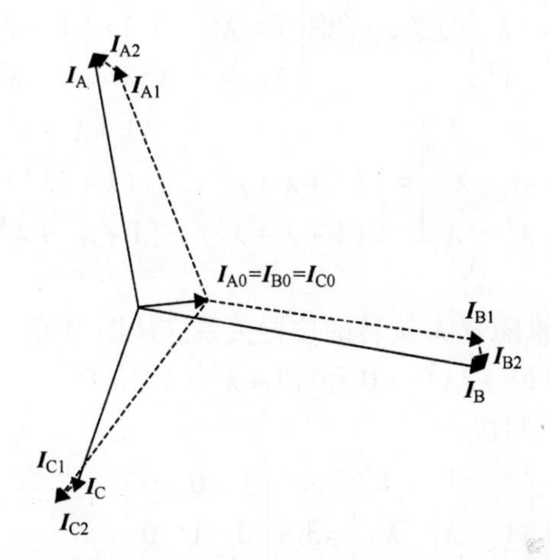

如上图所示，不对称电流可以由大小为196A、相位超前 I_{A}22°的正序电流（虚线），大小为19A、相位 I_{A2} 超前 I_{A}57°的负序电流（点划线），以及大小为54A 相位滞后 I_{A}85°的零序电流（实线）合成来表示。

由于任何一组三相不对称电压或电流都能由正序、负序和零序电压或电流相量合成，因此电压为

$$\begin{aligned}\boldsymbol{V}_{\mathrm{A}}&=(\boldsymbol{V}_{\mathrm{A0}}+\boldsymbol{V}_{\mathrm{A1}}+\boldsymbol{V}_{\mathrm{A2}})\\\boldsymbol{V}_{\mathrm{B}}&=(\boldsymbol{V}_{\mathrm{B0}}+\boldsymbol{V}_{\mathrm{B1}}+\boldsymbol{V}_{\mathrm{B2}})\\\boldsymbol{V}_{\mathrm{C}}&=(\boldsymbol{V}_{\mathrm{C0}}+\boldsymbol{V}_{\mathrm{C1}}+\boldsymbol{V}_{\mathrm{C2}})\end{aligned}\tag{Ⅳ.26}$$

将式（Ⅳ.21）、式（Ⅳ.23）和式（Ⅳ.25）代入式（Ⅳ.26），有

$$\begin{aligned}\boldsymbol{V}_{\mathrm{A}}&=(\boldsymbol{V}_{\mathrm{A0}}+\boldsymbol{V}_{\mathrm{A1}}+\boldsymbol{V}_{\mathrm{A2}})\\\boldsymbol{V}_{\mathrm{B}}&=(\boldsymbol{V}_{\mathrm{A0}}+\boldsymbol{\lambda}^2\boldsymbol{V}_{\mathrm{A1}}+\boldsymbol{\lambda}\boldsymbol{V}_{\mathrm{A2}})\\\boldsymbol{V}_{\mathrm{C}}&=(\boldsymbol{V}_{\mathrm{A0}}+\boldsymbol{\lambda}\boldsymbol{V}_{\mathrm{A1}}+\boldsymbol{\lambda}^2\boldsymbol{V}_{\mathrm{A2}})\end{aligned}\tag{Ⅳ.27}$$

矩阵形式为

$$\begin{bmatrix}\boldsymbol{V}_{\mathrm{A}}\\\boldsymbol{V}_{\mathrm{B}}\\\boldsymbol{V}_{\mathrm{C}}\end{bmatrix}=\begin{bmatrix}1&1&1\\1&\lambda^2&\lambda\\1&\lambda&\lambda^2\end{bmatrix}\begin{bmatrix}\boldsymbol{V}_{\mathrm{A0}}\\\boldsymbol{V}_{\mathrm{A1}}\\\boldsymbol{V}_{\mathrm{A2}}\end{bmatrix}\tag{Ⅳ.28}$$

若 $\boldsymbol{V}_{\mathrm{A}}$，$\boldsymbol{V}_{\mathrm{B}}$ 和 $\boldsymbol{V}_{\mathrm{C}}$ 已知，则可以求出三序分量为

$$\begin{bmatrix} V_{A0} \\ V_{A1} \\ V_{A2} \end{bmatrix} = \begin{bmatrix} 1 & 1 & 1 \\ 1 & \lambda^2 & \lambda \\ 1 & \lambda & \lambda^2 \end{bmatrix}^{-1} \begin{bmatrix} V_A \\ V_B \\ V_C \end{bmatrix} \tag{Ⅳ.29}$$

为了求出$\begin{bmatrix} 1 & 1 & 1 \\ 1 & \lambda^2 & \lambda \\ 1 & \lambda & \lambda^2 \end{bmatrix}$的逆，考虑$\begin{bmatrix} 1 & 1 & 1 \\ 1 & \lambda^2 & \lambda \\ 1 & \lambda & \lambda^2 \end{bmatrix} \times \begin{bmatrix} 1 & 1 & 1 \\ 1 & \lambda & \lambda^2 \\ 1 & \lambda^2 & \lambda \end{bmatrix}$，有

$$\begin{bmatrix} 1 & 1 & 1 \\ 1 & \lambda^2 & \lambda \\ 1 & \lambda & \lambda^2 \end{bmatrix} \times \begin{bmatrix} 1 & 1 & 1 \\ 1 & \lambda & \lambda^2 \\ 1 & \lambda^2 & \lambda \end{bmatrix} = \begin{bmatrix} 3 & (1+\lambda+\lambda^2) & (1+\lambda+\lambda^2) \\ (1+\lambda+\lambda^2) & (1+2\lambda^3) & (1+\lambda^2+\lambda^4) \\ (1+\lambda+\lambda^2) & (1+\lambda^2+\lambda^4) & (1+2\lambda^3) \end{bmatrix} \tag{Ⅳ.30}$$

图Ⅳ.9 显示了相量随着 λ 旋转的位置关系。从图中可知，$(1+\lambda+\lambda^2)=0$、$(1+2\lambda^3)=0$ 和 $(1+\lambda^2+\lambda^4)=0$。

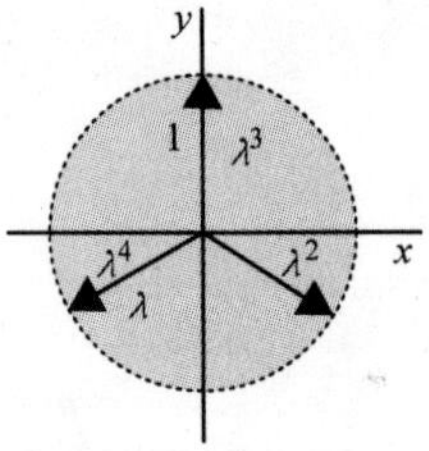

式（Ⅳ.30）可以写成：

$$\begin{bmatrix} 1 & 1 & 1 \\ 1 & \lambda^2 & \lambda \\ 1 & \lambda & \lambda^2 \end{bmatrix} \times \begin{bmatrix} 1 & 1 & 1 \\ 1 & \lambda & \lambda^2 \\ 1 & \lambda^2 & \lambda \end{bmatrix} = 3 \times \begin{bmatrix} 1 & 0 & 0 \\ 0 & 1 & 0 \\ 0 & 0 & 1 \end{bmatrix} \tag{Ⅳ.31}$$

图Ⅳ.9　λ 算子

因此，根据矩阵代数公式[⊖]有

$$\begin{bmatrix} 1 & 1 & 1 \\ 1 & \lambda^2 & \lambda \\ 1 & \lambda & \lambda^2 \end{bmatrix}^{-1} = \frac{1}{3} \times \begin{bmatrix} 1 & 1 & 1 \\ 1 & \lambda & \lambda^2 \\ 1 & \lambda^2 & \lambda \end{bmatrix} \tag{Ⅳ.32}$$

所以式（Ⅳ.29）可以写成：

$$\begin{bmatrix} V_{A0} \\ V_{A1} \\ V_{A2} \end{bmatrix} = \frac{1}{3} \times \begin{bmatrix} 1 & 1 & 1 \\ 1 & \lambda & \lambda^2 \\ 1 & \lambda^2 & \lambda \end{bmatrix} \begin{bmatrix} V_A \\ V_B \\ V_C \end{bmatrix} \tag{Ⅳ.33}$$

Ⅳ.5　问题

1. 一个单相变压器的匝数比为 0.5。折算到二次侧的总电阻和电抗分别为 2.5Ω 和 10Ω。若当二次侧的滞后功率因数为 0.8，输出的电流为 10A 时的输出电压为 120V，计算输入电压。

（答案：420.6V）

⊖ [A] × [B] = 3[I], [A] × [B]/[A] = 3[I]/[A], [B] = 3[A]$^{-1}$, [A]$^{-1}$ = 1/3[B]。

2. 图Ⅳ.Q2 所示的电路，在 25MV·A 的基值下，计算导线的电流和内部发电机电压，用标幺值表示。假定无穷大母线的电压为 1pu。

（答案：$I=0.2-\mathrm{j}0.04\mathrm{pu}$；$E_F=1.13\angle 14.1°$）

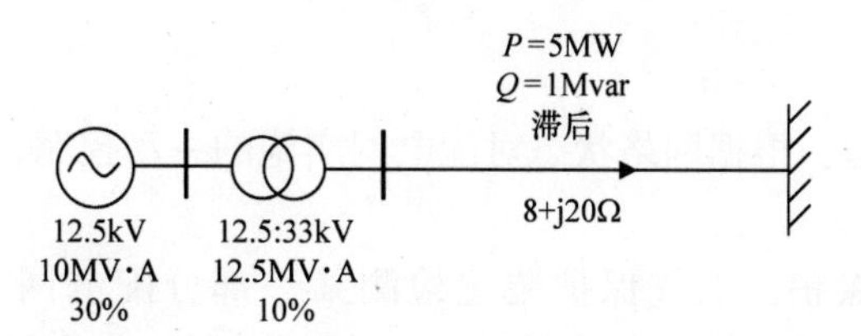

图　Ⅳ.Q2

3. 将图Ⅳ.Q3 配电网的部分电路转化为 5MV·A 基准下的标幺等效电路。

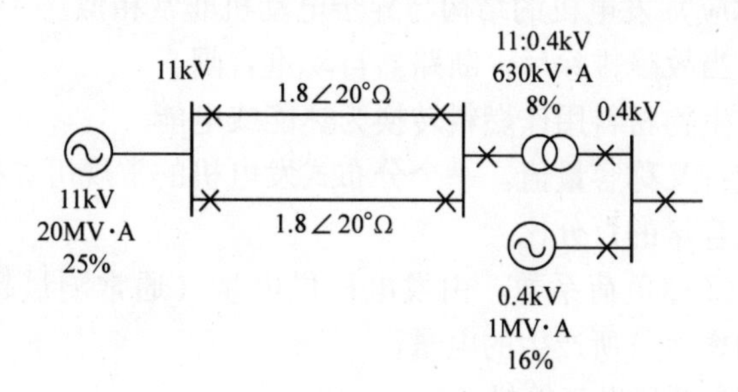

图　Ⅳ.Q3

Ⅳ.6　延伸阅读

1. Chapmen S.J. *Electrical Machinery Fundamentals*. McGraw-Hill; 2005.
2. Grainger J.J., Stevenson W.D. *Power System Analysis*. McGraw-Hill; 1994.
3. Weedy B.M., Cory B.J. *Electric Power Systems*. John Wiley; 2004.

术　语

主动网络管理：根据网络状态对配电网实施的主动控制，包括发电机控制和网络开关（重置）。

防孤岛效应保护：电气保护装置检测某一部分配电网是否被孤立或已成“孤岛”。分布式发电机跳闸防止继续自动向“孤岛”供电运行，与失电保护效果类似。

异步发电机：也称感应发电机。转子运行在一个比定子磁场稍快的旋转速度。异步（或感应）发电机的结构与异步电动机非常相似。

自动重合：当故障排除后，断路器自动重合闸。

生物质能：生物材料用作燃料转换为热能或电能。

容量可信度：又称容量值。一个分布式发电机的常规可置换发电容量，表示为分布式发电机容量的百分比。

容量因素：又称负荷系数。由发电机供电量（通常测量超过一年）除以发电机在其额定功率运行所产生的电量。

CCGT：联合循环燃气轮机。

CHP，热电联合：同时产生热能和电能，即热电联产总能量。工业热电联产系统通常会产生开水或蒸汽和电能供主机站点使用。从热电联产电厂输出的热量也可用于区域供热。

调度：发电厂为集中控制，因此需要由电力系统操作员来调度或控制。

分布式发电：连接到配电网的发电系统，将逐渐代替之前的分散发电和嵌入式发电。

DFIG，双馈异步发电机：转子绕组连接电压源变流器的绕线式的变速发电机。广泛应用于风力涡轮机同步转速 ±30% 范围内的变速操作。

系统电荷的分配使用：发电电荷和负荷用户使用配电网来传输电能。

EENS：电量不足期望值。

嵌入式发电：与分布式发电同义。

故障水平：又称短路水平。电力网络给定点的故障水平为三相故障电流和故障前电压的乘积，用于测量该点三相不平衡故障导致的故障电流。电网啮合度越高，电网的故障水平越高；某点越靠近发电机，该点的故障水平就越高。

免维护：一种配电网规划理念，使配电网能够适应负载和分布式发电的任意组合，而无须网络的主动控制。

闪烁：用于描述网络中电压的高频（高达 10Hz）变化。它可能引起光强度的明显变化或白炽灯“闪烁”。

燃料电池：一种电解电池，通过电池外部的化学原料，提供化学能以产生电能。

全功率变流器：变速系统将发电机输出的电压整流为直流，然后通过额定功率为发电机全部输出功率的两个电压源变流器逆变成交流电。它能在很宽的转速范围内进行变速操作，并完全控制的有功和无功功率输出到网络。

发电备用：发电备用是用来在电站意外故障后或可再生能源输出和负荷预测出现误差后平衡发电和负荷。

地热发电厂：从大地获取热量作为输入的发电站。

电网供用点：电网供电点是在传输网络连接到副传输或配电网的变电站。在英国，这种连接通常是由将电压从 400kV 或 275kV 降到 132kV 的变压器来实现的。

谐波失真：正弦网络电压或电流波形畸变。

感应发电机：与异步发电机同义。

联锁电力网：连接两个电力系统的一组线由不同的公司操作。

LOEE 电量不足期望：预期的电量不能提供，导致负荷超过可用发电量的情况。这包含了电量不足的严重性与可能性。

LOLE 电力不足期望：日最高负荷预计超过可用发电量的平均天数或在给定时间内负荷预期超过可用发电量的平均小时。它定义了一个缺陷，但不严重程度，也没有持续时间的可能性。它定义了一个缺陷，但不严重，也没持续时间的可能性。

LOLP 失负荷概率：负荷将超过可用容量的概率。定义了电力不足但不严重的可能性。

负荷系数：与容量因数同义。由发电机供电量（通常测过超过一年）除以发电机在其额定功率运行所产生的电量。

失电保护：电气保护应用于嵌入式发电机来检测是否与主电源系统连接丢失。与防孤岛效应保护同义。

中性点接地：三相电力系统的中性点与大地连接。

中性点电压偏移：电气保护继电器技术用于测量电力系统的部分中性点的偏移。特别用于检测由三角形联结的变压器绕组提供的网络接地故障。

燃气轮机发电：开路循环燃气轮机。

永久性停运：停机与损坏的故障有关，需要将故障部件进行维修或更换。

光伏：光通过物理反应直接转换成电能。

功率：电功率是电流与的电压的乘积。在交流电路中，该乘积称为视在功率。电流和电压波形之间的角度差称为相位角，该相位角的余弦值称为功率因数。有功功率是可以转化为能量的另一种形式的电功率，它等于视在功率与功率因数的乘积。无功功率不转化为有用功，是用来表示网络中电感和电容元件之间功率振荡的数学形式，它等于视在功率和相位角正弦值的乘积。一个纯有功负荷（即比如只消耗有功功率的电加热器）的功率因数为1。实际负荷的功率因数通常小于1。功率因数为0的负荷是纯无功负荷，不会将任何的电能转化为实际工作。

供电质量：在最一般的意义上的完美供应质量是指没有任何时间延迟、任何干扰的未失真波形。然而一些组织将质量只与波形失真联系起来，例如，谐波、电压骤降等。其他组织则认为质量与短期或者长期的供应中断有关。

辐射状配电馈路：只连接到有一个供应点的配电馈线（地下电缆或架空线）。

频率变化率：基于用于失电或防孤岛继电器的电频率变化率的电气保护技术。

可靠性：这是系统的固有属性，由一组指标进行衡量，用于描述系统如何很好地履行其根据需求无间断地为用户提供能量的基本功能。

计划检修停电：提前计划好的停电，以进行预防性维护。

稳定性：在正常情况下，电力网络能够处理从发电机到负荷的功率流。出现以下不可预知的事件时，如故障或失电，网络可能会失去转移功率的能力。此时，电力系统可以说已经失去了稳定性。瞬时的不稳定或电压不稳都会使稳定性丢失。暂态不稳定意味着发生故障后，一个或多个发电机的转子角相对于其他发电机的角度呈现出不受控制的增大。电压不稳定意味着，由于负荷附近缺少无功功率补偿，系统的部分电压将不可控地崩溃。

斯特林发动机：基于斯特林热力循环的外燃机。斯特林发动机对于小规模热电联产方案来说具有相当大的潜力。

对称分量：对称分量是一种描述三相系统中电压和电流的方法，尤其对于不平衡情况的研究特别有用，例如某些类型的故障。

同步发电机：发电机的转子与定子磁场同步旋转。采用一般结构的同步发电机支持对有功和无功输出功率进行单独控制。

临时停运：停运与瞬时故障有关，这是由手动开关恢复，熔丝更换或类似冗长的恢复时间。

瞬时停运：停运与瞬时故障，这是由自动开关恢复。

瞬态电压变化：网络电压幅值的快速变化（大于0.5Hz）。可以是重复性的或可以指单个事件。

电压源变流器：电力电子变换器通过控制晶体管开关的通断可以输出一个频率和幅值可变的电压源。电压源变流器通过一个耦合电抗器连接到网络。电力电子变换器支持对有功和无功功率进行单独控制。

电压矢量位移：一种基于测量系统电压矢量角变化或偏移的保护继电器技术。该技术被用在失电保护继电器中。

编辑推荐：

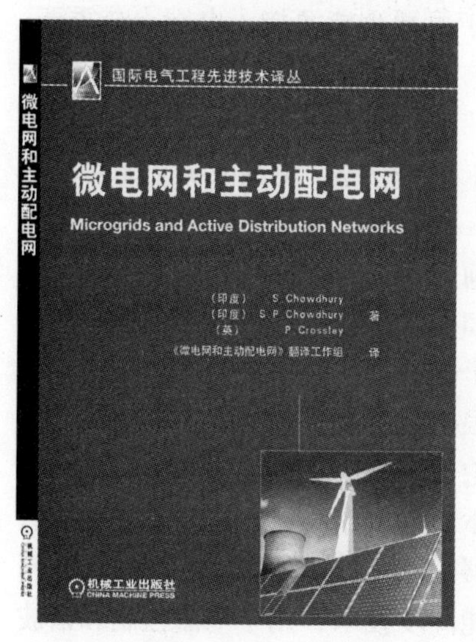

这是一本关于分布式发电、微电网和主动配电网的实用书籍，是作者10年来研究成果的结晶。

书中全面论述了微电网和主动配电网的各种技术和经济问题，包括微电网和主动配电网的基本概念、发电技术、影响、控制、管理、经济活力和市场参与等方面内容，提出了能够使传统被动电网转变为未来主动电网的关键支撑技术，提供了各种分布式电源和微电网的模型与仿真特性，以及微电网参与电力市场的报价案例。

本书对于电力行业的管理者、技术人员，以及电力技术和市场的研究者，具有很大的指导和借鉴意义。深刻理解本书中的内容，将有助于个人和电力企业适应未来能源应用的发展变化。

编辑推荐：

从电力系统视角思考电网中分布式发电接入容量不断扩大的问题。

这本书首次阐释了“承载容量方法”，采用现有电力系统作为起点，通过大量的实例分析了不采用任何附加措施时分布式发电如何改变电力系统的性能。这本书的核心是关于分布式发电接入的一些关键问题：过负载风险的增加和损耗的增加；过电压风险的增加；电能质量干扰的增加；保护的不当操作；对电力系统稳定性和运行的影响。本书讨论了一些特殊的应对措施，包括修建更多的线路、采用电力电子控制、智能电网和微电网。同时还讨论了相关理论模型和研究成果。

本书针对不同类型电网给出了怎样计算并增加各种分布式发电的承载容量的方法，重点分析了风力发电、太阳能发电、热电联供发电。

编辑推荐：

并网变换器对于可再生能源接入电网十分重要。当前并网变换器要求能够具有一些高级功能，如有功和无功功率的动态控制、系统能够在较大电压和频率范围内运行、低电压故障穿越、电网故障下无功电流注入、支撑电网电压等等。

本书介绍了目前光伏和风力发电并网变换器常用的结构、调制策略和控制方法。除了电力电子方面的知识，本书还涉及了光伏和风力发电系统与电网相关的一些其他技术。根据当前光伏和风力发电系统并网要求，本书主要讨论了以下内容：用于光伏和风力发电的并网变换器拓扑结构；光伏系统的孤岛检测方法；基于广义二阶积分器的电网同步技术；变换器在电网不对称故障下高性能同步技术；用于电流控制和谐波补偿的比例谐振控制器技术；并网滤波器设计及有源阻尼技术；电网故障下包含正、负序分量的功率控制方法。

本书是一本适用于电气工程背景的研究生和从事可再生能源相关专业技术人员的参考书。同时本书也可作为高校课程讲义，如果高校老师有兴趣采用本书进行授课，可从以下网站上下载相关讲义：www.wiley.com/go/grid converters。

编辑推荐：

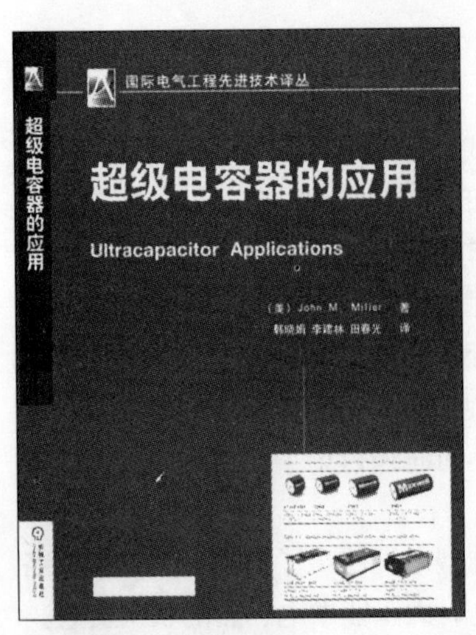

JohnM.Miller 教授著作此书时是 Maxwell 科技公司系统与应用部副总经理。现就供职于美国能源部橡树岭国家实验室的国家运输研究中心。他亦是 J-N-JMillerP.L.C. 设计和服务公司创始人和首席工程师。Miller 博士在自动化工业领域有 20 年的工作经验，领导和主持了许多混合动力汽车的科技项目，包括为 SUV 应用的 ISG 集成起动发动机项目。他也曾活跃在行业和政府合作的领域，例如美国国家科学基金会未来可再生电力能源输配和管理项目 (FREEDM)。

本书着重讨论现有设备上以电容器，特别是超级电容器为核心的物理储能系统。本书分为 12 个章节，清晰完整地介绍了超级电容器以及其他先进的电力领域的基本原理、模型和应用。读者将领略到来自从商业到工业再到汽车领域的应用案例。不仅限于超级电容器，还有功率密集型部件与能量密集型电池技术相结合的方式。

编辑推荐：

• 原著者十多年研究工作的结晶，丰富的创新性理论（比如**虚拟同步机**）和大量的实验结果；

• 原英文版荣登亚马逊发配电畅销书排行榜第七，且多次作为国际研讨会的教材；

• 为数不多的系统介绍并网逆变控制的一本好书！

本书是为数不多的系统介绍并网逆变控制的一本好书。本书英文版曾经登上了亚马逊发配电畅销书排行榜第七，且多次作为国际研讨会的教材。本书不仅简要、清晰地介绍了电能变换以及新能源与智能电网接入等方面的相关基础知识，而且对并网逆变器中电能质量控制、中线提供、功率控制以及同步技术等关键技术作了深入、细致的系统理论分析和实验验证。

本书是原著者十多年研究工作的结晶，其丰富的创新性理论成果和大量的实验结果有助于科研工作人员和工程技术人员理解并网逆变器的各种先进控制策略，并能够将其引入到自己相关的工程实际应用中。更重要的是，通过对本书内容的深入理解，读者还能够从中体会到原著者科学的创新性理念和严谨的科研态度，从而使得自身的创新能力和科研思想得以培养和锻炼。

Original English Language Edition published by The IET.

Copyright © 2010 The Institution of Engineering and Technology, All Rights Reserved.

This title is published in China by China Machine Press with license from the IET.

This edition is authorized for sale in China only, excluding Hong Kong SAR, Macao SAR and Taiwan. Unauthorized export of this edition is a violation of the Copyright Act. Violation of this Law is subject to Civil and Criminal Penalties.

本书由 the IET 授权机械工业出版社在中国境内（不包括香港、澳门特别行政区以及台湾地区）出版与发行。未经许可之出口，视为违反著作权法，将受法律之制裁。

北京市版权局著作权合同登记　图字：01－2013－3565 号。

图书在版编目（CIP）数据

分布式发电/（英）N. 詹金斯（N. Jenkins），（英）J. B. 埃克纳亚克（J. B. Ekanayake），（英）G. 托巴克（G. Strbac）著；（中国）赫卫国等译. —北京：机械工业出版社，2016.6

（国际电气工程先进技术译丛）

书名原文：Distributed Generation

ISBN 978-7-111-54080-9

Ⅰ. ①分… Ⅱ. ①N…②J…③G…④赫… Ⅲ. ①发电 Ⅳ. ①TM61

中国版本图书馆 CIP 数据核字（2016）第 140308 号

机械工业出版社（北京市百万庄大街 22 号　邮政编码 100037）

策划编辑：付承桂　责任编辑：付承桂　任　鑫

责任校对：刘怡丹　封面设计：马精明

责任印制：李　洋

北京振兴源印务有限公司印刷

2016 年 8 月第 1 版・第 1 次印刷

169mm×239mm・15 印张・284 千字

0001—3000 册

标准书号：ISBN 978-7-111-54080-9

定价：59.00 元

凡购本书，如有缺页、倒页、脱页，由本社发行部调换

电话服务　　　　　　　　　　　网络服务

服务咨询热线：010-88361066　　机 工 官 网：www.cmpbook.com

读者购书热线：010-68326294　　机 工 官 博：weibo.com/cmp1952

010-88379203　　金 书 网：www.golden-book.com

封面无防伪标均为盗版　　教育服务网：www.cmpedu.com